AF319733

2654.
I'd.57a.

24599.

LES

CAUSERIES DU LOUVRE.

SALON DE 1833.

LES

CAUSERIES

DU LOUVRE,

PAR A. JAL.

Il vous sied bien d'écrire en si haut style.
— Eh bien! baissons d'un ton.....

LAFONTAINE ; *fab.* I, *liv.* 2.

PARIS,

CHARLES GOSSELIN, LIBRAIRE-ÉDITEUR,

RUE SAINT-GERMAIN-DES-PRÉS, 9.

MDCCCXXXIII.

LES

CAUSERIES DU LOUVRE.

I

Le coin de la gloire. — M. *Bertin aîné.* — Adoration. —
Fureur. — Discussion. — M. Ingres, sculpteur. — Des Bar-
bus. — Un raisonneur. — Exaltation. — La forme. — Les
coloristes. — Ils ont aussi la forme. — *Madame ***, peinte
à Rome en* 1807. — M. Ingres a la foi. — Ses goûts exclusifs.
— Sa famille pittoresque. — Les protestans. — Influence de
M. Ingres, utile aux arts, défavorable aux artistes. — *Tu
Marcellus eris.* — M. C. Pradier.

La foule était pressée à l'angle du grand salon ;
à cet angle où l'on place tout ce qui doit avoir
la vogue, tout ce qui est beau, ou du moins
renommé ; où nous avons vu successivement les
portraits vantés, et la *Sainte-Thérèse,* plus

1

célébrée encore, de M. le baron Gérard; où les *Moissonneurs* de Léopold Robert ont fixé pendant long-temps le public; où chaque peintre voudrait être exposé, parce que c'est déjà une recommandation que d'être dans ce coin, vers lequel les adorations sont habituées à se tourner; Orient où les fervens de la peinture vont adorer le dieu du Louvre.

L'étoile brillante de Ingres y avait guidé l'élite des curieux et des artistes. L'assemblée était silencieuse. On contemplait avec attention, avec méditation, avec recueillement, un vieillard à l'air noble et bon homme, au visage plein et ferme, grave et doux; un beau vieillard, que dans sa jeunesse, féconde en brillantes chances, nos mères appelaient aussi le beau! Cet homme est là, dans un fauteuil, le corps légèrement penché en avant, les deux mains appuyées naturellement sur ses cuisses; il regarde, il écoute...

— Il va parler! s'écria une voix, qui interrompit brusquement le grand silence dans lequel nous nous complaisions, et qu'aucun de nous n'avait osé troubler par un geste, par un signe des yeux, et à plus forte raison par une parole critique ou même laudative.

Et alors tout fut fini. L'illusion cessa, les murs du temple croulèrent, on s'approcha de l'idole, et l'on en vint à discuter le dieu.

— Je le nie, dit un des spectateurs avec une chaleur un peu brutale; je le nie, il ne parlera pas, il ne pourrait pas parler. La vie n'est pas en lui!

Oh! ce fut une belle rumeur, quand ces paroles imprudentes tombèrent dans notre groupe réveillé ainsi en sursaut! Figurez-vous Luther faisant quelque irruption soudaine dans une église romaine, et attaquant par le doute et l'examen le prédicateur catholique! Voyez ce que deviendra l'assemblée! lisez l'indignation dans les yeux du prêtre et des auditeurs! Il en arriva de même. D'abord, par un mouvement spontané, tout le monde s'éloigna de cet impie, qui resta, quelques secondes, seul au milieu d'un cercle; ensuite la colère, le mépris, la rage, rapprochèrent tous les fidèles, et le possédé eut à répondre à cent interpellations, dont aucune ne descendit au-dessous du ton de la querelle.

— Ah! monsieur trouve que cela manque de vie!

— Mais, monsieur, j'ai ce malheur.

— Monsieur trouve cela mauvais, peut-être! on lui souhaite d'en faire autant.

— Si j'en pouvais faire autant, je m'estimerais bien heureux; ce qui ne m'empêche pas de regretter que cette peinture manque d'une qualité essentielle.

— Des qualités!.. Cette peinture a celle qui dispense de toutes les autres, ou, pour mieux dire, elle les a toutes: c'est la nature elle-même.

—Oui, je sais que rendre la nature complète est le vœu de M. Ingres; mais je prétends qu'il ne s'attache qu'à une des données de l'art, et qu'il lui subordonne tellement les autres, qu'il est moins peintre que sculpteur.

Un éclat de rire bruyant accueillit cette opinion: on haussa les épaules en faisant presque les cornes au hardi dissident, qui attendit avec calme qu'on lui permît de répondre.

— Je blesse, je le vois, des croyances sincères, profondes, des admirations anciennes, réfléchies, consciencieuses....

— Certainement, monsieur, répondit un jeune homme à barbe pointue : nous admirons parce que nous comprenons ; nous croyons à M. Ingres, parce que nous avons vu tous les autres.....

— Ne parlons pas des autres, s'il vous plaît, de peur de compliquer la question.

— Oui, sans doute, laissons les autres, repartit un second barbu en fermant les poings. C'est trop d'humiliation pour M. Ingres que de l'abaisser jusqu'à mêler son nom à ceux des misérables dont les galettes sèchent aux murs du Louvre.

— Je croyais, reprit froidement l'antagoniste, n'avoir affaire qu'à des admirations et à des croyances raisonnables ; mais le fanatisme s'en mêle ! On outrage tout ce qui tient un pinceau pour exalter un seul artiste ! Bien ! très-bien ! De la passion, de la haine, de l'enthousiasme ! tant mieux ; cela abrége beaucoup les discussions. Moi, je ne sais pas disputer ; j'aime le talent de M. Ingres ; mais M. Ingres n'est pas dieu, et je me sens le droit de le regarder en face. Cependant je vois qu'ici tout accommodement est impossible : il faut adorer, et non pas admirer; il faut s'humilier et se taire. M. Ingres est pour vous, messieurs, le grand Lama, dont tout est bon, exquis, parfait, suave, divin. Moi, je n'abdique jamais mon goût ni ma raison. Nous ne nous entendrions pas; je vous quitte donc la place.

— Moyen connu, monsieur, d'échapper aux dangers d'une discussion !

— Les dangers d'une discussion ! J'y croirais si, avec la barbe du seizième siècle, vous portiez la dague ou l'épée; mais le bon temps n'a pu tout-à-fait revenir. On se haïssait il y a quatre ans pour un hémistiche ou un sentiment d'école; vainement on a essayé d'ensanglanter la querelle. Aujourd'hui, le poignard pour une idée serait un anachronisme; la haine est déjà un ridicule. Regardez les tableaux qui nous entourent, et dites-moi où sont les chefs des factions pittoresques et leurs séides ! Ils ont fini, se sont amendés ou sont tombés dans le mépris : où seraient les champions qui voudraient continuer le duel des opinions qui partagèrent l'école, et faire couler au profit d'un système, je ne dis pas une goutte de sang, mais une goutte d'encre? Ainsi je ne vois aucun danger à discuter, si ce n'est celui de s'enfoncer dans un échange d'argumens qui perdraient leur temps à vouloir convaincre.

Premier Barbu.—Monsieur fait retraite !

Deuxième Barbu.—Monsieur s'avoue battu !

Chœur d'Ingristes.—Enfoncé ! enfoncé, le bourgeois ! vive Raphaël !

L'Antagoniste. — Oh ! certainement, vive Raphaël ! Je ne demande pas mieux que de trouver, de saluer, d'honorer un Raphaël ; ce que je voudrais surtout dans le Raphaël que j'appelle de mes vœux, c'est qu'il nous donnât de grandes pages, qu'il nous en donnât beaucoup ; qu'il fût fécond comme l'a été l'autre, qu'il jetât sur la toile, faute des murailles du Vatican, d'abondantes pensées, des centaines de figures ; qu'il ne consumât pas des mois entiers à faire, défaire et recommencer toujours un portrait, et des années à mûrir un tableau ; qu'il fût rapide comme le génie, et comme lui qu'il nous inondât de ses clartés divines ; je le voudrais pour l'art, pour moi, pour tout le monde, et pour lui-même.

Premier Barbu.—Qu'importe le nombre des œuvres ! c'est la perfection qui compte !

Deuxième Barbu. — Ce portrait vaut à lui seul toute l'école d'Athènes; je ne voudrais que cela pour ma gloire, et mon nom irait loin! Vivent Raphaël et M. Ingres!

Chœur. — Vivent Raphaël et M. Ingres!

Premier Barbu.—Criez donc vive M. Ingres, puisque vous avez dit: vive Raphaël!

L'Antagoniste. — Je ne vois pas que la conséquence soit rigoureuse; cependant je dis très-volontiers : Vive Ingres, le grand dessinateur!

Deuxième Barbu.—Le grand peintre, monsieur, le seul peintre de ce temps-ci!

L'Antagoniste. — Je suis moins exclusif que cela; et je crois être plus vrai en disant le plus grand dessinateur de l'époque.

Chœur d'Ingristes (avec fureur). — Dites le plus grand peintre! dites le seul peintre!

Premier Barbu. — Il faut baiser la poussière de ses bottes!

Deuxième Barbu.—Il faut bénir sa palette!

Troisième Barbu. — Il faut adorer sa brosse savante!

Un rapin sans barbe. — Il faut encadrer d'or tous ses pinceaux!

Autre rapin. — Il faut boire la gloire à son pincelier !

Chœur (avec solennité). — Le Pégase classique est mort ; le véritable Pégase est l'appuie-main de M. Ingres !

L'antagoniste resta confondu au milieu de ces clameurs ; et moi je regardais au-dessus du portrait de M. Bertin aîné, une représentation de l'*Hôpital des fous* à Lyon, par M. Biard ; je crus que les figures s'en étaient animées, et que nous assistions à leur triste sabbat. L'hallucination dura peu : un des barbus s'approcha de moi, me saisit par le bras, et me dit en riant d'un air étrange :

— Cet homme-là est insensé, aveugle ou ignorant.

Je ne répondis pas d'abord. Les humeurs querelleuses ne sont point du tout mon fait ; j'aime à causer avec les gens que je connais, et les illuminés me font presque peur. D'ailleurs je ne voulais pas me mêler à une controverse animée qui pût déranger mes habitudes pacifiques et nuire à mes études sur les travaux que les artistes ont montrés cette année au public. Mon opinion sur le portrait de M. Bertin était formée; j'avais vu, comme tout Paris, cet ouvrage remarquable dans l'atelier de M. Ingres; depuis une demi-heure je l'examinais au Louvre : je n'avais donc rien à apprendre à ce sujet; je n'avais pas non plus l'espoir de faire goûter mes idées au barbu exalté qui me serrait le bras. Je me contentai donc de lui dire, en cherchant à me dégager :

— Lâchez, monsieur, vous me faites mal !

Le Barbu. — C'est qu'on n'y peut pas tenir à entendre des propos de la nature de ceux que vient de nous débiter de sang-froid cet ennemi de M. Ingres ! Le sang bout dans les veines; on sent qu'on tuerait volontiers quelqu'un, qu'on briserait toutes ces toiles stupides qui ont la prétention de lutter contre celle de notre illustre maître, qu'on casserait ces cadres arrogans !

Moi. — Cassez tout ce que vous voudrez, monsieur, excepté mon bras : je ne suis pour rien dans vos haines; et comme dit le docteur Baloir, je crois, dans *l'Irato,* je ne suis pas la danseuse.

J'allais m'échapper; mais mon jeune homme

s'attacha au collet de mon manteau, et bon gré, mal gré, il fallut bien l'écouter.

Le Barbu. — Oser dire que M. Ingres n'est pas un grand peintre !

Moi. — Bon Dieu ! calmez-vous, monsieur ; vous vous ferez mal. La colère est parfois dangereuse : on a vu des apoplexies foudroyantes enlever par douzaines les hommes assez imprudens pour se laisser aller à de semblables accès ! Je ne causerai avec vous que quand vous serez calme.

Le Barbu. — Tout mon cœur s'est soulevé ; mais je me modérerai, monsieur. Voyons, vous qui ne paraissez pas aussi étranger aux arts que cet Ostrogoth de tout-à-l'heure, ne m'accorderez-vous pas que M. Ingres est un grand peintre ?

Il n'y avait pas à reculer ; la question était directe, et mon interlocuteur l'avait faite d'un ton qui ne me permettait pas de lui refuser une réponse.

— Qu'entendez-vous, lui dis-je, par un grand peintre ?

Le Barbu. — Un homme qui dessine bien.

Moi. — A merveille ! la forme avant tout.

Le Barbu.—Qui modèle finement et dans le sentiment juste de la nature qu'il a à représenter.

Moi. — Fort bien ! c'est encore la forme. Et puis ?

Le Barbu. — Tout est là.

Moi. — Mais la forme n'est qu'une moitié de la vérité; c'est la moitié que doivent rechercher exclusivement le dessinateur, le statuaire et le graveur. L'autre moitié, qui appartient en propre au peintre comme à l'écrivain, c'est la couleur.

Le Barbu. — La couleur est inutile, parce que c'est une chose de convention.

Moi. — Sans doute il y a dans la couleur des conventions; aussi connaissons-nous plus d'un coloriste. Mais il y a une couleur vraie, et c'est celle qui complète le grand peintre. Tout homme qui emprunte à la même palette les tons qu'il applique à différentes figures, peut être un grand harmoniste, un peintre; mais je ne l'estime pas un coloriste vrai.

Le Barbu. —Bah ! bah ! les coloristes sont des charlatans, à commencer par Rubens et Rembrandt.

Moi. — Je sais que ceci est le thème de votre

école. Mais permettez : Rubens part d'un point qui n'est pas le vrai absolu ; mais ce premier ton admis, toute la gamme de ses couleurs est en raison du point de départ ; il y a harmonie s'il y a exagération. Le rose domine, mais la lumière est partout chez Rubens ; il y a transparence, éclat, charme et verve ; il y a saillie, animation. Rubens vous prend, vous conquiert, quelque résistance que vous ayez faite ; vous oubliez bientôt qu'il ment, parce que dans son brillant mensonge tout est vraisemblable, que tout se tient bien. Quant à Rembrandt, c'est un fascinateur plus habile encore, parce qu'il est plus puissant, qu'il vit d'oppositions plus grandes, plus vives, plus heureuses. Chez lui la lumière n'est qu'un point culminant ; mais les mystères de l'ombre sont merveilleux : il n'a jamais une demi-teinte opaque ou louche ; tout est chaud et transparent dans son clair-obscur. Je vous demande pardon de vous parler de clair-obscur, qui est une puissance de l'art, niée par votre école. On lit la forme sous son effet ; il voile, et ne déguise pas : il n'est pas plus vrai, réellement parlant, que Rubens ; mais c'est un aussi merveilleux harmoniste.

Titien et Paul Véronèse sont plus positifs et non moins éclatans; qui oserait les appeler des charlatans? Est-ce un charlatan aussi que M. Van-Dick, avec sa soigneuse observation du ton local de chaque individualité, avec sa couleur argentine et transparente? Ne faites pas ainsi fi des coloristes; ils ont l'admiration de tous les pays; ils s'adressent à l'imagination, l'excitent comme les poètes qui ont de la pensée, comme les musiciens qui fondent leurs chants sur des rhythmes forts et pressans. Toute votre école s'acharnerait sur Rubens et Titien, sur Tintoret et Rembrandt, sur Velasques et Van-Dyck, sur Tintoret et Gros, le Gros des *Pestiférés de Jaffa*, d'*Aboukir* et de *Nazareth*, qu'elle n'enleverait pas un grain au poids dont la réputation de ces peintres pèse dans la balance des jugemens de la postérité. Il ne faut pas nier les qualités qu'on n'a point : on se moqua du renard qui voulait que ses confrères coupassent leurs queues parce qu'il avait perdu la sienne dans un piége.

> La mode en fut continuée,

observe naïvement Lafontaine; la mode de la couleur pourrait bien ne pas passer davantage.

Le Barbu. — M. Ingres ne veut pas être un coloriste, il en serait bien fâché; mais sa peinture n'est pas d'un ton désagréable, comme ses ennemis affectent de le dire.

Moi. — Ici, il m'est impossible d'être de votre avis. Généralement M. Ingres s'enveloppe dans une harmonie grise; il ne recherche pas l'effet, il ne croit pas à la nécessité de la saillie; ce qu'il veut avant tout, c'est exprimer sa pensée, et pour cela, la forme étant suffisante, indépendamment de tout coloris, il étudie amoureusement la forme, et néglige, ou peut-être même méprise la couleur.

Le Barbu. — Et croyez-vous qu'il ait tort?

Moi. — Je crois qu'il n'y a rien de méprisable dans l'art, qu'il n'est même rien que l'on doive négliger; mais je comprends très-bien que ce soit au dessin, comme interprète essentiel de la pensée, et comme moyen de la reproduction des objets, que l'on se voue de préférence. La couleur sans la forme n'existe pas; la forme peut se passer de la couleur. Vous voyez que je vous concède beaucoup; et la concession ne me coûte rien, parce que je crois être dans le vrai; mais.....

Le Barbu. — Encore un mais ! toujours des restrictions !

Moi. — Celle-ci a, je crois, de l'importance ; elle a rapport aux coloristes comparés aux dessinateurs.

Le Barbu. — Cela ne se compare pas, monsieur !

Moi. — Je vous demande la permission de m'expliquer. Il n'est pas un coloriste célèbre, pas même un grand harmoniste, qui ne soit, aussi, remarquable par la forme.

Le Barbu. — Oh ! par exemple, le paradoxe est fort !

Moi. — Je ne prétends pas que les hommes dont je vous citais à l'instant les noms, aient la forme au degré où l'ont Raphaël, Jules Romain et Léonard de Vincy ; mais, à moins d'être aveugle, comme vous accusiez tout à l'heure de l'être ce pauvre monsieur si maltraité par les ardens de votre cabale janséniste, vous ne nierez pas que Titien, Corrége, Paul Véronèse et Van-Dyck ne dessinent bien.

Le Barbu. — Vous les mettriez à côté de Raphaël et de Léonard ?

Moi. — Non ; mais enfin s'ils n'ont pas toute

la finesse, toute l'élévation du dessin de ces deux grands maîtres, ils sont corrects...

Le Barbu. — On ne l'est suffisamment que quand on est arrivé à la perfection sous ce rapport, comme M. Ingres.

Moi. — Au moins n'ont-ils rien de choquant; leurs hommes sont des hommes; ils se meuvent, ils pourraient vivre : vous m'accorderez cela, j'espère?

Le Barbu. — Ils ont pour eux l'apparence.

Moi. — Eh bien! soit, j'accepte votre mot : ils ont l'apparence; mais cette apparence a du charme; elle est expressive, revêtue qu'ils nous la donnent d'une couleur belle, brillante, puissante et vraie.

Le Barbu. — Je pourrais contester la vérité.

Moi. — Non pas à l'auteur des *Noces de Cana,* je pense, ou au Titien peignant sa maîtresse, ou à Tintoret reproduisant d'une manière si complète cet homme à barbe rousse et fourchue, dont M. Ingres a rappelé la pose dans son portrait de M. de Pastoret fils, il y a quelques années. Ces peintres-là représentent la vie; ils savent animer les personnages; ils savent donner de l'action à leurs sujets, et non-

seulement à leurs sujets, mais, dans chaque
tête, à l'œil, à la bouche, aux sourcils, aux
lèvres. Franchement, M. Ingres fait-il cela?
Il y tâche, quoi que vous disiez; mais réussit-
il bien? S'il a l'avantage par le dessin, il est de
beaucoup inférieur par le ton, la vie, la réalité
enfin. C'est ce qui m'autorise à vous dire que
les fureurs de vos camarades étaient ridicules,
il y a un moment, quand ils ont si vivement
rabroué le spectateur qui disait que le M. Bertin de M. Ingres ne pourrait pas parler.

Le Barbu. — Je vois que vous voudriez
qu'un portrait fût un trompe-l'œil.

Moi. — Si c'était possible, je le voudrais
sans doute. Quelquefois on y est presque arrivé.
Je ne vous parlerai pas de Pagnest que vous
n'estimez probablement pas; mais d'abord,
Tintoret que je vous citais, Van-Dyck, puis
Holbein, dans son portrait d'Érasme, malgré
un peu de sécheresse, et dans sa tête délicieuse
de femme à la robe rouge, aux mains croisées.
Érasme est vrai, il sort de la toile. Le peintre
n'a pas fait de grands efforts pour arriver à
cette fin; et quant à cette femme, le sang coule
sous la peau, dans son front, dans ses mains.

Dites-moi si dans le portrait de M. Bertin et dans celui de cette dame fait, à Rome, par M. Ingres en 1807, et que j'ai vu dans la galerie, il y a du sang quelque part?

Le Barbu. — Vous demandez à M. Ingres les qualités qu'il n'a pas, qu'il ne veut pas avoir; il faut, pour bien juger, se placer au point de vue de l'artiste, et ne pas exiger de lui autre chose que ce qu'il a la prétention de faire.

Moi. — Cela est juste : aussi ne reprocherais-je point à M. Ingres de manquer à une des conditions de la vérité, si je n'entendais dire de tous côtés, et, tantôt encore, plus haut que partout ailleurs : « Il n'y a qu'un grand peintre en France, un seul qui rende la nature : c'est M. Ingres. » M. Ingres, selon moi, et selon beaucoup d'autres, trace admirablement la silhouette d'une figure; il modèle cette figure à merveille; mais je nie qu'il la reproduise par le ton comme par la forme. Je dis aussi que généralement il ne donne pas à la chair sa morbidesse; que tout est fait dans ses chairs de la même manière; que cette manière est souvent sèche; qu'il accuse toutes les saillies, en les mettant sur un même plan, excepté peut-être dans le portrait de M. Bertin, où l'œil du côté de l'ombre vient bien plus en avant que l'autre, ce qui est contraire à la vérité ; que s'il est harmonieux, cette harmonie est froide ; qu'il prend rarement la peine de faire des yeux mouillés et des lèvres humides ; que ses cheveux sont ordinairement de marbre ou de corne, comme vous le voyez dans ces deux portraits de M. Bertin et de la dame florentine.

Le Barbu. — Assez de blasphèmes, monsieur ! Je vous ai laissé exhaler librement votre haine. Je ne répondrai point à tous ces reproches que vous croyez bien forts, et qui sont pour nous comme non-avenus. J'en ai entendu plus que, pour l'honneur de notre école, je n'en devais entendre. Vous avez des antipathies ; vous les dissimulez par une feinte admiration pour une des qualités éminentes de M. Ingres : je ne m'y suis pas trompé. Vous ne comprenez pas et vous accusez. M. Ingres est comme il doit être, comme il veut être. Vous admirez probablement Raphaël sur la parole de trois siècles qui l'ont admiré, et vous ne voyez pas que notre maître est tout aussi coloriste que Raphaël.

Moi. — C'est ce dont je ne conviendrai point, s'il vous plaît. Raphaël n'est pas un grand coloriste ; mais il est ce que j'oserais appeler un coloriste suffisant. N'allons pas chercher ailleurs que dans le Louvre et dans des souvenirs récens. Dites-moi si ce portrait fait à Rome, en 1807, sous le ciel de Raphaël, est d'une couleur aussi près de la vérité naturelle que celle de la *Vierge au voile*? Prenez l'*OEdipe* de M. Ingres, et comparez-le à l'*Archange* de Raphaël ! Que citeriez-vous de ce que nous connaissons, vous et moi, de Raphaël, qui soit aussi peu attrayant par le coloris que l'*Apo-théose d'Homère*, si belle d'ailleurs? Croyez-vous que *la Jardinière* ne soit pas d'un aspect plus agréable que l'*Odalisque* de votre maître? Et encore nous n'avons plus Raphaël dans la virginité de sa couleur ; le temps y a mis son vernis obscur, et tout Ingres est d'hier. Quant à ce que vous me disiez de ma haine, de mes préventions, vous m'aviez mal jugé. Loin de haïr M. Ingres, je l'admire bien sincèrement ; mais je ne me crois pas obligé de tout admirer en lui ; je n'ai vendu mon âme à personne ; mon sentiment est à moi et nul n'y a pris hypothèque. Je suis libre, vous ne l'êtes plus ; vous êtes sous un charme dont je conçois que vous ayez de la peine à vous défendre, parce que M. Ingres est éloquent, qu'il a façonné votre goût selon son goût, qu'il a moulé votre pensée dans sa pensée. Vous êtes absolu comme tout homme de parti ; vous ne voulez point laisser entamer votre système ou votre héros ; vous craindriez qu'une concession ne minât la doctrine ou le chef de votre religion ; vous êtes tout d'une pièce, soit que vous louiez M. Ingres, soit que vous critiquiez les autres : c'est tout simple. Moi, je suis en dehors de vos engagemens ; je ne marche pas sous un drapeau : voilà pourquoi je n'ai point d'antipathies, voilà pourquoi mes sympathies raisonnent et ne se révoltent point contre les observations désintéressées.

Pendant que je parlais ainsi, mon jeune barbu s'agitait, il piétinait, mettait ses mains crispées dans les goussets de son pantalon, les retirait, les frottait, retournait le berret noir

qui couronnait sa longue chevelure à la Charles VII, courbait sa moustache, caressait sa
barbe comme un Turc irrité. Il allait faire
quelque éclat ; je lui pris la main et lui dis :

— Vous m'aviez promis de rester calme, et
vous voilà furieux !

Le Barbu. — Ah ! monsieur, j'ai donné une
grande preuve de patience, je vous jure ; j'espérais vous ramener, mais vous êtes perdu,
incorrigible. Nous ne pourrons jamais nous
entendre.

Moi. — Jamais ! Vous vous trompez peut-
être. Je crois que nous nous entendrons un
jour.

Le Barbu, avec un sourire dédaigneux : —
Et quand cela, je vous prie ?

Moi. — Quand vous ne serez plus passionné ; quand, tout en admirant votre maître,
vous commencerez à comprendre qu'il y a plus
d'une manière de bien voir la nature ; quand
vous sentirez le besoin de vous laisser aller à
votre propre originalité, et que vous ne serez
plus le servile imitateur de M. Ingres. Alors
vous rabattrez de votre ardeur de sectaire ; et si
vous vous rappelez notre longue conversation

du 1er mars 1833, devant le portrait de M. Bertin, vous avouerez que nous sommes parfaitement d'accord..... Avant de nous quitter, permettez-moi d'ajouter quelques mots sur M. Ingres.

Le jeune homme fit une grimace très-comique; il s'appuya contre la balustrade de fer, et me dit en s'efforçant de paraître poli :

— Parlez, monsieur! mais je vous avertis que vous ne me convertirez pas à vos étranges opinions.

Moi. — Je ne veux rien vous dire qui doive tendre à ébranler vos principes. J'admire M. Ingres, et je vais vous dire pourquoi : c'est que, dans ce siècle de doute et d'indifférence, il a une foi, une foi ardente, incapable de transactions. Il croit à quelque chose; il croit en Dieu sous les espèces et apparences de Raphaël. Vingt ans il a enduré le martyre pour ses croyances. A chaque salon où il envoyait quelque peinture de Rome, pendant qu'on couronnait de fleurs David, Gérard, Girodet et les autres, on le couronnait d'épines, on le crucifiait, lui; on raillait ses œuvres, on riait en passant devant ses tableaux. Il le savait, et

reprenait avec courage le crayon et le pinceau
pour arriver à forcer l'attention de ses détrac-
teurs. Il vivait pauvre, ignoré, quand les camarades de ses premières études s'enrichissaient
de gloire et d'argent. Cette conduite est noble
et belle ! Ingres est absolu, exclusif, intolérant ; il admire Raphaël et Léonard de Vinci.
Je ne sais ce qu'il rejette ; mais je sais ce qu'il
vous défend de regarder et d'étudier. Tout ce
qui n'est pas dans ses idées, il le supporte im-
patiemment ; il s'est fait une unité artistique
(pour me servir d'un mot nouveau dont on
abuse déjà beaucoup) ; il n'aime en musique que
Beethoven et Mozart, comme en littérature il ne
se plaît qu'avec Racine et les écrivains du siècle
de Louis XIV. Presque tout Rossini lui est
insupportable. La littérature actuelle lui fait un
mal affreux. Ne lui parlez pas de Hugo, si vous
ne voulez pas qu'il ait la fièvre, ou plutôt
parlez-lui-en, parce qu'alors il est prodigieusement spirituel dans son indignation. Je
trouve tout cela à merveille : s'il n'était pas
fait ainsi il ne serait pas complet ; il serait
inconséquent à lui-même ; il n'aurait qu'un
système sans suite, sans liaisons, sans principes.

Pensez-vous que cet absolutisme d'idées, cette exclusion de tout ce qui n'est pas lui et ses maîtres, et ses affections d'art, me paraissent ridicules? Non, monsieur; ils me paraissent non-seulement naturels, mais encore bons.

Le Barbu (un peu dilaté et respirant plus librement). — Ah! vous voilà devenu raisonnable!

Moi. — Ne me félicitez pas trop de ma guérison; car je vais peut-être avoir encore un accès. Je dis que cette exclusion et cet absolutisme de M. Ingres sont bons, et je m'entends : bons pour Ingres artiste, fâcheux dans M. Ingres homme d'influence sur la direction des beaux-arts. Écoutez-moi, sans reprendre l'air mécontent dont mes précédentes phrases vous avaient un moment délivré..... Qu'un artiste soit intolérant, il en a le droit pour lui; jusqu'à un certain point même, il a raison. C'est en vertu de certains principes excellens, infaillibles selon lui, qu'il produit son œuvre; c'est aux risques et périls de sa réputation du moment, de sa gloire à venir, de son existence, qu'il reste fidèle à son système; il aime mieux vivre d'un peu de pain sec que de faire des concessions à un goût qu'il réprouve. Cet enthousiasme est respectable ; Ingres en est possédé, et personne n'a le droit de l'en blâmer. Qui a jamais osé se permettre une raillerie contre les martyrs chrétiens, confessant Jésus-Christ dans le cirque ou sous la hache des bourreaux de Tibère? Et pour un artiste, le mépris du public, la critique frivole, sont plus cruels que la hache et les bêtes du cirque. Le fanatisme va donc à l'artiste ; il n'a qu'un malheur, c'est qu'il engendre une famille de fanatiques, qui n'ont pour eux aucune bonne excuse: car qu'est-ce que le fanatisme à la suite? Que produit-il? des copistes serviles, et non des imitateurs intelligens. L'élève devient l'esclave du maître ; il est sous l'empire d'une terreur morale ; il n'ose, sous peine d'être chassé de l'école, lever les yeux sur les œuvres qu'on lui a représentées comme profanes ; il faut qu'il conserve l'orthodoxie dans toute sa pureté ; et si par hasard un autre sentiment se développe en lui, le maître l'accuse de trahison ; c'est pour toute la famille un renégat ; son apostasie lui est durement reprochée ; on cabale contre lui ; on cherche à le desservir, à le perdre.

L'intolérance a fondé un couvent, où l'arbitre suprême tient ses moines dans une dure tutelle; il faut que chacun des religieux fasse abnégation de sa volonté, de son sens intime, de son libre arbitre, pour ne penser que selon le bon plaisir du prieur. Puis, si la secte devient puissante par le talent, elle se fait oppressive, inquisitoriale. Voilà ce que je redoute. Que l'école de M. Ingres grandisse; que M. Ingres fasse des conquêtes en produisant encore beaucoup de belles choses, on lui devra immensément; il aura ramené au culte de la forme, dont nos faiseurs d'à peu près humains ne s'écartent que trop. Son intolérance d'artiste portera d'excellens fruits. Mais M. Ingres, sorti de la foule où l'intolérance davidienne et les partisans de la peinture des lieutenans de David l'avaient si long-temps et si injustement relégué, doit prendre sur les arts une influence, indépendante de celle que ses exemples lui auront acquise. L'administration des beaux-arts, souvent embarrassée pour la répartition des encouragemens et des récompenses, et ayant besoin de mettre sa responsabilité à couvert derrière un grand nom, consultera M. Ingres, comme autrefois elle consultait M. Gérard, M. David et M. Vanloo. Dans cette position, que fera l'artiste absolu? Pourra-t-il renoncer à ses opinions? Non, sans doute. Toute concession lui sera impossible, et c'est au profit de ses seules idées ou de ceux qui les représentent le mieux, qu'il conclura dans la consultation qu'on lui aura demandée.

Le Barbu. — Et il aura raison, car ses idées sont les seules bonnes.

Moi. — Pour un concours où il s'agira d'envoyer un élève à Rome, je ne dis pas non; mais non pour la distribution des récompenses ou des encouragemens donnés aux arts. Le gouvernement et la critique ne peuvent être absolus, intolérans; ils doivent aimer tout ce qui est bien, c'est-à-dire tout ce qui a une somme quelconque de qualités, dans un temps où la réunion complète de toutes n'existe nulle part. Ainsi, ce serait une faute au pouvoir de consulter M. Ingres seul, et à M. Ingres de chercher à avoir cette espèce d'influence qui ne pourrait être complétement dégagée d'une prévention louable peut-être chez l'artiste, fâcheuse chez le juge officiel.

Le Barbu. — Je n'admets pas cela, et je pense que M. Ingres pourrait nous débarrasser de toute l'ancienne race classique selon M. David, de toute la coterie romantique, de tous les Romains communs qui pullulent depuis dix ans ; il mériterait un arc de triomphe. Adieu, Monsieur, je vais rejoindre mes amis. Je vois par cette conversation que vous n'êtes pas né pour sentir les belles choses, et qu'au fond vous n'aimez pas les deux portraits de M. Ingres.

Moi. — Vous tirez de mes paroles les conséquences les moins vraies. J'admire M. Ingres artiste ; je le crains, conseil du pouvoir. J'admire les œuvres de M. Ingres, mais je ne crois pas que dans le système de M. Ingres tout est irréprochable. Je pense que M. Ingres est le plus grand dessinateur des écoles françaises ancienne et contemporaine ; je le regarde comme un merveilleux sculpteur sur toile ; mais je nie qu'il soit suffisant pour le ton : ce que vous me contestez. Et, quant aux portraits de M. Bertin et de madame ***, je les regarde comme deux chefs-d'œuvre de forme et de dessin ; j'y trouve élévation, finesse, pensée ; j'aime à les voir, à les étudier ; mais je ne m'étonne pas que le public ne les comprenne pas bien, parce qu'ils manquent de la qualité qui se fait comprendre tout de suite du public : l'aspect de la nature, la couleur et la saillie. Du reste, monsieur, la longueur de notre causerie vous dit plus encore quelle importance a un homme comme Ingres que tout ce que j'ai pu vous dire. On ne conteste pas ce qui n'est pas. M. Ingres est, et surtout il sera, s'il veut nous donner beaucoup de choses, comme le *tu Marcellus eris*, dont j'ai vu de l'autre côté la très-belle traduction gravée par M. L. Pradier. Là, aucune objection contre M. Ingres ; cela doit plaire à tout ce qui a le goût élevé et le sentiment de la divine poésie de Virgile. C'est que là M. Ingres en est réduit à la pensée et à la forme de sa pensée ; il est poète et dessinateur ; il se produit noir sur blanc, et l'on n'a pas à surmonter sa palette.... Je vous salue.

II

Madame la comtesse Yermoloff. — M. le baron Gros. — Le
Gros d'autrefois. — *Clot-Bey.* — Le cheval de Charles X. —
L'*Amour piqué par une abeille.*—Anacréon, te voilà vieux !
— Fragmens humains en portefeuille. — Mademoiselle Mars.
— Martin le chanteur. — Potier. — Le bourreau de Char-
les Ier.

Une Dame. — Bon Dieu ! quelle est cette
femme rose et jaune, si mince, si singulièrement coiffée, qui a de si longs bras, de si longs
doigts gesticulant sur un si petit piano, des
yeux si grands, et une bouche si bien dessinée
d'après la bosse ?

Un Elégant. — Comment, belle dame! vous ne reconnaissez pas la comtesse Yermoloff, la fille du général Lasalle ?

La Dame. — En vérité, non. Cependant c'est possible. C'est donc là ce portrait dont on m'avait tant parlé? (Elle rit.)

Un Inconnu. — Ne riez pas, madame, il n'y a pas de quoi rire. Oui, c'est là un portrait de Gros! Oui, c'est le peintre de Lasalle qui a peint madame Yermoloff!

L'Elégant. — Comme monsieur dit cela d'un ton grave et triste!

L'Inconnu. — C'est qu'il est triste d'assister aux derniers momens d'un homme célèbre! C'est qu'il y a de quoi gémir de voir l'homme survivre au talent!

La Dame. — Je ne voudrais pas être habillée par M. Gros; cette robe a trop mauvaise grâce.

L'Inconnu. — Et que m'importe la robe? Voyez la tête, et les bras, ce sont ces choses-là qui font le peintre, et elles ont plus mauvaise grâce que la robe.

La Dame. — Le visage est pourtant bien frais!

L'Inconnu. — Que trop, madame! il est teint en rose, comme ne le fut jamais figure humaine; et puis est-il modelé? Cela ressemble à une de ces têtes de cire qui servent aux ajustemens de vos coiffeurs. Déplorable décadence!....

L'Elégant. — Elle a des mains d'une bien belle forme, au moins!

L'Inconnu. — Oui, de cette forme de convention qui appartient à Gros depuis vingt ans, mais qui disparaissait autrefois sous un modelé large et savant. Aujourd'hui, que voyez-vous là? une quasi nature, quelque chose de nacré, de jaspé rose et violet; la preuve d'un pinceau rompu à la pratique du métier; mais d'art, plus l'apparence.

La Dame. — Le jugement est sévère.

L'Inconnu. — Croyez-vous qu'il ne m'en coûte pas? Gros, mon ancienne admiration; Gros qui a peint *Aboukir*, *Jaffa*, *Nazareth*, et tant de beaux portraits sous l'empire et en 1814; Gros, descendre jusque-là! Vous ne savez pas, vous ne devez pas savoir, madame, ce que c'est que d'être trompé dans son amour; vous n'avez pas dû passer, belle et charmante comme vous êtes, par cette cruelle épreuve. Eh bien! ce sentiment pénible, cet affreux désappointement ne doit pas tomber plus horriblement sur le cœur d'une Ariane ou d'un La Châtre, que sur le mien cette trahison de l'artiste que j'aimais! Et voilà tantôt dix ans que je souffre! Chaque année j'espère que je retrouverai le Gros d'autrefois, le coloriste puissant et énergique, le peintre-poète des grandes réalités de la République et de l'Empire; chaque année son ombre même s'amincit, et aujourd'hui la voilà qui m'échappe! Et vous ne voudriez pas que je m'affligeasse!

L'Elégant. — Vous avez ici de quoi vous consoler. Après M. Gros un autre!

L'Inconnu. — Et où est-il cet autre, s'il vous plaît? Il y a du talent tout autour de nous sans doute; mais il est en petite monnaie; il était en lingot chez le vainqueur de Girodet, de Guérin, de Gérard, et même de David. Si ce sont là vos consolations, je puis pleurer encore.... Faire un portrait comme ça! s'il n'avait fait que celui-là, du moins! Mais vous avez vu cette grande image où le rouge se montre dans toutes ses nuances, orgueilleux et fier, appelant les regards comme une prostituée ivre ; n'est-ce pas déplorable ? Dans ce portrait de Clot-Bey, le directeur français de l'école de médecine d'Alexandrie, trouvez-vous quelque chose que vous puissiez louer ? Montrez-le-moi, montrez-le-moi, de grâce ; car j'ai besoin de ne pas sortir d'ici sans m'être raccommodé avec Gros !.... Vous cherchez !.... Moi aussi j'ai cherché, monsieur ! Rien, nulle part, pas même dans les accessoires, où l'artiste était si grand jadis. Vous avez vu le cheval de Murat, les chevaux qui s'agitaient dans la plaine de Nazareth, les chevaux de MM. de Lariboissière ; voyez celui qui se dresse sur ses pieds, derrière Clot-Bey !

L'Elégant. — Il est sûr qu'il a plutôt l'air d'un rat que d'un cheval ; mais ce n'est qu'un lazzis, comme on dit, je crois, en terme de peinture.

L'Inconnu. — Un lazzis, à la bonne heure ; mais voyez les lazzis de ce genre qui sont dans les anciennes esquisses de Gros ! Ce cheval est le digne fœtus de celui sur lequel M. Gros monta Charles X en 1829.

La Dame. — Il me semble avoir vu vers le

milieu de la galerie un portrait de femme assise, vêtue d'une robe brune, qui m'a paru bien.

L'Inconnu. — Où, madame? où donc? Soyez assez bonne pour me conduire devant cette toile, qui va peut-être me rendre mon peintre. Allons, tout de suite. Faites - moi l'honneur d'accepter mon bras.

Les trois interlocuteurs vont au bout de la seconde travée, à la colonne derrière laquelle est le buste de Jouvenet.

La Dame. — Venez, monsieur, voilà ce dont je voulais vous parler.

L'Inconnu. — Point de rose cette fois, mais nous n'y gagnons rien ; ce n'est pas plus vrai, pour être moins éclatant : le coloriste est absent, si l'enlumineur n'y est pas.

L'Elégant qui s'est retourné, appelle : — Madame la baronne ! voyez donc, je vous en prie. Voilà de quoi faire le bonheur de monsieur votre père, qui compare encore les femmes à Vénus, et sait toutes les petites histoires mythologiques qu'on fait courir sur le compte de Cupidon : « L'Amour piqué par une abeille et se plaignant à sa mère. » Le marquis ne peut pas manquer de trouver cela fort ingénieux : c'est à mourir de rire !

La Dame. — Il est vrai que c'est assez drôle.

L'Inconnu. — Drôle ! risible ! vous en parlez bien à votre aise ! Ceci n'est ni risible, ni drôle, c'est déplorable. Je ne puis pas rire, moi, quand je vois cette femme, rosée des pieds à la tête, transparente à quelques endroits, à ce point que nous apercevons le ciel au travers de son cou, par exemple ; faisant de la grâce avec ses bras, comme une danseuse de l'école ancienne ; levant les doigts de la main droite comme une petite maîtresse du temps de Boucher ; reproduction maniérée de ce type de femme que nous offre toujours M. Gros depuis une dizaine d'années. Vous imaginez que je trouverai drôles ces petits Amours d'un si mauvais dessin, d'une couleur roséabonde comme la Vénus ! Quelle traduction d'Anacréon, sainte antiquité ! C'est à M. Gros qu'on peut dire : « Anacréon te voilà vieux ! » Oh non ! cela n'est pas gai, je vous assure. Un artiste qui vit autrefois la nature si grandement, et créa de si puissantes choses, être déchu jusque-là!...

L'Elégant. — Peut-être ce portrait d'homme.....

L'Inconnu. — Je le voudrais; je donnerais bien des choses pour qu'il en fût ce que vous croyez. Mais dans ce jeune homme je retrouve les grands yeux de madame Yermoloff, de Clot-Bey et de la dame à la robe brune; je retrouve leurs mains, leur bouche, tout enfin, excepté le sentiment vrai de la nature. On‘ dirait que M. Gros a en portefeuille des mains, une bouche en arc d'amour, un œil large et alongé, un bras et une gorge de femme, qu'il accommode invariablement à toutes les circonstances. Il y a long-temps que je connais ces fragmens humains, colligés par le peintre dans les trésors de la statuaire antique, ou inventés pour plaire aux femmes qui veulent toutes avoir de grands yeux; il y a long-temps que je les vois s'incruster dans les ouvrages de M. Gros. Mais au temps de la grandeur du maître, une belle et riche couleur recouvrait ou faisait oublier un peu cet amalgame uniforme de traits de convention. A présent le masque est tombé : au lieu de cette poésie de tons qui frappe et séduit dans les chefs-d'œuvre de Gros, du brun et du rose, la parodie de la force et de la grâce. Et vous croyez que je puis rire!... Finissons cette autopsie douloureuse d'un génie mort. M. le baron Gros peut peindre tant qu'il voudra; Gros a fini, Gros ne produira plus rien à moins d'un miracle. Et qu'importe à Gros! La gloire lui est acquise; sa vieillesse peut être oisive à lui! Il fut le premier peintre d'une époque qui eut Ingres et David! Il fut un vrai peintre, un grand peintre : il restera de lui d'admirables pages. Combien restera-t-il des autres qui ne furent ni Gros, ni David, ni Ingres?

L'inconnu leva son chapeau, salua de la tête la dame et son cavalier, et se retira, l'air affligé, comme un ami qui vient de rendre les derniers devoirs à son ami.

— Cet homme est fou, dit l'élégant à la baronne! il est bien bon de se faire du chagrin pour si peu de chose!

La Baronne. — C'est que ce n'est pas peu de chose que la fin d'un grand artiste.

L'Elégant. — A la bonne heure; mais il

n'y a pas de quoi pleurer ; et j'ai vu le moment où il allait nous donner la comédie d'un torrent de larmes, à propos de cette Vénus si amusante.

La Baronne. — Eh bien ! je comprends parfaitement sa douleur.

L'Elégant. — Vous avez le cœur si tendre!

La Baronne. — Non, je ne me pique pas de sensiblerie ; mais j'ai toujours éprouvé une peine réelle à voir le déclin d'une gloire. Mademoiselle Mars, tout admirable qu'elle soit encore, travaille à nous désillusioner. Je serais désolée qu'elle ne jouât plus, et cependant je suis obligée d'aller aux Français sans lorgnette. Martin est surnaturel ; sa voix est encore délicieuse, saisissante : pourtant, quand il chante, je tremble qu'il ne faiblisse, et mon plaisir à l'entendre est mêlé d'angoisses. Voyez Potier, si bon comédien, si spirituel ; le public lui a manqué tout d'un coup, et d'artiste il est devenu baladin. Un artiste est comme une jolie femme ; il doit se retirer à temps par coquetterie. Ninon et Voltaire furent des exceptions ; encore n'avons-nous point les confidences du dernier amant de l'une, et n'avons-nous pas

assisté à la représentation de la dernière tragédie de l'autre!.... Je partage complétement
les regrets de notre inconnu au sujet de Gros.
D'ailleurs, il en parle avec un respect qui convient à un grand malheur ou à un grand talent.

L'Elégant. — Oui, belle dame; ce monsieur y a mis des formes, et il m'a semblé voir
le bourreau de Charles Ier se mettant à genoux
devant le roi condamné, lui demander pardon
de la liberté qu'il allait prendre de remplir son
sanglant office, et le saluer encore du titre de
majesté en lui tranchant la tête !

III

Deux Bourgeois. — Un Passant. — *Sapho et Phaon.* — M. De-
lorme. — Michu. — M. Dubufe. — *Don Juan.* — Les types.
— Les tics. — *Françoise de Rimini.* — Les Pêcheurs charnels.
— Les Poètes. — M. A. Colin. — M. Monsiau. — *Le chagrin
monte en croupe et galope avec lui.* — M. Poterlet. — Le
Malade imaginaire. — Baptiste cadet. — La *Canonnière.* —
Madame Marie M. — M. Gigoux. — M. Gilbert. — César Bour-
raine.

Une grosse bourgeoise. — A la bonne heure !
voilà que je m'y retrouve ! me revoilà au bon
temps ! deux amoureux qui causent ! La femme
sourit tendrement ; le jeune homme sourit ga-
lamment. C'est joliment joli ! Dis donc, M. Gail-

lard, devines-tu l'anecdote qu'ils ont tirée en tableau ?

M. Gaillard. — Je regarde, ma choute, et je cherche. Ce qui me frappe, c'est que ces deux particuliers soient là à causer de leurs affaires, nus comme la main. Il faut en tout cas que la chambre soit fièrement chauffée pour qu'ils n'attrapent pas un gros rhume, et je n'y vois ni poêle ni cheminée ! s'ils étaient susceptibles pour les catarrhes, comme moi, du diable s'ils resteraient aussi légèrement habillés !

Madame Gaillard. — Sauf le respect que je vous dois, comme à mon époux légitime, devant le curé de Saint-Méry, vous dites-là des choses incroyables, M. Gaillard. Vous voyez bien que c'est dans les pays chauds qu'ils sont, ces deux particuliers-là !

M. Gaillard. — Oh ! pas si chauds que vous voulez bien dire ; je suis sûr qu'ils ont froid ; je vois ça à la couleur de leur peau ; ils sont tout violets. Des caleçons et des camisoles de flanelle leur iraient très-bien.

Madame Gaillard.—Oui, l'amour en flanelle, c'est aimable ! et pourquoi pas en bonnet de coton ?

M. Gaillard. — Vous allez recommencer

encore avec vos bonnets de coton! vous les avez terriblement sur le cœur!

Madame Gaillard. — J'aime mieux les avoir là que de vous les voir sur la tête. Vous n'êtes déjà pas trop beau en chinoise de madras de Saint-Quentin!

M. Gaillard. — Allons, c'est bon! je ne viens pas au Louvre pour être agoni de vos méchancetés; nous serons assez tôt de retour à notre rue Planche-Mibray.

Madame Gaillard. — Mais aussi pourquoi dites-vous des bêtises! croyez-vous que le peintre soit un imbécille? Les peintres, c'est des hommes d'éducation qui ne feraient pas une chose pour l'autre; ils savent leur état, p't-être bien. Si celui-ci a fait les deux jeunes gens tout nus, c'est que c'est la mode du pays..... Mais, comment s'appellent-ils? ça m'intrigue. Je vas demander, tant pire. (A un passant.) Pardon, monsieur, si je vous importune; mais mon mari, M. Gaillard, qui a bien l'honneur de vous saluer... M. Gaillard, monsieur a la bonté de relever son chapeau.... (Elle fait la révérence.) M. Gaillard, mon époux, n'a pas voulu acheter le livre d'affiches des tableaux, parce qu'il dit que c'est inutile, et qu'on sait toujours assez deviner les sujets. Eh bien! en voilà un de sujet que je ne devine pas du tout. Voudriez-vous me faire l'amitié de me dire ce que c'est que le numéro 654.

Le Passant. — Volontiers, madame. C'est Sapho, récitant à Phaon une ode qu'elle vient de composer. Le tableau est de M. Delorme.

Madame Gaillard. — Ma foi, comme dit le proverbe: il est bon là, M. Delorme. Ceci est très-beau, dans mon idée. N'est-ce pas que c'est très-beau, monsieur?

Le Passant. — Je n'ai pas le droit de contredire votre goût : vous avez peut-être raison; mais j'aime peu ce genre de peinture.

Madame Gaillard. — Moi, j'adore ce genre-là. Que voulez-vous! on se rappelle sa jeunesse, et ça fait battre le cœur. Mais, excusez encore, cette demoiselle, dont je ne sais pas le nom, n'a pas l'air de réciter quoi que soit; vous vous êtes peut-être trompé de numéro.

Le Passant. — Je ne me suis pas trompé, madame, je vous assure.

M. Gaillard. — Monsieur ne peut pas s'être trompé; il sait lire, certainement! pour une femme bien éduquée, et qui a dû prendre l'habitude d'être polie dans une boutique bien achalandée, vous fâites là une grossièreté qui me confusionne!

Le Passant. — Il n'y a pas de mal, monsieur. Je vais vous redire les noms des personnages, madame. La femme s'appelle Sapho, son amant a nom Phaon.

Madame Gaillard. — Anon Phaon!

Le Passant. — Je me suis mal expliqué; son nom est Phaon.

Madame Gaillard. — Aussi, je disais qu'il avait là un singulier nom de baptême, Anon! Et de quel pays étaient-ils? jamais je n'avais entendu parler de Phaon et de Sapho.

Le Passant. — Ils étaient Grecs.

Madame Gaillard. — Ah! oui, c'était des dieux de la fable!

Le Passant. — Pas tout-à-fait. Phaon était un capitaine de navire de Mytilène, fort bel homme, et qui se faisait aimer de toutes les femmes.

M. Gaillard. — Diable! il était bien heureux!

Madame Gaillard. — Voulez-vous bien vous taire, M. Gaillard! Monsieur n'a pas besoin de savoir que vous n'auriez pas mieux demandé que d'être un dérangé et un coureur, comme ce marin de Sainte-Hélène, si vous aviez eu le physique comme lui et des couronnes de fleurs.

Le Passant. — Si Phaon était aimé de toutes les femmes, il ne les aimait pas toutes, témoin la célèbre Sapho, poétesse de Lesbos, qui, fort éprise de lui, n'éprouva que ses froideurs.

Madame Gaillard. — Voilà un grand impertinent! Si ce qui est arrivé à cette Sapho m'était arrivé, j'aurais tiré les yeux à ce fat.

Le Passant. — Sapho prit un parti bien différent.

Madame Gaillard. — Elle se périt peut-être!

Le Passant. — Justement; elle se précipita dans la mer, du haut de la montagne de Leucade; cet endroit a pris de là le nom de Saut de Leucade.

M. Gaillard. — Elle fit là une fameuse sottise avec son saut!

Madame Gaillard (riant). — Un calembour! J'étais bien étonnée qu'il n'en eût pas encore lâché quelques-uns. Il est très-gentil dans le calembour; c'est un petit agrément de société qui le fait beaucoup rechercher de tout notre quartier… Vous avez dit, monsieur, que Sapho récite à Phaon?…

Le Passant. — Une ode ; c'est-à-dire une pièce de vers en strophes ou couplets.

Madame Gaillard. — Quelque chose en manière de chanson, comme Babet, dans *Blaise et Babet*, chante : *C'est pour toi que je les arrange, cher Blaise !* Oh ! je connais l'Opéra-Comique ; nous y allions tous les dimanches autrefois, du temps de M. Michu, à qui nous fournissions des gants, de la poudre et des rubans de queue, et qui nous donnait des billets de la comédie. Ce n'était pas pour nous faire prendre patience, car il payait bien. Un fort bel homme, M. Michu ! Vous ne l'avez pas connu, vous, monsieur, vous êtes trop jeune. Ma foi, il était aussi bien au moins que Phaon, et je trouve qu'il lui ressemblait un peu. N'est-ce pas, M. Gaillard, que si ce Phaon avait une perruque poudrée, une petite veste de satin blanc, liserée de rose, une culotte de même, et des bas de soie à coins, il te rappellerait M. Michu ?

M. Gaillard. — P't-être bien.

Madame Gaillard. — Ne dites donc pas ça d'un air boudeur ; monsieur pourrait croire que vous êtes jaloux, et que j'étais la Sapho de M. Michu... Je suis bien fâchée de vous avoir dérangé de votre promenade, et je vous remercie bien de votre complaisance.

Le Passant. — Tout à votre service, madame; on est heureux de pouvoir être agréable à des personnes...

M. Gaillard. — Vous êtes bien honnête, monsieur, et vous nous flattez. Mais nous craindrions d'abuser...

Le Passant. — Point du tout, cela me fait plaisir.

Madame Gaillard (à son mari). — Ce monsieur est fort poli; vous voyez, il dit que ma conversation lui fait plaisir! (Haut à son Cicérone.) Si ça ne vous fâche pas, alors, ce n'est pas de refus; et je prendrai la liberté de vous demander ce que c'est que ce grand tableau là haut. A charge de revanche toujours, si vous avez beson d'une adresse rue Planche-Mibray, nous y connaissons tout le monde.

Le Cicérone. — Madame, le tableau que vous me désignez est de M. Dubufe.

M. Gaillard. — Un grand peintre, n'est-ce pas, monsieur?

Le Cicérone.—Il obtient beaucoup de succès.

M. Gaillard. — C'est lui qui a fait ces femmes au lit, avec de fort belles gorges qui sautaient aux yeux des amateurs.

Madame Gaillard.—De la pudeur, M. Gaillard, pour l'amour de Dieu, de la pudeur!

Le Cicérone. — M. Dubufe a trouvé la route d'une certaine renommée qu'il n'aurait probablement pas rencontrée sans cela. Il a choisi des sujets...

Madame Gaillard. — Un peu lestes quelquefois.

Le Cicérone. — Mais, madame, guère plus, il me semble, que celui de Sapho et Phaon.

M. Gaillard. — Je voudrais bien savoir, monsieur, quel est le plus fameux artiste de M. Dubufe ou de M. Delorme, pour voir seulement qui a plus de goût de mon épouse ou de moi.

Le Cicérone. — La question est embarrassante, monsieur. Je crois ces deux messieurs à peu près de même force, et je suis persuadé que M. Dubufe ne voudrait pas être M. Delorme, et que M. Delorme serait très-fâché d'être M. Dubufe. Si le mérite se mesure à la popularité, je crois que M. Dubufe est un plus grand homme que M. Delorme; si c'est à l'estime de l'Académie, je crois que M. Delorme l'emporte sur M. Dubufe.

M. Gaillard (bas à l'oreille au Cicérone) : — Je suis, moi, pour Dubufe. J'ai dans un double fond de ma tabatière, que ne connaît pas mon épouse, une petite lithographie des *Regrets*.

Madame Gaillard (de même). — Moi, j'aime mieux M. Delorme, et je donnerais quelque chose de bon cœur pour qu'il dessinât sur ma bonbonnière d'écaille la tête de son Phaon, qui ressemble à mon pauvre Michu !

Le Cicérone. — C'est *Don Juan chez Haïdée* que M. Dubufe a représenté dans ce grand tableau.

M. Gaillard. — Don Juan ! il est drôlement habillé. J'ai vu jouer le *Festin de Pierre* à la Comédie-Française, avant la révolution : Molé avait l'habit français tout pailleté, la perruque à bourse, l'épée, et non pas ce grand coquin de sabre rond qui a l'air d'une faucille ; il ne portait pas de moustaches. Et puis Sganarelle n'était pas à la turque. Quant à la femme, elle avait des demi-paniers, ce qui allait très-bien à mademoiselle Contat.

Le Cicérone. — C'est que ceci n'est pas le *Don Juan* de Molière, mais celui de lord Byron, le poète.

M. Gaillard. — Connais pas.

Madame Gaillard. — Alors, taisez-vous, et laissez monsieur nous expliquer la chose.

Le Cicérone. — Don Juan avait fait naufrage dans une petite île grecque.

Madame Gaillard. — Oui, c'était un capitaine de vaisseau grec, comme Phaon.

Le Cicérone. — Pas tout-à-fait, mais il n'importe. Dans cette île habitait un vieux pirate nommé Lambro. Ce Lambro avait une fille, Haïdée.

M. Gaillard. — Jeune personne fort jolie, à en croire son portrait. Tiens; mais elle ressemble beaucoup à Don Juan.

Madame Gaillard. — Eh bien! qu'y a-t-il d'étonnant? est-ce la première fois qu'on a vu des gens qui n'étaient pas parens se ressembler.

Le Cicérone. — Il est vrai qu'ils se ressemblent dans le tableau de M. Dubufe, et je vous demande la permission de vous dire pourquoi. Il est des peintres, et même parmi les plus célèbres, qui ont adopté une certaine forme de corps, de mains, de pieds et de têtes; ce qu'on appelle un type. Ils le répètent partout, sans trop s'inquiéter si la nature n'est pas variée, quand ils restent toujours les mêmes.

Madame Gaillard. — Pardon, monsieur, vous avez dit un type; c'est un tic que vous vouliez dire, n'est-ce pas?

Le Cicérone. — Votre mot vaudrait mieux que le mien, et je l'adopterais volontiers. Tic ou type, M. Dubufe a le sien : il affectionne une certaine tête qu'il reproduit partout; vous la retrouverez dans tout ce qu'il a exposé cette année, comme vous auriez pu la remarquer les années précédentes. Cette tête est plus forte que lui, elle l'obsède, le tourmente; il faut qu'elle sorte de son pinceau absolument, inévitablement. Il veut faire une femme, voilà la tête qui lui échappe; un homme, encore la tête; un enfant, la tête; un vieillard, la tête! Et cette tête de convention ressemble à un masque verni; il n'y a pas apparence de nature. Voyez ici Haïdée, c'est la femme entretenue que

vous avez vue sur un lit, pleine de regrets ou
de souvenirs; c'est la fille Alsacienne que vous
avez vue pleurant sa virginité perdue; c'est la
jeune fille de 1814, que je vous montrerai dans
la galerie, sous le n° 731, pleurant je ne sais
pas quoi sur une botte de paille; c'est cette dame
qui pleurait au Salon de 1831 une mésange
morte; ce sont les deux femmes (735) qui se
montrent l'une à l'autre un portrait; c'est la
jeune fille (736) lisant une lettre; ce sont enfin
tous les portraits de M. Dubufe; car M. Dubufe
a l'art de forcer toutes les natures à entrer dans
son moule. Don Juan n'est autre qu'Haïdée avec
des moustaches et des favoris. Je crois bien que
M. Dubufe n'aura pas voulu cette fraternité;
mais le tic l'a emporté.

M. Gaillard. — C'est égal, le tableau est
superbe : ce Turc me fait presque peur. Est-ce
qu'il va tuer don Juan?

Le Cicérone. — Ne craignez rien.

Madame Gaillard. — Il est si drôle, monsieur Gaillard, que je ne peux pas seulement le
mener au mélodrame, et qu'il est tout effrayé
quand il voit des scènes de tragédie au salon
de cire de Curtius.

Le Cicérone. — Oh! alors, monsieur Gaillard n'est pas en sûreté devant ce tableau! Je vous engage à l'emmener. Voulez-vous que nous passions dans la galerie?

Madame Gaillard. — Sainte Vierge! qu'est-ce que je vois là-haut? que font donc tous ces hommes et ces femmes dansant en l'air?

Le Cicérone. — Ce sont les pécheurs charnels de l'enfer du Dante.

Madame Gaillard. — Par exemple, j'ai du malheur! Je ne connais pas un seul de leurs sujets, à tous les peintres de cette année. Qu'est-ce que ça l'enfer du Dante? et les pécheurs..... Comment avez-vous dit, monsieur, s'il vous plaît?

Le Cicérone. — Les pécheurs charnels.

Une vieille demoiselle. —Eh parbleu! *charnel,* cela vient de chair. Les pécheurs charnels sont ceux qui vont en enfer pour avoir mangé de la viande pendant le carême, sans dispense de l'évêque.

Le Cicérone (à l'oreille de madame Gaillard). — Ce n'est pas absolument cela: les pécheurs charnels sont, à proprement dire, les amoureux, les femmes qui ont aimé....

Madame Gaillard. — Phaon ?

Le Cicérone. — Ou Michu ! (Haut) : Dante est un ancien poète italien.

Madame Gaillard. — Il n'y a donc que des poètes ici ? Cette femme qui faisait des chansons en Grèce, le milord anglais de *don Juan* et l'Italien des péchés charnels !

M. Gaillard.—Et quel est cet homme étendu par terre ?

Le Cicérone. — C'est Dante qui s'évanouit au récit que Françoise de Rimini vient de lui faire de ses amours.

M. Gaillard. — Je trouve ce tableau-là encore plus terrible que l'autre ! c'est effrayant de voir tous ces damnés ! Vous pouvez regarder ça, monsieur, sans fermer les yeux et sans avoir la chair de poule ?

Le Cicérone. — Assurément je le regarde sans crainte, et même avec assez de plaisir, parce qu'il y a dans cet ouvrage de M. Colin de fort bonnes parties, des groupes bien composés et d'une exécution très-estimable, surtout dans les spirales hautes des damnés.

Madame Gaillard. — C'est trop noir. Je préfère toujours M. Delorme.

M. Gaillard. — Et moi, M. Dubufe.

Le Cicérone. — Je tiens, moi, pour M. Colin.

Madame Gaillard. — Ce qui prouve bien que la chanson dit vrai, dans le *Calife de Bagdad* : Chacun a son goût, sa folie.

Le Cicérone. — Voulez-vous me suivre, madame? vous m'arrêterez aux tableaux que vous voudrez examiner à loisir.

Les trois interlocuteurs entrés dans la galerie, la parcourent rapidement.

Madame Gaillard. — Monsieur, monsieur! je vous dérange encore, c'est bien mal à moi; mais faites-moi l'amitié de m'expliquer ceci.

M. Gaillard. — Parbleu! c'est bien aisé; on n'a pas besoin du livret pour cela, ma choute. Que voit-on sur ce tableau? un cheval qui galoppe; sur ce cheval il y a deux hommes qui courent comme les quatre fils Aimon : celui qui est devant porte la main droite à son front en faisant la grimace; il est bien clair qu'il s'est fait mal à quelque chose en passant..... Tiens, pardieu! à ce petit tronc d'arbre.

Madame Gaillard. — Cet arbre l'aurait

blessé au genou, et non pas au front ; le simple bon sens dit cela ; n'est-ce pas, monsieur?

Le Cicérone. — Je vous ai laissé dire , en cherchant moi-même à deviner le sujet de ce tableau. Il me semble que M. Gaillard a très-bien trouvé.

M. Gaillard (avec un sourire vaniteux). — Ah ! vous l'entendez, mon épouse, je ne l'ai pas fait dire à monsieur ; j'ai trouvé. Tu vois bien qu'on n'a pas besoin du petit livre.

Le Cicérone. — Toutefois , M. Gaillard , voyons. Nous sommes peut-être dupes de nos yeux et de notre bon sens. Cherchons : n° 1743; Monsiau, *au palais de l'Institut.*

Le chagrin monte en croupe et galope avec lui.

Boileau, épître **V.**

Madame Gaillard.—Eh bien ! après ? qu'est-ce que ça veut dire ?

Le Cicérone.—Cela veut dire que cet homme, le plus grand des deux, s'ennuyant dans sa maison, a monté à cheval pour se distraire , et que le chagrin le suit dans cette promenade ; le petit être barbu monté en croupe, représente le chagrin ; la main au front, que monsieur Gaillard interprétait tout-à-l'heure à l'aide du tronc d'arbre, c'est le complément de l'idée représentée par le personnage fantastique.

Madame Gaillard. — Tout ça n'est pas clair, monsieur.

Le Cicérone. — C'est ce qui arrive trop souvent dans la matérialisation des pensées ; la peinture n'aime pas les choses métaphysiques.

Madame Gaillard. — Ni moi, monsieur, parole d'honneur ; car, malgré la peine que vous prenez à m'expliquer la fantastique, la métaphysique, la matérialaison des pensées, que sais-je ! je n'y comprends rien.

M. Gaillard. — Vous dites que le sujet est de M. Boileau ? En tout cas, si M. Boileau faisait ses actes aussi peu clairs que ses sujets de tableau, ça devait donner du tintoin aux tribunaux. Je ne suis pas fâché de ne pas l'avoir eu pour notaire.

Le Cicérone. — Prenez garde à la confusion : le Boileau dont il s'agit n'est pas l'honorable ancien notaire de Paris, mais le poète satirique du temps de Louis XIV.

Madame Gaillard. — Ah ! encore un poète !

ils me feront devenir folle, ces gens-là, avec leurs idées saugrenues…. Et, à propos d'idées saugrenues, dites-moi pourquoi le Chagrin a une grande barbe blanche?

M. Gaillard. — Parbleu, pourquoi? parce que quand on a du chagrin, on ne pense pas à faire sa barbe.

Le Cicérone. — Parfaitement juste.

Madame Gaillard. — Passons à ce mort qui parle.

Le Cicérone — C'est le *Malade imaginaire,* représenté par M. Poterlet.

M. Gaillard. — Diable! imaginaire! quand j'aurai cette mine-là, je commencerai à me croire sérieusement malade, et à envoyer chercher un confesseur. Il est affreux, ce vieillard!

Le Cicérone. — Et croiriez-vous que les autres sont plus beaux? C'est une collection de fantômes grotesques, sous forme demi-humaine.

Madame Gaillard. — Suis-je heureuse de n'être pas enceinte! un regard d'un de ces êtres-là m'aurait fait faire des singes.

Le Cicérone. — Traduire ainsi Molière! Molière qui créa des personnages si complets, si parfaits! Molière qui est si vrai, si naturel! être rendu par des formes si menteuses et par de si fausses apparences de couleur!

M. Gaillard. — Vous trouvez donc cette peinture bien mauvaise?

Le Cicérone. — Pitoyable! Et voilà où conduit la manie de l'imitation d'un maître! Peut-être que si M. Poterlet avait appris un peu à dessiner, et que si M. Boulanger n'avait pas fait du laid par système, nous aurions de M. Poterlet quelque chose d'estimable. Mais on se jette dans un des partis qui séparent l'école; on brouille sur une palette des tons brillans ou vigoureux qu'on va arracher par teintes à Rembrandt, à Rubens, à Lawrence ou à d'autres; on applique cela sur des dessins que les enfans, barbouilleurs naïfs des murs de la ville, ne voudraient pas avouer; et l'on se croit peintre! Cela fait mal!

Madame Gaillard. — Mon Dieu! monsieur, je suis bien fâchée d'être cause que vous vous mettez en colère; si je ne vous avais pas arrêté ici, vous n'auriez pas eu cet accès, qui peut troubler votre déjeuner; avec ça qu'il fait très-chaud ici!

Le Cicérone. — Défigurer Molière ! mais, madame, c'est un crime, entendez-vous bien !

M. Gaillard. — Monsieur a bien raison ; c'est si amusant le *Malade imaginaire !* et celui de M. Poterlet est si triste ! J'aime mieux Baptiste cadet.

Le Cicérone. — Vous n'êtes pas dégoûté ! Baptiste cadet ! c'est lui qui comprenait et rendait Molière !

M. Gaillard. — Oh ! oui ; il était joliment farce quand il sortait de son fauteuil pour aller, vous savez bien où !

Le Cicérone. — C'était un excellent acteur que Baptiste ; il vit encore, et M. Poterlet aurait bien fait de l'aller consulter, et de lui demander la permission de copier sa tête longue, expressive, si heureusement comique et si touchante dans la scène où ressuscite M. Argan, scène dont ce que nous voyons ne donne aucune idée.

Madame Gaillard. — Ah ça ! monsieur, sans façon, vous êtes peut-être fatigué de lire dans votre livret pour satisfaire mes indiscrétions ; mon mari va vous relever un peu. Allons, monsieur Gaillard, mets tes lunettes, et dis-moi qui est cette dame là-haut, en robe jaune.

M. Gaillard. — Mande excuse, monsieur; prêtez-moi le catalogue aux adresses. Voyons, quel numéro.... Diable! ils sont bien petits leurs numéros.... mille, mille six cent....

Madame Gaillard. — 1065, c'est clair; je vois cela très-bien. N'est-ce pas, monsieur, que c'est 1065?

Le Cicérone. — Oui, madame.

M. Gaillard. — M'y voici, m'y voici : « 1065. » Combat de la frégate française la *Canonnière* » contre le vaisseau anglais le *Trémendous.* »

Madame Gaillard. — Que dites-vous là, monsieur Gaillard? lisez donc bien.

M. Gaillard. — Je lis bien ; si vous aviez vos lunettes, je vous ferais voir qu'il y a là, page 77, article 1065.... Mais monsieur peut vérifier.

Madame Gaillard. — Un combat, une frégate, une canonnière! Je vois bien dans le fond une fumée noire et épaisse; je reconnais bien que le visage de cette dame peut être noirci par la poudre à canon en quelques endroits; mais la frégate, où est-elle? Après ça, comme nous ne savons pas ce que c'est qu'une frégate.... c'est peut-être le nom d'une femme dans des pays étrangers ; cette femme sert peut-être dans l'artillerie, comme on en a vu en France, pendant la première révolution, à Lyon et ailleurs.

M. Gaillard. — Très-bien ; mais ce n'est pas là une tenue de combat. Ce n'est pas l'embarras, les peintres ont de si drôles d'idées ! Comprenez-vous ce tableau, monsieur ?

Le Cicérone. — C'est tout simplement un portrait d'une charmante femme, fille d'un de nos plus parfaits écrivains.

Madame Gaillard. — Est-ce qu'elle est canonnière ? et quel est ce nom de frégate qu'on lui donne dans le livret ?

Le Cicérone. — Vous êtes certainement sous l'empire d'une faute d'impression. Permettez que je voie.... Justement : « 1065, combat de la frégate la *Canonnière.* » Mais, 1063, au-dessus : portrait de madame...... On a mis à l'ouvrage de M. Gigoux l'étiquette du tableau de M. Gilbert. M. Gilbert est un peintre de marine ; une frégate est une espèce de vaisseau de guerre : celle dont il a peint le combat s'appelait la *Canonnière ;* elle était commandée par

César Bouraine, brave officier de l'empire; elle se mesura contre le vaisseau le *Trémendoux*, beaucoup plus fort qu'elle, et le força de prendre le parti de la fuite. Venez de ce côté, et vous allez voir la représentation de cette affaire honorable pour la marine impériale. A deux pas d'ici.... là.

Madame Gaillard. — C'est ce petit-là qui va battre l'autre?

M. Gaillard. — Tiens! Bonaparte n'était pas si grand que l'empereur Alexandre et que l'empereur d'Autriche; il les a pourtant solidement battus. Ce n'est pas la taille, c'est le cœur qui fait cela.

Le Cicérone. — Oui, pour les hommes, mais pas toujours pour les vaisseaux.

M. Gaillard. — Je parle de ça sans connaître, voyez-vous; je n'ai appris un peu de marine que dans le *Petit Matelot* de l'Opéra-Comique.

Un Gardien (criant). — On ferme, messieurs!

Madame Gaillard. — Il faut sortir, déjà! c'est dommage! mais nous reviendrons un autre jour. Monsieur, bien flattée d'avoir fait votre connaissance ; vous êtes un homme charmant et très-instruit. Je n'oublierai pas tout ce que vous m'avez dit ; je suis sûre que tout ça va me tourner dans la tête comme la peinture me tourne devant les yeux ; je vas rêver toute la nuit frégates, poètes, Sapho et péchés charnels.

IV

—

Non, point de ces grands ouvrages sur lesquels s'asseyait la discussion il y a quelques années. Trois ou quatre dessins, des portraits et une toile du genre historique, mais dans de petites dimensions. Tout cela est noyé dans l'océan de peinture qui déborde de la galerie d'Apollon à la porte des Tuileries.

— Je n'ai encore rien vu de lui.

— J'ai tout vu, moi.

— Et qu'en dites-vous?

— Venez juger vous-même. Nous sommes dans la travée des dessins, et à deux pas d'une fenêtre où j'ai trouvé une famille de juifs marocains que Delacroix a dessinée dans le voyage qu'il a fait l'année dernière à Mequinez et à Tanger. Tenez, voilà ce dessin.

— Oh! que c'est curieux!

— Et d'une belle couleur. Remarquez aussi que cela est d'une excellente indication de formes.

— Je n'aime pas la manière de dessiner de ce peintre; je ne la comprends pas.

— Ce n'est pas un style commun; cela ne ressemble ni à Ingres, ni à David, ni à Rubens, ni à Vélasquez; on peut aimer mieux un trait plus pur, plus élevé, plus gracieux; on ne peut nier que celui-ci soit plein de mouvement, de vie, de passion, et de vigueur. Les personnages de Delacroix se meuvent; ils expriment complétement l'idée de l'artiste; ce sont enfin de

bons acteurs, auxquels manque seulement quelquefois l'élégance, une des qualités que nous
autres spectateurs français faisons passer tout
de suite après l'esprit, et avant le sentiment.

— Oui, mais ces bons acteurs ne pourraient-
ils pas être moins laids?

— Ils ont du caractère.

— Je ne sais pas ce que vous entendez par
là. Ils sont laids, c'est tout ce que je comprends,
parce que cela me frappe.

— Je voudrais, comme vous, que Delacroix n'eût pas adopté un type si éloigné des
idées que nous avons tous du beau, ou plutôt
du joli; mais je ne suis guère touché, quant à
moi, de cet inconvénient. Ce que je m'attends
à trouver en lui, c'est l'expression énergique de
la pensée; et toujours je l'y rencontre. Il a, à
un haut degré, une des qualités qu'ont possé-
dée les grands peintres coloristes : l'action, et,
j'ose le dire, l'actualité. Les figures de presque tous les maîtres dessinateurs posent devant vous, elles sont comme pétrifiées; il y a
je ne sais quoi de roide, d'arrêté, de chevillé
dans leurs jointures, qui tient à la scrupuleuse
finesse du dessin, dégénérant en sécheresse.

Chez les coloristes, les personnages du drame sont plus souples, plus capables de la vie ; ils ont une apparence d'organisation complète qui manque aux silhouettes précieuses des autres. Delacroix sait animer une toile. Je crois que pour son succès il eût été à souhaiter que cette animation souffrît une forme moins bizarre et plus vraie, afin d'être plus intelligible...

— Il a toujours l'air d'être possédé de quelque idée fantastique, et d'aller chercher ses modèles en enfer.

— Non pas au moins dans ce dessin, où la beauté des juifs de l'Orient est bien fidèlement traduite ; non pas dans ce portrait de M. Mornay, où tout le positif de la vie réelle d'un amateur fashionable est rendu avec scrupule, et dissimulé à peine sous l'harmonie ardente d'un brillant coloris.

— Je vous accorde cela. Mais dans ce corps-de-garde de soldats maures, ne retrouvez-vous pas le laid ?

— Il est certain qu'aucun de ces gens-là ne passerait ici pour un joli garçon, ni pour un gracieux cavalier ; mais ils ont tous cette beauté barbare qui leur convient, et c'est justement ce que j'appelais tout à l'heure le caractère du dessin ; ce qui est une des conditions de la philosophie du sujet.

— Je suis fâché que Delacroix n'ait pas exposé quelque tableau capital.

— Je m'en afflige aussi, parce qu'il y a toujours, selon moi, un grand inconvénient pour l'artiste à s'effacer volontairement quand il s'est mis tout d'abord au premier plan. J'aurais voulu cette année une chose de l'importance de sa *Liberté*, exposée en 1831. Mais le temps lui a manqué. Il a voulu aller visiter un peu la terre d'Afrique, et recueillir des matériaux pour un long avenir de productions ; il est revenu avec un riche portefeuille, dont il a détaché les dessins que vous voyez, et qui peignent si fidèlement le peuple de Maroc. Il avait jeté sur la toile quelques épisodes de son voyage, quelques scènes de la vie privée ou des mœurs publiques des hommes de cet empire, dont il a visité plusieurs villes, et au milieu desquels il a vécu en caravane ; mais il n'en était pas satisfait encore, et il ne les a pas voulu exposer à une critique qu'il prévoyait, et contre laquelle il a un remède, puisqu'il veut retoucher ses tableaux. Cependant il y a ici, comme je vous le disais au commencement de notre entrevue, un tableau historique de Delacroix que vous n'avez pas remarqué. Je vais vous le montrer. Remontons un peu la galerie..... Tenez, cherchez dans ce petit carré.

— Je ne vois rien qui ressemble au *Massacre des Grecs de Missolonghi*, à *Sardanapale* ou à *Marino Faliero*.

— Levez la tête. Voyez ces deux moines, dont l'un prélude sur le clavier?

— Oui, mais ce n'est pas de Delacroix. J'ai bien aperçu ce tableau en passant, et je n'y ai pas fait la moindre attention. D'abord, cela ne m'a pas frappé; ensuite je n'ai pas cru que ce fût d'un homme en réputation, juché comme il est là-haut, visible à peine, dans un cadre qui ne se relève point en bosse, et sans visiteurs romantiques.

— C'est pourtant une des belles choses de Delacroix.

— Oh !

— Récriez-vous, mais regardez. Ce moine n'a-t-il pas l'air de succomber à un profond ennui, et de chercher une distraction que la musique ne lui donnera pas?

— Oui, cette idée est bien exprimée. C'est un religieux malgré lui, sans doute?

— C'est Charles-Quint!

— En effet ; l'empereur au couvent de Saint-Just. Ah! oui, bien, très-bien! Il pense, il se souvient ; le passé le dévore, l'avenir lui pèse déjà ; il souffre. Ses doigts tirent de l'orgue des sons que n'entendent pas ses oreilles. Le seul bruit qui résonne encore dans sa tête, et qu'il voudrait couvrir par quelque harmonie religieuse, c'est celui de la fanfare guerrière. Il y a lutte dans ce cœur où les regrets du pouvoir abdiqué sont en présence d'un besoin de calme, de repos : ce cœur demande à Dieu la force de renoncer aux nobles vanités du monde ; il pleure, il s'humilie. La cuirasse ne perce pas encore sous la robe de laine du moine ; mais si Dieu ne vient pas en aide à cette grande mélancolie, il y aura révolte tout à l'heure, et le capuchon noir fera place à la couronne fermée des empereurs, et la pourpre viendra cacher le scapulaire, et le cilice restera sous le large ceinturon de l'épée.

— Vous trouvez donc que cela vaille quelque chose?

— Si cela vaut quelque chose! vraiment, c'est superbe! Cette tête de Charles-Quint est pleine de sentiment et de poésie.

— Est-ce que vous la trouvez laide?

— Je n'en sais rien; je ne me suis point occupé des traits, mais de l'ensemble qui est beau. Ce moine, c'est un homme, un homme qui m'intéresse et me touche; je n'aurais pas besoin de savoir que ce malheureux est le reste d'un grand homme, d'un héros, du roi des monarques du seizième siècle, pour être ému. Comminges ou Charles-Quint, je le plains, je compatis à sa peine, parce qu'il est véritablement homme. Ce n'est pas un comédien qui joue la tristesse, c'est Charles-Quint qui n'a pas la force de jouer la comédie, qui ne sait pas en imposer à ses frères de Saint-Just par l'apparence du bonheur et de la résignation, et qui, sans proférer une parole, les yeux tristement levés au ciel, promenant, sans s'en douter, ses doigts sur le clavier de l'orgue, confesse au religieux, qui le regarde avec étonnement, l'état de son âme inquiète.

— Ce second personnage, subordonné pour le tout à Charles-Quint, est très-dramatique aussi.

— Ah! mon cher, que cela est bien! plus je regarde cet ouvrage, plus je l'aime: je m'en veux de l'avoir presque méprisé d'abord.

— Je l'avais méconnu, moi aussi, grand admirateur de Delacroix; mais j'y suis revenu, et j'y reviens toujours. C'est la plus belle chose du salon comme morceau d'expression tendre et profonde. Notez que je ne veux point vous parler de la couleur des mains qui sont charmantes, de la grâce simple et naïve qui voile le moine du fond; je m'en tiens à l'expression, et je vous demande si vous croyez que cette figure de Charles-Quint n'est pas bien dessinée?

— Je ne puis en apercevoir ni en chercher les imperfections; je suis tout à la pensée.

— Vous seriez bien vite revenu à la forme, si cette forme n'était pas bonne. Sans doute le dessin est bon; car, s'il ne l'était pas, l'expression serait fausse; le visage grimacerait, ce serait un masque hideux. Il y a dans tout cet ouvrage un calme, une douceur, une simplicité, qui plaisent. Dans ce cadre étroit, il y a de la grandeur. Le public ne s'en est guère douté encore. Si nous pouvions amener là tous ces gens qui s'ébahissent devant je ne sais quelle *châtelaine*, tête de bois vernie par M. Court, ils reconnaîtraient qu'il ne peut y avoir qu'un artiste du premier ordre qui a fait ce Charles-Quint, et que c'est là une œuvre de cœur.

V.

traite. — Imitateurs. — Les cadres extraordinaires. — Classi-
fication morale dans le genre portrait.

QUEL débordement de faces ignobles ! Pourquoi donc admettre un si grand nombre de
portraits ?

— Pourquoi ? pourquoi ? Voulez-vous m'é-
couter ? je vais vous le dire.

— Vous avez des plaidoiries pour toutes les
mauvaises causes.

— Nous allons voir si vous trouverez une
bonne réplique à celui-ci.

— La meilleure réplique, et je la sais d'a-
vance, c'est que l'immense majorité de ces
portraits est détestable, qu'ils ne doivent pas
plus compter parmi les ouvrages d'art que n'y
comptent les enseignes des cabarets de province, et qu'enfin c'est déshonorer le Louvre
que d'y étaler ces figures barbouillées qui crient
aux étrangers : « Voyez-vous, nous sommes
ici pour constater l'état de la peinture en
France. »

— Très-bien. J'ai été aussi indigné que vous quand, pour la première fois, je suis entré ici, et que j'ai vu toutes ces vanités de famille étalées dans de beaux cadres, l'une voulant primer l'autre, toutes faisant tapage par le faux éclat de la couleur, par le luxe exagéré de l'arrangement ou par le maniéré de la pose.

— Le maniéré de la pose ne m'indigne pas, moi; il me fait rire. Je n'ai pas pu y tenir quand j'ai vu, debout devant sa table, ce monsieur, riant, gracieux, la bouche en cœur, le jarret tendu, la culotte et les bas de soie noirs, le jabot au vent, prêt à partir, à s'élancer, et attendant seulement que sa levrette blanche soit prête pour continuer le pas de deux qu'ils ont commencé de danser. Ce portrait en pied, j'y reviens toujours, et je serais bien fâché qu'il ne fût pas exposé: il est une de mes joies. Et puis, il n'y a rien à dire pour l'exécution; ce n'est ni d'un dessin bien fort, ni d'une bien bonne couleur, mais ce n'est pas mauvais. Je ne sais pas le nom de l'auteur.

— Il est écrit sur le parquet : Parent.

— Oui, parent éloigné de Van-Dyck.

— Mauvais jeu de mots, digne d'un Rapin.

— Quand vous voudrez ne pas m'interrompre, je pourrai vous expliquer la présence au salon de tous ces portraits qui vous révoltent.

— Dites ; je vous écoute, en regardant toutes ces grimaces, comme les juges écoutent les avocats des assises en présence des pièces de conviction.

— Peu de gens prêtent leurs têtes aux artistes par amour de l'art, et pour faciliter aux peintres les moyens de faire des études. Il y a cependant ici des portraits qui sont le résultat de cette complaisance. Ceux-là se divisent en deux classes : les bons, que nous serions bien fâchés de ne pas voir, et les mauvais, qu'il faut bien que nous voyions, car le jury n'a pu refuser de les recevoir.

— Voici qui est fort. Le jury ne pouvait refuser !

— Non, et vous allez le comprendre. Un artiste qui a peu de renom a besoin d'exposer des ouvrages qui le fassent remarquer ; il lui faut donc choisir ses sujets. Il s'adresse aux hommes marquans dans le monde politique ou dans le monde des arts, aux femmes qui ont acquis de la célébrité par leurs talens, leur beauté ou quelques grandes aventures. Voilà pourquoi vous avez toutes les années au Louvre tant de députés de l'opposition, tant d'écrivains, tant d'artistes, tant d'actrices.

— Est-ce là ce qui nous a valu le portrait si triste et si peu ressemblant de madame Albert par mademoiselle Martin? celui de M. Lemaire le sculpteur par M. Quecq? celui de M. Girod de l'Ain par mademoiselle Pagès? Celui où M. Lebour a représenté Boccage de la Comédie-Française, faisant du drame sentimental, la tête appuyée dans sa main droite? celui de Tamburini par M. Canzy? celui si étroit, si sec, si faible, de M. Mérilhou, par M. Despois, qui, du reste, me semble avoir fait mieux dans cette figure de l'*Attention*, jeune fille à demi nue, à qui l'on pourrait dire : « Attention, mademoiselle! vous allez perdre la gorge de marbre que le peintre galant vous a donnée? » celui de M. Parquin, par M. Finck? celui de l'honorable M. Eusèbe Salverte, à qui madame Saint-Omer a fait la tête d'un singe? celui de mademoiselle Julia, jolie personne de l'Opéra, que M. Collas a voulu représenter dans un costume mexicain, et qui, par le ton, a plutôt l'air d'un morceau de poterie étrusque que d'une femme de la chair rouge? celui de M. Petrus Borel, surnommé *le Lycantrope*, jeune écrivain plein de verve et de talent, auteur de contes moraux qu'il appelle immoraux?

— M. Thomas n'avait pas besoin de cet élément de curiosité; il pouvait se passer de la recommandation du nom de son modèle comme de son cadre tricolore. Ainsi, quelques-uns des jeunes citoyens qui composent la famille artiste dont la prétention est d'être plus patriote et plus amie de la liberté dans les arts que tout le monde, pourraient se passer du costume à la Marat pour être remarqués. Dans ce temps-ci, le costume importe assez peu; je vois que M. Ingres, qui s'habille comme vous et moi, a un talent immense; je vois que M. Armand Carrel, dont voici un très-bon portrait, par M. Henri Scheffer, est un des meilleurs prosateurs de ce temps-ci, un des publicistes ardens en idées républicaines, et assurément le plus terriblement spirituel, et le plus fort des organes de la presse politique: cependant il n'a pas arboré le gilet rouge, l'habit aux larges revers pointus, les gants couleur sang-royaliste, le chapeau pointu ou écrasé, la barbe ou les longs cheveux flottans; il est mis comme un carliste, comme un épicier, comme un juste-milieu, comme on se met ; il ne croit pas qu'on fasse des idées avec des formes d'habits ; il a trop affaire pour s'occuper de ces petits détails. Qu'ont fait les élèves de David qui se déguisaient en Grecs ou en Romains ? qu'ont fait les saint-simoniens ? qu'ont fait les jeunes-France avec leur intention de retour au moyen-âge ? Rien sur la société. Les œuvres influent, et point les costumes. Nos petits fantassins bien simples ont toujours valu sur un champ de bataille les hussards les mieux brodés. Dans les luttes de la pensée, il en est de même. « L'habit ne fait pas le moine, » disait-on autrefois ; il ne fait pas non plus le penseur. Diogène serait sérieusement ridicule avec son manteau troué et son tonneau, qui conviendrait tout au plus aujourd'hui à une ravaudeuse de la halle ; il aurait beau crier : « Je suis le citoyen Diogène, prolétaire ; je réclame les droits politiques pour mes frères et amis les prolétaires ! » personne ne ferait cercle autour de lui pour l'écouter ; il n'y aurait plus d'Alexandre pour venir causer dans son soleil ; on s'éloignerait de lui, parce qu'aujourd'hui on sait très-bien ce que valent l'originalité et l'orgueil des Diogènes, et qu'on les fuit par précaution de propreté, et par un juste sentiment de dégoût pour les travestissemens prétentieux. Chodruc-Duclos a fini par comprendre cela ; il a une redingote, un chapeau et des souliers neufs ! Il ne faut pas donner une livrée à son idée pour la populariser ; on la rend presque sotte. Et puis, on porte une livrée, ce qui est anomal avec la vanité qu'on affiche d'être absolument et complétement homme libre. La livrée de Marat ou celle de Louis XV, c'est tout un ; celle de Louis XV, du moins, n'était tachée que du vin de l'orgie ; il y avait du sang sur celle de Marat ! — Je reviens à M. Thomas. Son portrait de M. Petrus Borel est bien ; la tête pense sans trop d'effort ; il y a du calme dans l'expression et dans la couleur. Quoique la pose soit un peu affectée, je préfère cette figure à celle que M. Ary Scheffer a faite d'après M. Odillon-Barrot. L'éloquent tribun est jeté là dans un effet d'ombre mélodramatique très-peu agréable, selon moi. Cela manque de la simplicité et de la gravité qui convenaient au sujet ; on ne peindrait pas autrement un conspirateur. M. Odillon-Barrot a une tête d'un caractère fin

et ferme; son front chauve est lumineux: il y a
bien en lui quelque chose d'apprêté, de com-
passé; mais cela ne va pas plus loin que l'air
d'autorité et de magistrature sur un parti.
M. Scheffer ne me semble pas avoir saisi, sous
ce rapport, la physionomie de M. Barrot. Il
aurait fallu rendre ce trait que personne, depuis Napoléon, n'a eu, je crois, au même point
que M. Odillon-Barrot, la dignité un peu superbe — Bonaparte la prit de bonne heure
comme un masque, pour mettre son visage en
harmonie avec son ambition, et habituer tous
les yeux à son empire — la dignité un peu superbe qui, dans un homme vulgaire, ferait
rire comme un orgueil puéril, et qui sied à un
homme supérieur, comme la coquetterie à une
femme éminente par l'esprit et la beauté.
M. Henri Scheffer a fait aussi M. Armand
Carrel un peu trop théâtral; peut-être ne lui a-
t-il pas donné toute la finesse et toute la puissance d'expression que nous connaissons au
modèle. J'aime d'ailleurs mieux ce portrait que
l'autre.

— Si vous voulez voir une ressemblance intime, une individualité bien saisie, allez voir

au bout de la galerie le portrait au pastel de
M. Cauchois-Lemaire, par M. Henriquel Dupont, le graveur.

— Oh! je le connais, et j'en suis enchanté;
c'est une fort bonne chose, qui me paraît ne
manquer que de deux ou trois touches pour être
parfaite. On ne saurait mieux reproduire sa
pensée. L'habitude de raillerie élevée, qui fut
l'arme constante de M. Lemaire pendant sa
guerre sérieuse contre les Bourbons, se lit très-
bien dans ces yeux à demi couverts, sur ce front
large et dénudé avant le temps, sur ces lèvres
dénonçant à peine le sourire qui traverse certainement les idées de l'écrivain, un des maîtres de la polémique d'opposition. Cet ouvrage
fait honneur au talent de M. Dupont; il prouve
en lui le sentiment vrai de l'art du portraitiste,
qui consiste non-seulement à produire une ressemblance matérielle, mais encore à donner au
personnage représenté son caractère moral,
sans affectation, sans charge, sans grimace. Les
portraits au pastel de M. Dupont sont justement recherchés; ils ont de la finesse et de
la grâce, outre la qualité précieuse que je vous
signalais dans celui de M. Cauchois-Lemaire.

Le jeune artiste a des succès de plus d'un genre. Comme graveur, il s'est placé parmi les hommes habiles par sa belle estampe du *Gustave Wasa*, d'après Hersent. Cette année, voilà qu'il expose le *Cromwell*, d'après Paul Delaroche : c'est un morceau plein de force et de couleur, non pas dans le genre de *Gustave Wasa*, mais à la manière noire. Il est fâcheux que la grande gravure, celle qu'il faut appeler classique, ait si peu de chance aujourd'hui, et qu'un artiste aussi capable que M. Dupont ne puisse se hasarder à entreprendre de ces grands travaux qui rangent leurs auteurs dans les périodes importantes de l'art : je crois qu'il se classerait promptement de la manière la plus honorable. Mais les encouragemens manquent à la gravure au burin ; il n'y a presque plus d'amateurs et pas de fonds larges au budget. Aussi M. Dupont est obligé de se jeter dans le pastel. Il y est supérieur, c'est à merveille ; mais ce n'était pas sa carrière. M. Dupont n'est malheureusement pas le seul qui soit détourné des voies de sa vocation par la nécessité de produire pour vivre. Et c'est là encore une des causes qui font affluer au salon ces légions de portraits, dont

vous avez déjà reconnu, j'espère, qu'il est une
classe admise de toute nécessité par le jury,
celle des portraits d'artistes besogneux de gloire
ou d'argent, qui spéculent sur les personnages
célèbres.

— Mais ce n'est là qu'une industrie où l'art
n'est que trop souvent désintéressé !

— Sans doute, et cette industrie, il faut bien
qu'on la tolère, puisque les voies au succès et
à la fortune se ferment chaque jour devant les
artistes.

— Dans un pays ami de la civilisation et
des arts comme la France, les voies s'agrandis-
sent, bien loin de se fermer.

— Ce sont là des phrases de vaudeville national ; je vous en demande bien pardon.
Soyons vrais ; point d'illusions trompeuses.
Permettez-moi de vous dire ce que je crois être
l'avenir des beaux-arts en France. Vous voyez
que les grandes toiles sont rares ; l'histoire fait
retraite.

— La mode a écrasé les Romains, et personne ne pense plus au *nu*.

— Que le goût ait changé, il n'y a pas de
doute ; mais il ne s'agit pas ici d'une simple

question de goût. La peinture historique est
monumentale; quels monumens élevons-nous?
La religion ne nous est plus de rien; il y a
beaucoup de sectes et peu de croyances. Je ne
sais quel succès obtiendra l'église française de
l'abbé Chatel, ou celle de l'abbé Auzou; ce sont
des schismes, sans crédit encore, qui vont chacun de leur côté, et redonneraient à l'église romaine une puissance réelle, si le temps des
schismes et de la foi ardente n'était point passé.
Je crois que la division a tué l'église française:
toute opposition qui se divise périra, à une époque de doute et d'indifférence comme celle où
nous vivons. De tous les cultes, ceux qui dure-
ront le plus long-temps, parce qu'ils ont déjà
duré, ce sont la religion catholique romaine et
le pouvoir monarchique. L'habitude remplace
la foi; et puis on a horreur des controverses
religieuses et peur de la république. Mais sup-
posons que monseigneur Chatel ou monseigneur Auzou prospère, d'ici à long-temps il ne
sera assez riche pour faire bâtir des temples et
y appeler des peintres et des sculpteurs. Je
doute que la religion de saint Jean, qui a commencé par exhumer le vieux costume des Tem-

pliers de la garde-robe du Théâtre-Français, soit plus heureuse que celle où l'on dit le *Pater* en francais. Il n'est déjà plus question du dieu Saint-Simon. Tous ces essais sont perdus pour l'art; il n'y a guère que les tailleurs qui y gagnent quelque chose, si on les paie. En dehors des religions, qu'y a-t-il à faire pour les peintres d'histoire? un peu d'histoire politique. Mais quand on a orné la Chambre des députés et celle des pairs, que reste-t-il? Des Musées à meubler, à embellir. C'est l'affaire du gouvernement; et que peut le gouvernement à cet égard? Le budget alloue au ministre des beaux-arts 79,000 fr. environ pour achats de tableaux et de statues; n'est-ce pas une pitié? Avec cela, il y a de quoi payer convenablement huit ou neuf bons ouvrages, pas trop considérables encore. La protection du gouvernement manque donc tout-à-fait à la peinture historique, à la statuaire, comme à la grande gravure. Si les particuliers riches du moins leur restaient! Mais non; il n'y a plus à Paris d'importans galeries. Autrefois les fermiers-généraux, les grands seigneurs mettaient quelque vanité à posséder des tableaux et d'autres beaux objets d'art; ils avaient des galeries à la ville et dans leurs châteaux. Souvent ils y prostituaient les muses, et les traitaient comme les filles de l'Opéra dans leurs petites maisons; mais, s'ils manquaient de goût, ils ne manquaient pas d'orgueil et d'argent; ils enchérissaient l'un sur l'autre pour l'acquisition d'un tableau de Boucher, ou d'un groupe de Falconet. Maintenant plus de grands seigneurs, plus de fermiers-généraux. Je ne dis pas que moralement et politiquement l'état actuel des choses ne vaut pas mieux que l'ancien; mais il est certain que pour les arts et les artistes il est beaucoup plus mauvais. Les grands hôtels ont fait place à des maisons dont toutes les distributions sont étroites; on y est mieux logé peut-être, mieux chauffé et à moins de frais, plus confortablement installé; mais les arts, je parle des arts sublimes, en sont exilés. Aussi l'architecture, qui trouvait autrefois quelques grands développemens pour émettre ses idées, est réduite à la construction de maisons bourgeoises, et à la décoration de quelques salons de danse ou de quelques petites chambres à coucher. D'ailleurs, les banquiers, qui ont remplacé les fermiers-généraux, n'aiment pas à avoir des fonds morts; et les hauts fonctionnaires, qui sont dans notre société constitutionnelle ce qu'étaient dans les sociétés aristocratiques les grands seigneurs, sont peu riches, et calculent leur existence, pour la conformer aux prévisions d'un avenir tout incertain. Aujourd'hui quelque chose, destitués demain, ils ont une famille à pourvoir, une retraite à accroître par l'économie; ils ne font donc rien pour l'art. Quant à quelques très-riches propriétaires qui font valoir leur argent et leurs terres, je n'en sais point qui donnent asile à la peinture ou à la sculpture dans leurs parcs ou leurs salons. Ils ont des actions des ponts, des canaux, de chemins de fer; que sais-je! ils ont des loges à l'Opéra ou aux Bouffes; ils ont des voitures et des chevaux; tout cela est très-bien, mais dans la répartition du budget, rien qui aille à l'encouragement des arts. Si, par hasard, ils ont le goût des tableaux, ils font comme les fonctionnaires et les banquiers, ils achètent des tableaux de genre, des paysages, quelques dessins d'*album*, parce que l'*album* est imposé par la mode, comme le piano et les écrans brodés; mais ils marchandent, et ils croient faire une grande faveur à l'artiste quand ils lui paient son œuvre au *prorata* du temps qu'il a passé à la confectionner. C'est de la peinture à l'heure qu'ils achètent, comme ils louent de la volupté au mois, en prenant des maîtresses. Et vous dites qu'il y a en France amour des arts et sentiment artiste ! Ils ne sont point dans les classes qui pourraient les avoir d'une manière profitable à la gloire du pays, ou s'ils y sont, c'est exceptionnellement. Le sentiment des arts n'existe que chez un petit nombre d'amateurs riches, mais pas assez pour être des Mécènes. Où il faudrait qu'il se trouvât, à la Chambre des députés, cherchez-le, et vous entendrez d'honorables orateurs vous dire que les arts sont un luxe onéreux au peuple ; que celui qui a besoin de la peinture historique ou de la statuaire doit la payer ; qu'il faut avant tout doter l'industrie, en faisant des routes, des canaux, des écoles d'arts et métiers. Les subventions des arts libéraux sont disputées, comme les fonds secrets de la police : c'est que les arts ne sont pas compris de la plupart de nos honorables représentans ; c'est qu'on ne sait pas quelle influence la belle peinture et la statuaire peuvent exercer sur le goût, sur la civilisation, sur les mœurs, et, en définitive, sur l'industrie; on n'y voit qu'un moyen d'ornement assez vain et fort dispendieux, et l'on vote contre. Je n'ai rien exagéré; je vous ai dit la vérité sur l'art constitutionnel; je n'ai aucun intérêt à assombrir les couleurs du tableau; j'ai établi un fait dont vous allez voir tout de suite les conséquences. La grande peinture va décliner pendant trois ou quatre ans; puis elle disparaîtra presque complètement, et n'apparaîtra de temps à autre que dans des ouvrages commandés par le ministère, la ville de Paris et la maison du roi. Ces apparitions seront très-rares, faute de fonds et d'emplacemens. La statuaire, qui, malgré les longs malheurs des arts, se soutient honorablement, et beaucoup mieux que la peinture, suivra la même décadence forcée. Les peintres, doués de talens véritables, feront de l'histoire dans la proportion de Le Sueur ou de Poussin, à la condition, toutefois, qu'ils choisiront des sujets qui n'agacent pas trop les nerfs des femmes, ou ne blessent pas les délicatesses de leur goût, parce que leurs ouvrages seront, dans les salons des heureux du jour, accrochés à côté des tableaux familiers, et qu'il faut de l'harmonie dans la décoration d'un appartement. Ceux qui renonceront à l'histoire feront des tableaux de chevalet, et vous voyez que déjà la plupart ont pris cette direction. Tous feront des portraits. Le portrait est le pot-au-feu du peintre; c'est avec des portraits qu'il bat monnaie; c'est sa vie entière, celle de sa famille; c'est sa seule ressource pour sa vétérance et sa retraite. Il résultera de là que le portrait sera beaucoup mieux fait qu'il n'était autrefois.

— Et qu'on en exposera peut-être un plus grand nombre encore que cette année!

— C'est possible. Tel artiste sera adopté par telle coterie, et toute cette société passera par son pinceau, parce que personne ne voudra rester en arrière de protectorat avec le peintre. C'est déjà ce qui arrive: on voit ici des séries de portraits faites par des artistes dont les clientelles sont fort distinctes. Il n'y aura que l'éclat d'un grand talent ou un avantage dans le prix, comme on dit dans le commerce, qui dépossédera l'artiste en titre dans la petite société. La concurrence, que tout tend à accroître, fera que les artistes s'efforceront de faire bien ; mais, comme elle amènera nécessairement une sorte de rabais, il faudra que les peintres se hâtent à produire, afin de pouvoir y trouver à vivre. Malheur aux hommes comme M. Ingres, qui recommence sans cesse ce qu'il a fini !

— Mais n'ai-je pas vu déjà des portraits faits dans le système de vitesse que vous dites? des aquarelles sur lesquelles l'artiste a écrit : *en deux jours ?*

— Oui, des aquarelles de M. H. I. Hesse. Aussi toutes se ressentent de la promptitude de l'exécution. On dirait qu'il y a un procédé mécanique employé dans la fabrication de cette peinture ; il semble que les points larges, uniformes, invariablement gris, ou roses, viennent se poser sur le papier avec un pinceau mu par la vapeur. Tout cela se ressemble ; il n'y a pas apparence de chair ; c'est quelque chose de transparent, de coquet, d'agréable si vous voulez, qui est loin du charme, du chatoyant et de la coquetterie des peintures rosées de M. Isabey père, que je ne vous donne pas du tout pour de bonnes représentations de la nature, mais pour la fin d'une manière qui eut de la célébrité lorsqu'elle était plus forte, et qui trouve encore des partisans chez les belles dames. Quand je regarde un portrait, je veux savoir s'il me reproduit bien la personne que j'aime, ou que j'ai le désir de connaître; j'examine tout pour retrouver l'individualité, le caractère; je ne m'informe pas du temps qu'a passé l'artiste à le peindre. C'est là comme pour les sonnets : « Le temps ne fait rien à l'affaire. » Je sais qu'il est agréable pour un voyageur qui passe à Paris, et veut laisser un souvenir de lui à la maîtresse qu'il s'y est faite dans son séjour d'une semaine, d'avoir en deux jours un à peu près de sa figure, à peu près spirituellement touché, assez joli à l'œil, éclatant, qui fasse dire à la jeune fille : « Dieu! que cet homme a de bonnes manières! les spectacles, les fiacres, les présens de toutes sortes, et par-dessus tout cela, un portrait fait avec des couleurs fines, et qui a dû lui coûter cher! » Mais, hors cette circonstance, quand peut-on avoir besoin d'un portrait en deux jours? Au reste, il paraît que ce genre d'opération n'est pas mauvais. — Il faut là-dessus s'en rapporter aux industriels qui l'exploitent. — Car on m'a raconté qu'il y a un peintre, au

Palais-Royal ou dans les environs, qui fait des portraits à la minute, et qui a écrit sur le cadre enseigne de sa maison de commerce : « Aussitôt qu'un portrait est commandé, l'artiste le met en main *dans ses ateliers.* » Un bottier ou un tailleur ne ferait pas de promesses plus engageantes ; seulement, l'artiste, — c'est le peintre que je veux dire, — a oublié d'ajouter : « On garantit la qualité et la ressemblance. » M. Hesse, au surplus, a plus de talent qu'il n'en faut pour faire beaucoup mieux l'aquarelle : voyez plutôt le portrait de M. Tiollier, le graveur en médailles, et celui que M. Hesse a fait de lui-même. Ce sont des morceaux consciencieux, deux têtes fermes de modelé, et brillantes, sinon de couleur, au moins de lumière. — Je reviens à l'avenir de nos artistes. Les statuaires seront réduits au portrait. Mais comme la sculpture trouve moins d'yeux intelligens que la peinture, parce que son relief manque de cette vie du coloris qui charme dans la peinture, les sculpteurs seront plus à plaindre que les peintres. Un buste est toujours une chose chère ; tout le monde ne peut pas payer suffisamment bien un marbre ; et avoir un buste en plâtre, c'est s'exposer à ne rien avoir bientôt. On y regarde donc à deux fois avant de poser pour un sculpteur. Je vous ai dit tout à l'heure, à propos d'Henriquel Dupont, ce que souffre la gravure sans protection, et engagée dans une lutte impossible avec la lithographie. Quant à l'architecture, elle est contrainte de se réfugier dans les constructions à bon marché. Si, dans l'espace de dix ans, il lui échoit trois monumens, elle devra être fière. Ainsi, plus d'architecture, peu de gravure, de la sculpture pour les bustes, et de la peinture pour les portraits et les ouvrages de genre: voilà tout. Dans cinq ans, vous me direz si je n'ai pas prophétisé juste.

— Triste prophétie au moins !

— Et dans tout ceci il n'y a de la faute de personne. La forme du gouvernement est le plus grand obstacle aux larges développemens des arts ; l'art constitutionnel, c'est l'art à bon marché. On prêche l'économie, avec raison ; il faut être économe, mais il faudrait que l'économie ne portât pas sur les arts civilisateurs. C'est ce qu'on ne sait pas assez. Il n'y a que le pouvoir absolu qui protège passablement les arts.

D'abord, il a besoin de l'éclat que les arts pro-
curent; il les exploite à son profit; et puis,
comme il faut qu'il se fasse pardonner ses ty-
rannies, il cherche la grandeur, il travaille à
éblouir, il donne aux intelligences l'aliment des
hautes controverses sur l'art; enfin, il a une
volonté forte, une pensée unique, celle de sa
gloire; il ne compte avec personne les deniers
de l'État; il peut être grand, magnifique, ou
au moins noblement juste avec les artistes. Le
pouvoir constitutionnel, tel qu'il est, n'a aucun
de ces avantages dans sa position avec les arts;
il va plus au positif des choses; il est, par nature, utilitaire; il pense à la satisfaction des
besoins matériels avant de songer à celles des
besoins intellectuels; c'est le confort qu'il faut
qu'il donne au peuple; une diminution d'un
centime dans l'impôt personnel est pour sa sûreté et sa force plus que ne seraient dix monumens. La gloire n'est pas une de ses nécessités;
il n'est ni guerrier, ni artiste, ni poète, qu'on
ne lui ait démontré l'urgence de l'être; il n'a
pas ces instincts chevaleresques, ces sympathies pour le génie que le pouvoir absolu,
quand il est aux mains d'un grand homme, peut

avoir et satisfaire; l'intérêt des citoyens est la règle de sa conduite; aussi, avec lui, l'art est presque impossible. Vous entendez bien que je ne veux pas faire ici la critique de la forme de gouvernement que je crois la meilleure, sous tant de rapports; mais j'explique la cause de la décadence de la peinture historique, et j'appuie mes prévisions sur l'avenir des beaux-arts, d'un fait incontestable, l'existence d'un état de choses presque antipathique à leur existence, et, à plus forte raison, à leur progrès.

— Il me semble qu'il y a quelque chose de paradoxal dans cette opinion; car enfin la république...

— Oui, celle de Périclès ou de la Convention nationale, n'est-ce pas? Et vous croyez que cela diffère beaucoup du pouvoir absolu! Rappelez-vous bien Périclès; quant à la république française, si elle fut protectrice des beaux-arts, elle le fut comme l'empire, non plus pour les arts eux-mêmes, mais pour elle. Elle avait déclaré la guerre au principe régnant en Europe; elle avait des armées victorieuses dont il fallait que les victoires retentissent pour que leurs rangs se recrutassent dans la population ; il fallait bien que les arts vinssent exciter l'enthousiasme : de là ces fêtes renouvelées des Grecs ; de là cette poésie pindarique, cette harmonie tyrthéenne, cette peinture épique qui malheureureusement ne fut admirable que sous le pinceau de Gros. Si la république eût été en paix, comme elle aurait eu à combatttre à l'intérieur les opinions de la société ancienne sur laquelle elle régnait, il lui serait arrivé ce qui arrive au gouvernement constitutionnel de juillet, qui n'a pu changer la société impériale et royale, et qui lutte contre d'anciennes idées. L'opposition se serait ralliée autour d'une pensée d'économie, et l'époque n'aurait rien produit de grand ; elle aurait été heureuse, sans doute, mais elle ne nous aurait légué, en fait d'art, que quelques innocens opéras-comiques, des poèmes descriptifs et des portraits. Je ne sais si je me trompe, mais il me semble que le siècle des arts, c'est celui de Léon X. Le xviie siècle a jeté de l'éclat aussi ; Napoléon a senti le besoin des arts, pour lesquels il a dépensé beaucoup d'argent. Aujourd'hui l'école est plus chercheuse qu'éclatante ; elle use le reste des forces qu'elle avait prises alors, et que la restauration avait alimentées : car il faut être juste envers la restauration, elle a fait pour les artistes tout ce qu'elle pouvait faire.

—Ainsi, vous croyez que tout est perdu pour les arts élevés?

— Je crois que dans la disposition présente des esprits, contre laquelle il serait nécessaire que les trois pouvoirs de l'État luttassent par des encouragemens nombreux, et surtout intelligens, il n'y a pas grand'chose à espérer. Je crois que jusqu'au jour où la société sera enfin posée, où aura cessé le combat des opinions contraires qui se disputent le monde social, c'est-à-dire la possession immédiate de l'autorité politique, il en sera des arts ce qu'il en est aujourd'hui.

— Mais n'y a-t-il pas un peu de la faute des artistes dans cet état de marasme? La conviction ne leur manque-t-elle pas?

— Elle manque à la plupart. Excepté pour quelques hommes doués d'une âme vraiment artiste, et qui ne peuvent point trouver à développer leur génie parce qu'on leur refuse les larges pans de murailles qu'on donnait aux

peintres du seizième siècle, l'art est une profession comme une autre, un métier qu'on
apprend pendant tant d'années à l'académie,
ou dans l'atelier d'un peintre, et qu'on exerce
ensuite dans l'intérêt du bien-être personnel.
L'artiste ne peut pas être assez recueilli aujour-
d'hui, pour toutes sortes de raisons. La première, parce qu'il y a tant de gens qui courent
la carrière, qu'il faut entrer franchement dans
la concurrence, sous peine de mourir de faim.
La seconde, c'est qu'il faut que l'artiste soit citoyen ; il ne peut faire abstraction de ses devoirs
politiques ; il se doit à la cour d'assises comme
juré, et à l'émeute comme garde national. Il
faut donc qu'il lise les journaux pour savoir où
en est le monde, comme il faut qu'il aille dans
les salons pour se procurer la vente de ses tableaux et le placement de son talent en monnaie de portraits. La troisième raison, c'est que
la société est aux prises avec des idées dont il
est difficile de se désintéresser, et qui donnent
à l'esprit des préoccupations graves. L'artiste
est sous l'influence du choc de ces idées, et ne
sait à laquelle s'arrêter ; car, s'il se fixe, par
exemple, à celle qui va le mieux à l'énergie

des âmes fortes et pures, et si celle-ci est en opposition avec celle de la majorité des citoyens, il produira des œuvres de conviction, mais qui trouveront tout un pays révolté contre elles. Alors il se prendra de haine contre le siècle et le pays; il brisera sa brosse ou son ciseau, et sera dévoré par le chagrin. Le recueillement nécessaire à l'artiste est presque impossible: aussi ne voit-on, en général, que des œuvres sans profondeur. Il y a sur presque toutes ses toiles les preuves d'une habileté mécanique et de l'absence de pensées; la main, mais pas le cœur; le métier, mais pas l'art. Qu'invente-t-on aujourd'hui? ce qu'on faisait il y a quatre siècles. On s'évertue à chercher l'originalité, et on la trouve dans la copie du Giotto, d'Alber-Durer, de Primatice. L'art était complet, ce semble, après Titien; on le recommence pour être primitif; on veut à toute force être naïf, et l'on est niais. On se perd dans toutes sortes d'imitations. Un artiste a-t-il attiré par un ouvrage l'attention du public, qui ne sait à quoi s'arrêter dans ces images kaléidoscopiques qu'on fait tourner devant ses yeux à chaque salon, vite et vite tout le monde

court sus à l'idée qui a réussi, à la manière, à
l'effet qui ont séduit. Les peintres sont deve-
nus comme les directeurs de théâtres, qui s'ar-
rachent les spectateurs en faisant tous représenter les mêmes pièces, et en brouillant tous
les genres. Les directeurs de théâtre placardent
des affiches gigantesques, où tous les caractères
de l'alphabet grimpent les uns sur les autres en
s'enflant, se grandissant, se boursouflant pour
produire des mots qui puissent prendre le passant au collet ; les peintres composent des cadres
guillochés, ouvragés, ornés, où les fleurs, les
rinceaux, les arabesques, sont entassés comme
Pélion sur Ossa ; des cadres noirs comme les
vieilles bordures des miroirs de Venise ; des
cadres d'or comme les encadremens *roccoco* des
trumeaux de Louis XV ; des cadres tricolores,
protestations contre le gouvernement ; des cadres à compartimens, comme ceux du quinzième siècle ; jusqu'à des cadres en ficelles. Tout
cela, voyez-vous, atteste le malaise, l'incerti-
tude, le doute, la tendance à la spéculation lu-
crative, le besoin de quéter les regards du public. Tout cela prouve que nous sommes à une
époque de transition ; il en sortira quelque chose,

quand? je l'ignore; que sera-ce? je n'en sais rien. En attendant, plaignez les artistes, et ne les accusez pas trop, excepté de la manie d'imitation qui s'est emparée de toutes les têtes. Maintenant comprenez-vous pourquoi il y a tant de portraits ici? et en voulez-vous encore au jury qui les a reçus?

— Encore un peu, parce que, malgré toutes vos raisons, il y en a de si mauvais...

— Attendez. Le jury n'a pas voulu être inhumain, et sous cette détestable peinture il y a une question d'humanité. Il est, parmi ces portraits si déplorables, des ouvrages dont les auteurs sont professeurs dans des pensionnats ou à domicile; rejetez-les, et les professeurs perdent leurs élèves. L'admission est un titre de capacité dont la vanité vous est bien démontrée, sans doute, mais qui sur le vulgaire est si positif, qu'il y a d'honnêtes bourgeois qu'on voit attendre le salon pour savoir si le portrait qu'ils ont fait faire est bon. Admis, ils vont dire partout : « Monsieur un tel a du talent, mon portrait est aux tableaux. » Refusé, ils iraient crier dans tout leur quartier : « J'ai été trompé, on m'a volé, mon portrait n'est pas au Louvre; c'est qu'il est mauvais; je rabattrai vingt francs au peintre. » Le jury sait très-bien cela, et il transige avec le pot-au-feu de l'artiste. Ensuite, vous avez ici plus de cent portraits que les peintres n'auraient pas présentés si les modèles s'étaient fait peindre pour leurs parens seulement. Mais c'est pour le public que celui-ci revêt son habit d'ex-ministre, celui-là sa robe rouge de conseiller à la cour, cet autre son uniforme de capitaine de la garde nationale. Ainsi l'amour de l'art, l'état de l'art, le besoin et la vanité, voilà les quatre grandes classifications dans lesquelles il faut ranger les portraits.

— A la bonne heure.

— Vous voilà plus calme. Voulez-vous à présent que nous regardions quelques-uns des portraits devant lesquels nous ne nous sommes pas encore arrêtés ensemble?

— Remettons, s'il vous plaît, à demain. Je suis bien fatigué d'être depuis deux heures sur mes jambes, allant et venant d'un salon dans l'autre, d'un cadre à un autre cadre, poussé à droite, repoussé à gauche, soulevé par le flot des promeneurs à la porte de chaque salle, et étourdi par les rumeurs diverses qui couvraient souvent votre voix, respirant un air empesté et avalant force poussière.

— Eh bien donc! à demain. Mais de bonne heure! A neuf heures précises; nous serons plus tranquilles pendant les deux premiers tiers de la matinée.

— A neuf heures, soit.

VI

M. Lecurieux. — *Portraits de M. Robert, de madame Baron, de madame Lecurieux.* — M. Cadeau. — *Le docteur T.* — Madame Saint-Omer. — *Le docteur Bégin.* — M. Souchon. — *L'abbé Leclair.* — M. Spindler. — M. Belloc. — M. Bouchot. — Madame la *comtesse de .....* — *Madame Despréaux.* — — M. Blondel de Nantes. — M. Ducornet, né sans bras. — *Sidi-Hamden.* — M. Kinson. — *Paysans de la Pologne.* — M. Paulin Guérin. — *Le chevalier Rose.* — *L'amiral Truguet.* M. *Hyde de Neuville.* — M. Rouillard. — *Le maréchal Grouchy.* — *L'amiral Verhuell.* — M. *Camille Pagarel.* — M. Larivière. — *Le maréchal Gérard.* — *Le général Rumigny.* — L'école de Rome. — Son utilité. — Ses produits. — *Le général Rampon.* — M. A. Couder. — *La Esmeralda.* — Le cadre de M. Couder ; le cadre de M. Orsel. — *Le bien et le mal.* — M. A. Perin. — M. Dassy. — Copistes. — Une réaction. — Vieux tableaux tout neufs. — *Feu M. Schœlcher.* — M. Sigalon. — *Sujet anacréontique.* — *Portrait de madame Rouget.* — M. Rouget. — *Abjuration d'Henri IV.* — Les stationnaires.

Neuf heures sonnaient à l'horloge du Louvre, que nos deux interlocuteurs d'hier arrivaient à la petite porte du Musée. Ils se promenèrent d'abord, jetant des regards vagues à tous les tableaux, puis ils en vinrent aux portraits.

— Par où commencerons-nous? dit le défenseur des peintres réduits à l'art constitutionnel ; puisque nous trouvons d'abord cette tête coiffée d'un chapeau pointu, jetons-y un coup d'œil.

— Elle n'est pas mal peinte, assurément ; mais cette extrême propreté, cette recherche dans l'arrangement de la barbe et des cheveux ne me plaisent pas. Ce très-joli homme espagnol m'a l'air d'un petit-maître, d'un danseur de l'Opéra déguisé en galant torreador ; ce qui ne veut pas dire que l'ouvrage de M. C. Lefèvre soit sans mérite ; mais il y a coquetterie, esprit, où je voudrais force et caractère.

— Retournez-vous, et regardez cette face de dogue de mauvaise humeur : c'est celle d'un prêtre espagnol qui n'a rien de la minauderie de son élégant compatriote. Vous ne reprocherez pas à celui-là d'être propre.

— Non, mais je l'aime ; il est lui, tout simple, bon homme.

— Je ne trouve à cette belle et solide peinture de M. Louis Boulanger, si peu semblable, heureusement, à celle qu'il fait d'ordinaire, que le tort de jouer au Rembrandt. M. Boulanger, imitateur de Delacroix, imite cette fois Rembrandt, pourquoi ? ne saurait-il être lui? Il vise à l'extraordinaire, et, pour l'effet, il néglige si souvent la forme, qu'on répugne à regarder ses personnages laids, contrefaits ; race hideuse qui vous fait la grimace, et vous empêche de chercher à loisir dans toutes ces diableries les qualités de l'harmoniste et du coloriste. Voyez ce meurtre de la rue Barbette ; hors la tête du jeune homme mort sous le duc d'Orléans, que terrassent les assassins, que peut-on regarder avec plaisir? Il y a un sentiment juste de l'effet, mais cela repousse. M. Boulanger a été plus heureux dans ses dessins ; il y en a de soutenus, et quelques-uns de très-beaux. Yseult et Lancelot est une composition du goût des vignettes anciennes, fort bien exécutée sous tous les rapports. La lecture dans le parc, la prière à la madone, ont le même charme et le même attrait. Dans les scènes, en assez grand nombre, que l'artiste a empruntées à la ravissante histoire poétique de la *Esmeralda*, vous en trouverez quelques-unes pleines d'intérêt et de vigueur ; mais le laid domine dans la plupart, un laid de convention, plus fâcheux cent fois pour l'art que le beau convenu. Au surplus, la *Esmeralda* de Hugo n'a pas été heureuse à ce salon : tous l'ont faite si peu jolie, qu'il n'y a guère moyen d'en devenir amoureux. Et qui n'en a été épris après l'avoir vue dans le tableau du poète !

— Je reviens au portrait de M. Boulanger pour une seule observation. J'y regrette la lumière. Un portrait doit être fait dans la lumière, je le soutiens, malgré les sublimes démentis donnés à cette opinion par Rembrandt. Tous les effets cherchés tendent à altérer la nature qui doit être le premier mérite de la représentation d'une tête portraite. Indépendamment des autres qualités qu'ils ont, c'est pour la lumière où ils se montrent que j'estime fort les portraits de M. Champmartin. Voyez cette dame coiffée d'une mentonnière de gaze et vêtue d'une robe noire; elle illumine le coin du salon où elle est en pendant au portrait de l'amiral Verhuell par M. Rouillard. Ne préférez-vous pas cela aux combinaisons violentes qui ont enfoncé si profondément les yeux de M. Armand-Carrel, et la pensée de M. Odillon-Barot ?

— Vous avez raison, ce portrait de femme est très-bien. J'aime beaucoup aussi celui de cette dame à la robe violette, dont le modelé n'a peut-être pas toute la fermeté désirable, mais qui, aussi bien que l'autre, est d'une charmante couleur.

— La fermeté est en effet ce qui manque, même à la peinture la plus vigoureuse de M. Champmartin. La forme y perd un peu de son charme et de sa finesse : cela se remarque dans le portrait historique de M. le duc Decazes, d'ailleurs beau par le ton, l'ajustement large et la disposition des accessoires. Il me semble que c'est moins sensible dans les trois têtes des enfans de madame la baronne de S***. Le défaut disparaît tout-à-fait dans le portrait de feu le baron Portal. Le vieux docteur est bien comme nous l'avons connu dans les derniers jours de sa vie, avec sa perruque blanche, son vaste habit noir, donnant une apparence d'ampleur à ce corps si grêle, ses culottes d'autrefois, ses bas noirs cachant des jambes minces, de l'espèce de celles qui portaient le bailli de Ferrète, dont le prince de Talleyrand disait : « C'est l'homme le plus courageux de l'Europe, que M. de Ferrète, de marcher avec de pareilles jambes ! » Rien n'était plus à redouter pour l'artiste qu'un modèle comme le nonagénaire M. Portal. La caricature était si près de la vérité ! M. Champmartin est resté dans la vérité ; il n'a rien outré et rien dissimulé. Il a été naïf avec une sorte de dignité sans apprêt. On retrouve dans cette image de l'ex-doyen des médecins de Paris, toute l'habitude du corps de ce spirituel et malin vieillard. La tête est parfaite d'expression et de simplicité. Cet ouvrage est un des meilleurs de M. Champmartin qui occupe sans conteste un des premiers rangs parmi les portraitistes de l'époque. Son talent est encore grandi depuis deux ans où nous avons eu de lui le si bon portrait de madame de Mirbel.

— N'y a-t-il pas de la lourdeur dans le buste et les jambes du maréchal Clauzel , dont la tête est fort ressemblante ?

— En général , le portrait est un peu lourd ; mais enfin vous ne le comparerez pas à celui de l'amiral Duperré !

— Je connais l'illustre maréchal d'Alger. Certes , ce n'est pas ce qu'on appelle un joli homme, un fashionable à l'air gracieux ; mais il y a du caractère dans sa tête ferme et un peu refrognée. Je lui en demande bien pardon : il n'a pas d'élégance dans sa taille ; mais enfin il n'a pas cette tournure vulgaire que lui a prêtée M. Court. L'amiral de M. Court est quelque chose de commun, de désagréable, de ridicule; un charbonnier ou un gros matelot déguisé pour le baptême du tropique, et non un officier général dans la grave fonction où le peintre a voulu représenter M. Duperré.

— M. Court n'a pas été heureux cette année. Ses portraits sont durs et bruns; ses châtelaines sont dures, et ont cette beauté bourgeoise qui plaît aux spectateurs des faubourgs ; ses deux filles nues qui jouent à une fenêtre avec une perruche, et dont l'une va laisser tomber son sein gauche dans la rue pendant que l'autre, en regardant cocote, oublie d'aller faire sa barbe, sont du Dubuffe renforcé. Quant à son tableau de *Boissy-d'Anglas,* c'est un grand pêle-mêle d'expressions forcées, de personnages jouant la pantomime d'atelier, de têtes ignobles, de figures hideuses, de non-sens pittoresques ou philosophiques. Le principal acteur du drame est d'un dessin rond, aussi bien que la plupart des conventionnels, qui ressemblent à ces poupées remplies de son , qu'on donne aux enfans. Que tout cela soit sans talent , je suis loin de le prétendre ; il y a du métier , des têtes bien faites, je crois , mais une fâcheuse diffusion de lumière , de l'exagération dans la laideur des sanglans héros de la journée du 1er prairial an III, et une complète absence d'intérêt. Il y a loin , bien loin de cet ouvrage, à *la mort de César* , qui avait fait concevoir de si hautes espérances pour l'avenir du jeune peintre. Attendons cependant sans désespérer.

— Passons de l'amiral Duperré au maréchal Lobau. Je le trouve très-bien.

— Oh ! oui, c'est le vieux soldat, bien droit, bien ficelé, comme on dit, portant la tête haute et le col agrafé , qui ne connaît que l'ordonnance , qui n'a pas de plus grand plaisir que de commander des manœuvres d'infanterie ; vrai troupier, mine sévère, lâchant un propos facétieux sans rire, le petit doigt sur la couture de la culotte , et les talons rapprochés autant que la conformation de l'homme le permet : il y a dans ce portrait, vérité, individualité, ressemblance de la tête aux pieds.

—J'aime mieux ce maréchal Lobau que la

princesse Louise du même M. Ary Schœffer : il a de la simplicité, mais peu de grâce. La jeune reine des Belges m'a paru plus agréable que son portrait ne le fait supposer : c'était un modèle pour Lawrence. A propos de M. Schœffer, je ne vois de lui aucun de ces charmans petits tableaux qu'il nous donnait autrefois, et qui plaisaient tant par l'intérêt ou la philosophie du drame que par le charme de la couleur. Son Giaour me rappelle le *Faust* de 1831 ; ce sont les mêmes qualités.

— Oui, l'expression et la vigueur du ton. C'est une belle chose, mais ce n'est pas l'œuvre capitale de M. Schœffer à cette exposition ; allons voir sa *Marguerite à l'église.*

— Beau, en effet ; pourtant je suis fâché que la tête de Marguerite exprime plus l'ennui que la lutte contre une tentation diabolique ; il me semble aussi qu'elle enfonce dans le banc de bois sur lequel elle s'appuie, au lieu de s'en détacher convenablement. Cela nuit beaucoup au relief du tableau, qui a un peu l'air d'une des vieilles peintures romaines de 1400.

— Ici la couleur a plus de puissance que dans aucun des ouvrages auxquels vous faites

allusion. Je ne conteste pas, au surplus, votre observation ; mais je passe là-dessus volontiers,
parce que je trouve du charme, de la douceur,
de la mélancolie dans cette figure. La pose est
de l'école de Miss Smitson et de madame Allan-
Dorval. J'aime beaucoup l'expression des deux
bras et des mains qui se joignent avec douleur ;
la forme et la pâleur m'en plaisent aussi ; je voudrais que la tête eût la même fermeté au lieu du
vague dans lequel elle nage. La petite fille qui est
derrière Marguerite, à la place où devait être
peut-être Méphistophélès, sous quelque travestissement de religieux ou de vieille femme, cette
petite fille est bien ; cependant je lui préfère
toutes les figures du second plan. Ce second
plan est à merveille sous le double rapport du
dessin et de l'harmonie. Il y a là un progrès véritable, de la forme sans sécheresse, de la couleur sans recherche d'oppositions tranchantes,
de l'expression et du calme : cela sera toujours
bon ; la mode ne peut rien contre une pareille
chose.

— Si vous trouvez qu'il y a progrès chez
M. Schœffer, ne trouverez-vous pas qu'il y a
décadence chez Horace Vernet ?

— La vérité est qu'Horace est cette fois inférieur à lui-même; mais ce n'est pas le signe certain d'une décadence. Horace cherche autre chose que ce qu'il cherchait autrefois; il est entré dans les voies de la grande peinture; il a voulu faire de la couleur vénitienne et du style large; quelquefois il a assez bien réussi, cette année il a été moins heureux; mais il faut lui savoir gré de ses efforts. Ses premiers penchans, sa première éducation, luttent contre sa volonté nouvelle, et le peintre actuel est souvent vaincu par le peintre ancien; le peintre de genre perce sous le peintre d'histoire, mais dans tout ce que produit Horace, il y a de si bonnes qualités qu'il faut se montrer facile aux défauts. On ne doit pas oublier surtout que dans le genre des batailles il fut sans rivaux, et que c'est un grand peintre des petites choses.

— Pourquoi alors fait-il de grandes choses au risque d'y être petit?

— Il veut tout embrasser, parce qu'il a le cœur vraiment artiste; et puis, il sait que plus d'importance et de considération s'attache aux tableaux de grande dimension, aux sujets graves de l'histoire qu'aux ouvrages du genre familier. Après avoir épuisé l'admiration dans la carrière de l'esprit et du drame militaire, il a ambitionné d'autres succès ; il a mis au service de l'histoire sa prodigieuse facilité, son talent plein de verve et d'intelligence, son esprit fin et ingénieux, et il a produit *Edith au col de cygne*, son plafond de *Jules II, Philippe-Auguste à Bovines, Judith,* et cette *Rencontre de Raphael avec Michel-Ange,* que vous voyez là-haut. Vous ne nierez pas qu'il n'y ait beaucoup de mérite dans les quatre premiers tableaux, quelques critiques justes qu'on ait pu en faire ; vous conviendrez aussi qu'il y a du mérite dans ce dernier.

— Assurément. Mais est-ce bien une composition historique ? Ces trois étages d'acteurs sont-ils d'un bon effet ? Aimez-vous ce Michel-Ange coupé en deux par le cadre, et d'un caractère si commun ? Raphaël, coquet et maniéré, vous paraît-il faire une chose raisonnable, quand il dessine sur l'estomac d'un de ses élèves, debout,. comme ne voudrait pas faire un ingénieur qui n'aurait que des triangles à tracer ? Le pape, qui met son doigt sur sa bouche pour faire chut ! aux courtisans qui l'entourent, ne joue-t-il pas là une mesquine comédie? Il imposerait bien autrement silence s'il écoutait gravement la dispute entre ces deux grands artistes qui viennent de se heurter dans le Vatican?

— Ces défauts m'ont choqué comme ils choquent tout le monde; mais n'aimez-vous pas cette femme où Raphaël trouve le caractère d'une de ses vierges divines? N'est-elle pas charmante, jolie, belle, quoiqu'un peu blanche? Le vieillard qui dort derrière elle n'est-il pas un bon Saint-Joseph? Et puis, pris à part, le groupe de Raphaël et de ses élèves n'est-il pas une chose estimable? Celui des paysans qui occupent le premier plan à droite n'est-il pas d'un beau ton et d'une facture large? Dans le plan supérieur, n'y a-t-il pas quelques jolies figures? Tout cela manque d'unité, de liaison, d'intérêt surtout, j'en conviens; mais cela ne manque pas de talent. Je crois que, réduit au huitième de ses dimensions, ce tableau de genre serait beaucoup meilleur, serait même peut-être excellent; mais je ne crois pas que tel qu'il est il soit absolument mauvais, comme je l'ai entendu dire par beaucoup de nos amateurs, si difficiles quand il s'agit des anciens artistes.

— Défendrez-vous le portrait de Louis-Philippe, qui est dans cet angle?

— Non; je vous l'abandonne. L'arrangement m'en paraît aussi répréhensible que la forme. Je ne sais pourquoi Horace a appuyé le roi sur un grand sabre de cavalerie; cet équipement de cheval ne va pas avec la couronne de diamant et le livre vert de la Charte. Ce portrait me paraît tout-à-fait manqué; il est loin de valoir celui du maréchal Molitor. Ici je retrouve l'auteur du portrait de Gouvion-Saint-Cyr, que nous avons vu il y a quelques années; je le retrouve pour l'exécution ferme et vive, et pour l'effet.

— Et le portrait de cette dame romaine jouant du piano pour amuser son enfant, qu'en dites-vous? Il me plaît assez.

— A moi aussi. Je trouve d'un beau caractère la tête principale; mais j'y voudrais un peu plus de fermeté. Ce n'est pas que cela soit faible, mais ce n'est pas assez fin. Le ton de la tête de la domestique est solide; mais celui de l'enfant ne l'est pas assez. Le petit bonhomme est transparent comme une lanterne. Ce portrait est bien, mais que j'aime mieux la délicieuse paysanne d'*Aricia*, une de mes passions du salon dernier! Il y a de belles parties aussi dans le portrait de cette dame qui brode, madame Fould, je crois. Le front et les yeux sont très-bien. Il y a un peu d'affectation dans la largeur de la facture des linges; vus de près, ils sont désagréables. L'uni des chairs appelle le spectateur près du tableau, les aspérités des étoffes le repousse.

— Voilà un tableau de l'ancien goût d'Horace.

— Mais malheureusement pas de sa meilleure manière. Il y a six ans, qu'il aurait fait de cette scène pittoresque un chef-d'œuvre de mouvement, d'énergie et d'esprit; il en a fait à Rome une chose médiocre, lourde, factice. Horace n'a pas vu les journées de juillet : s'il avait été à Paris, le peuple l'aurait trouvé partout, se battant en brave, et pendant les repos, reproduisant pour la postérité les belles actions de cette guerre de trois jours où l'on abattit un trône et une dynastie, comme s'ils n'avaient pas poussé de racines sur le sol français depuis plu-

sieurs siècles. Au lieu de peindre d'après nature,
il a peint sur des récits, et son tableau ressemble à ces feuilletons de journaux rédigés par des
critiques qui n'ont point assisté à la représentation de la pièce dont ils parlent.

—Parbleu! voilà un portrait du duc de Choiseul qui est d'une parfaite ressemblance.

— Il est sûr que le noble duc n'y est pas flatté : cependant c'est aussi loin de la charge que
du mensonge flatteur. Il y a de la vivacité et
de la couleur dans ce portrait qui atteste les
progrès de M. Lepaulle. La seule chose que
j'y reprendrais, c'est la main gauche, noire et
lourde, qui devrait être beaucoup mieux dans la
demi-teinte. Croiriez-vous que l'auteur de ce
portrait de M. de Choiseul a fait cette femme
lourde et commune qui se désole comme la
veuve d'un marchand de bois ou d'un fabricant
de bretelles; cette femme dont la gorge se ballotte de l'épaule droite à la gauche et vous écrasera de sa masse si elle échappe à la robe noire
qui la retient à peine? Et cette femme, c'est la
belle madame Devrient, que vous avez vue au
théâtre Italien! Et c'est madame Devrient dans
le rôle d'Anne de Bolœyn! Anne de Bolœyn avec

si peu d'élégance ! Est-ce donc parce que Henri VIII était gros, que **M.** Lepaulle lui a donné cette massive maîtresse? Au reste, il y a beaucoup mieux que cela dans la collection de portraits qu'a exposée le jeune peintre ; car il n'en a pas accroché au Louvre moins de quinze : ce qui est beaucoup trop pour plusieurs raisons ; et la première , c'est que c'est prendre pour soi seul une grande partie de l'espace limité réservé à tous les artistes ; la seconde, c'est qu'en mettant tout son fonds de magasin en montre, on étale à côté de ses bons ouvrages des choses médiocres.

— Voilà un portrait de femme, mademoiselle E. L. , qui est étrangement diapré ; la lumière y est par touches égales de ton et de valeur ; ce qui, dans les cheveux surtout, n'est pas d'un bon effet.

— La couleur de **M.** Lepaulle est assez large, mais agathisée et chatoyante; ce qui l'alourdit un peu et la rend quelquefois louche. Où je la trouve charmante , c'est dans cette famille de boules-dogues, dont les plus jeunes sont gras, laiteux, blancs et roses. Cette étude, qui a l'accent de la nature, est d'un coloriste vrai; il n'y a rien de ces conventions dans lesquelles nos artistes ne se jettent que trop souvent. M. Lepaulle devrait essayer le genre proprement dit ; il est probable qu'il y réussirait. La chambre de Louis XIV au château de Pontchartrain lui donnait l'occasion de faire deux figures ; il les a trop négligées, bien que je les trouve touchées avec assez d'esprit. Ce qui est estimable dans ce petit tableau, c'est la couleur brillante et harmonieuse de l'intérieur. Son rendez-vous de chasse, où le peintre rappelle la manière d'Horace Vernet encore plus que dans ses autres productions, a de bons détails de chiens, mais un peu de lourdeur.

— Oh ! la jolie chose que cette jeune fille en chapeau de paille, modestement cachée près de la colonne !

— Vous avez bien raison. Cela ressemble à du Reynolds : finesse de ton, expression naïve, pose simple et naturelle, jeu de lumière agréable ; voilà tout ce qui recommande ce portrait, où je ne voudrais trouver qu'un dessin plus pur.

— Parmi toutes les choses que j'ai entendu louer, pourquoi n'ai-je rien entendu dire de cette tête de mulâtresse ?

— Parce qu'il n'y a qu'heur et malheur dans ce monde. Vous avez raison de remarquer ce portrait bien modelé, touché avec fermeté, qui prouve du talent dans son auteur, M. Brune, dont je crois n'avoir jamais rien vu avant cette exposition. Cette mulâtresse me plaît beaucoup plus que toute la famille si noire, si sèchement peinte par M. de Creuse : c'est de la peinture fort déplaisante à mon goût.

—Et au mien, mais non pas à celui de tout le monde ; car j'ai vu bien des promeneurs s'arrêter devant ce trio taillé dans du bois d'acajou, et s'en aller ensuite fort contens, le rire sur les lèvres.

— Si vous voulez un portrait amusant, regardez là-haut cette femme aux petits yeux à demi fermés, le nez et les joues rouges, toute la figure enluminée ; on dirait une de nos Bacchantes échauffée de vin de Champagne.

—Il n'est guère possible de faire plus laide une femme qui doit être jolie.

— Retournez-vous et regardez cette fille de Suisse à sa fenêtre, par M. Dupuis.

— Mais, ce n'est pas mal.

— Imitation un peu sèche de la jeune fille à l'oiseau, que M. Decaisne exposa, je crois, en 1829.

— Puisque le nom de M. Decaisne vient de se présenter à nous, faites-moi voir ses ouvrages.

— Volontiers, allons chercher au bout de la galerie un de ses meilleurs portraits; celui de M. Victor Schœlcher... le voici.

—Cela doit ressembler. Il y a dans cette tête de la méditation.

— M. Schœlcher est un citoyen grave, un critique sérieux, un philantrope, non par état, mais par conviction ; un écrivain loyal et consciencieux, qui espère un temps meilleur, le temps de la vertu publique et celui de la morale particulière. C'est un homme plein de cœur et de véritable sensibilité ; j'aime à vous faire son éloge parce qu'il est, entre mes amis, un de ceux pour qui j'ai le plus de goût. M. Decaisne a très-bien saisi sa physionomie caractérisée. Il l'a fait calme, réfléchi, vêtu avec une élégance qui n'a rien d'affecté, tel enfin qu'il est réellement. C'est une très-bonne chose que ce portrait ; je le préfère à celui de Damoreau,

qui est d'une couleur brillante, mais qui a outré peut-être un peu la tournure du modèle.
M. Decaisne en a fait un milord.

— Il ne faut pas se plaindre de l'exagération du bien ; c'est rare. J'ai vu dans le grand
salon un portrait de madame Damoreau qui
ne m'a pas paru très-ressemblant.

— C'est dommage, car il est d'une charmante exécution. La physionomie douce, bonne,
gaie, fine, aimable, de madame Damoreau, est
apparemment bien difficile à saisir ; car de
tous les portraits qu'on a faits sur cette jolie
femme, je n'en connais qu'un qui soit parfaitement ressemblant : c'est un buste de M. Desprez que vous verrez dans la salle des sculptures.
Voilà un portrait historique de M. Decaisne;
il représente mademoiselle de Montpensier
écrivant ses mémoires. L'arrangement en est
plein de goût ; et il faut dire que c'est un des
talens de M. Decaisne d'habiller très-bien les
femmes qu'il peint : c'est un art assez difficile
que celui-là; peu de peintres le possèdent : regardez plutôt autour de vous! il n'y a que les
hommes de bonne compagnie qui y réussissent.
La tête de mademoiselle de Montpensier est jo-

lie et d'un ton fort agréable ; je voudrais que les chairs en fussent un peu plus souples.

— Dans cet encadrement rond , voilà une bien jolie femme , par M. Decaisne.

— Et elle n'est pas flattée. Cette dame est la femme de M. Amédée Pichot. Ce portrait, de l'avis de beaucoup d'artistes, est le chef-d'œuvre de l'auteur. Je ne me prononcerais pas aussi absolument , mais je le range parmi les très-bons portraits de M. Decaisne, aussi bien que celui de madame Jal, que vous voyez là en robe orange. La tête et la poitrine sont d'un modelé fin et d'une jolie couleur ; ses mains sont dans une demi-teinte que j'aimerais moins bleue. Si ce portrait, que tout le monde a trouvé ressemblant , avait un défaut , ce serait celui de n'être pas assez complétement dans le caractère de la tête italienne du modèle. Mais il y a du charme, de la grâce , et cette manière de voir la nature vaut peut-être l'autre.

— Ceci doit être un tableau de M. Decaisne ; je reconnais son harmonie et son style.

— Le groupe d'Anne de Bolœyn et de sa fille Élisabeth qu'elle presse sur son cœur avant d'aller mourir, est très - expressif. Il y a quel-

que lourdeur dans les personnages accessoires ;
mais la marche du tableau n'en est pas sensi-
blement affectée. Le ton local est grave, convenable au sujet, je pourrais dire dramatique.
Anne de Bolœyn est une œuvre de talent,
sœur de bons ouvrages qui l'ont précédée et
qui ont honorablement placé le nom de M. Decaisne dans l'estime des amateurs.

— Dans la peinture officielle, il me semble
avoir remarqué un portrait de la princesse
Clémentine et un du duc d'Orléans, en costume du premier régiment de hussards : ne
sont-ils pas de M. Decaisne?

— Oui, et tous deux sont bien ; d'autant
plus qu'ils sont faits à peu près de souvenirs. Les princes posent peu devant les peintres, et il faut pour ainsi dire les prendre au
vol ; aussi ne chicanerez-vous pas M. Van-
Ysendick, si la tête de son duc de Nemours
manque de la finesse presque épigrammatique
qui est le caractère de celle du jeune prince ;
si la jambe droite est cassée au genou, la ro-
tule rentrant en arrière comme celle de Poli-
chinelle: l'artiste n'a pas étudié suffisamment
son modèle.

—Les chevaux des princes ne posent pas apparemment plus que leurs maîtres ; car je ne croirai jamais que celui sur lequel M. A. Dedreux à monté M. le duc d'Orléans soit copié sur la nature. Il est en l'air, dansant sur ses quatre jambes un pas que je n'ai jamais vu danser, même aux chevaux de Franconi.

— Cette pose n'est peut-être pas impossible, et je ne crois pas qu'un peintre se fût amusé à l'inventer ; mais il a eu le mauvais goût de la saisir, et c'est ce qu'on ne peut lui pardonner. D'abord, en peinture, comme dans tous les arts, il faut être possible, intelligible ; ensuite, la peinture n'ayant pour elle qu'un moment, il ne faut pas qu'elle choisisse de ces mouvemens exceptionnels, transitoires, dont on attend la fin avec impatience pour examiner à son aise l'être représenté. Je ne me rends pas compte tout de suite de cet étrange saut du cheval de M. Dedreux, et j'ai peur qu'il ne tombe ; je ne puis m'occuper que de cela ; comme d'un danseur qui fait des tours de force, je ne puis regarder que les pieds. L'exécution de ce grand portrait équestre est très-faible : le duc d'Orléans n'est pas ressemblant ;

la couleur est terne et l'effet nul. Tout ceci ne prouve rien, au surplus, contre l'avenir du jeune artiste.

— Savez-vous quel est ce vieillard dont la chevelure rare et blanche monte au ciel comme celle de M. Auguis, le député si célèbre par le nombre prodigieux d'amendemens qu'il a eus de tués sous lui depuis trois ans?

— Quoi! vous ne reconnaissez pas M. Robert? Robert, l'illustre restaurateur de la rue Grange-Batelière, une des gloires émérites de la cuisine, qui, pour n'avoir pas inventé la sauce dont il porte le nom, n'en fait pas moins un des hommes forts de la science culinaire!

— Ma foi, il a un drôle d'air, dans cette bergère jaune, aux larges oreilles, au dossier haut, au ton clair!

— Oui, cet arrangement n'est pas heureux; mais la tête est assez bien modelée. Pour juger de la facture de M. Lecurieux, regardez le portrait de cette grosse dame, au visage épanoui et coloré. Vous voyez qu'il y a assez de largeur.

— Mais un peu de mollesse, surtout dans le dessin.

— Le meilleur des portraits de M. Lecurieux, est celui qu'il a fait de sa femme; il y a
du naturel dans la pose, et de la simplicité
dans l'ajustement. Madame Lecurieux se pro-
mène, un chapeau sur la tête, dans le paysage
de son mari, comme madame de Mirbel se
promenait, en 1831, dans la campagne de
M. Champmartin. L'imitation est heureuse, et
je ne m'en plains pas.

— Voilà qui me paraît bien.

— Bien, en effet; simple, sans prétention,
modelé avec soin, exécuté très-convenablement.
M. Cadeau a tiré un bon parti de l'uniforme
ingrat de la garde nationale en restant naturel
et vrai. Ce capitaine des chasseurs de la neu-
vième légion me paraît bien mieux que deux
ou trois de ses camarades qui sont accrochés là-
haut.

— Ce portrait doit être de mademoiselle
Saint-Omer; il me semble un peu parent de
celui du *colonel Poque*, qui, l'an dernier, nous
a fait passer de si bons momens au Louvre, et
de celui de cette actrice qui traînait sur un
tapis ses charmes à demi nus.

— Vous avez deviné, c'est le même système :

noir, et privé de lumière, et bizarre de pose.

— Mais la pose est assez naturelle.

— Je ne dis pas non; on pose comme cela devant son apothicaire, mais pas devant une femme.

— Oh! la pauvre enfant, qu'elle a de peine à se tirer de ces rochers verts qui l'écrasent!

— N'ayez pas peur, ils ne lui feront pas de mal; vous voyez bien qu'ils n'ont pas la moindre solidité.

— Un portrait d'ecclésiastique; il me semble qu'il est le seul au salon de cette année.

— C'est celui d'un honnête vieillard qui est mort tout récemment, M. l'abbé Leclair, curé de Notre-Dame-de-Lorette. Ce bon prêtre était fort tolérant, fort gai; on l'aimait dans sa paroisse. Nous étions voisins; il venait me voir quelquefois. Il savait bien que nos opinions différaient sur presque toutes les questions; mais jamais, quelque autorité que son âge lui donnât, il n'a cherché à me convertir à ses idées. Son portrait est fort ressemblant.

— L'aspect de ce portrait de femme avec ses longs cheveux bouclés à l'anglaise, sa taille

mince comme ses bras, et son teint espagnol,
me plaît assez.

— Oui, c'est une chose assez originale ; je
crois que cela vaut mieux que les petits tableaux anecdotiques ou du genre familier de
l'auteur, M. Spindler ; cependant j'y voudrais
quelque peu moins de dureté dans le ton. Il
me semble qu'il y a de l'exagération.

— A propos de teint espagnol, avez - vous
remarqué la dame Andalouze, coiffée de la
mantille de dentelle que M. Belloc a exposée.

— Oui, elle est d'un joli ton, d'une exécution fine ; mais elle manque un peu de saillie.
Je préfère le portrait gras et lumineux de madame Blanqui, qui contraste si fort avec celui
de M. Odillon - Barot à côté duquel il est placé.
L'ouvrage capital de l'exposition de M. Belloc
est le portrait en pied d'une dame en robe
verte et en chapeau blanc, qui figure au grand
salon. C'est une des bonnes choses du peintre,
harmoniste et coloriste distingué.

— Je cherchais les portraits de M. Bouchot ;
en voici un, je pense.

— Celui de cette dame groupée avec son
fils ? vous avez raison. Il est bien, ce portrait ;

joliment peint, d'un ton agréable, mais un peu plat ; et puis il ne me paraît pas appartenir en propre à l'auteur ; je trouve là du Belloc, du Decaisne, du Haudebourt, du Saint-Evre. Le portrait tout simple de madame Despréaux, la mère de cette charmante enfant que Talma fit venir, je crois, de la Belgique aux Français pour jouer le roi *Joas*, la petite sœur de la *Fausse Agnès* et *Clistorel*, et que nous avons vue grandir en talent et en grâce, à ce point qu'elle est aujourd'hui une des plus agréables actrices de Paris, au Gymnase, où elle a épousé Allan ; ce portrait me plaît bien davantage, et rien n'y sent la convention ; il est naturel de ton et de pose ; il est modelé sans effort et assez bien dessiné : c'est un ouvrage qui m'arrête toujours au milieu de ce dévergondage de portraits à effet, à gazes, à rideaux, à oiseaux de paradis, à toques de drap d'or, que sais-je !

— Retournez-vous donc pour voir ce monsieur, cette dame et leur chien ; je n'ai encore rien vu de plus comique.

— Je ne sais pas s'il faut juger sur cet échantillon les arts nantais ; mais je suis fâché que

Nantes ne nous ait pas envoyé quelque chose de moins grotesque. Une grande ville dont toute la peinture se résumerait dans un pareil ouvrage serait bien à plaindre. M. Ducornet, qui peint avec les pieds, est dix fois plus fort que M. Blondel de Nantes. Voyez ce portrait du très-fin , très-rusé Sidi Hamden , l'ancien aga des Maures d'Alger ; il a du caractère, et sinon une bien bonne couleur, du moins un coloris raisonnable.

—Ah ! du Kinson ! je n'en avais pas encore aperçu, et cela me manquait.

— Moi, j'en ai tant vu, tant vu depuis quinze ans , que je m'en passe à merveille. Je sais par cœur toutes ses poses , ses chairs qui procèdent de sa faïence et du plomb — matière que je ne saurais définir; — sa couleur d'un gris verdâtre, sa coquetterie d'ajustemens, enfin tout ce qui constitue ses portraits. Je ne m'y arrête pas cette année; cependant je dois un regard aux paysans solognais. Je voudrais m'expliquer cette peinture que j'attribuerais à une vieille femme , si je ne la voyais signée du nom célèbre de M. Kinson. C'est petit , mesquin, sans caractère et sans naturel ; cela veut être

10

naïf, et c'est commun. Et puis quel coloris!
M. Kinson ne peut être comparé à personne :
aussi ce qui serait un malheur pour tout le
monde , lui est indifférent à lui. On a placé ses
petits paysans au-dessus du portrait de femme
qu'a exposé M. Ingres ; qui pourrait résister au
rapprochement? Quel dessin même un peu solide et fin se soutiendrait à côté de cette tête de
femme merveilleuse de pureté , à côté de ces
bras charmans de forme et de ton ? Un élève
de M. Ingres tomberait, M. Kinson résiste ;
qui que ce soit ne songe à faire la comparaison. C'est un peintre fort , un peintre à part;
il a une grande renommée , une grande clientelle , de grands louangeurs ; j'espère aussi une
grande aisance ; je ne veux plus m'inscrire en
faux contre l'admiration de tous, et j'ai un
grand regret à l'opinion que j'émettais il y a
deux minutes sur les portraits et sur les solognais de M. Kinson. Une chose me frappe, c'est
que M. Kinson , dont je n'avais jamais vu que
des peintures de portrait, s'élève à l'histoire, à
l'histoire un peu vulgaire si vous voulez, mais
enfin à l'histoire. Il a voulu suivre l'exemple
de M. Paulin Guérin, qui fait de l'histoire à son

temps perdu, et qui la fait mieux que M. Kinson ne la fera probablement jamais. Entre le portrait en pied de M. l'amiral Truguet et celui de M. Hyde de Neuville, l'ancien ministre de la marine, M. Guérin a fait un tableau représentant la peste de Marseille en 1720, et le chevalier Rose enterrant les morts. J'en suis fâché, mais ce n'est pas là de bonne peinture. Sous le rapport de la composition, que dire de tous ces corps coupés par le cadre? Que dire du personnage principal, si mesquin et en même temps si lourd ? Que dire de ce grand cheval qui vient on ne sait pourquoi sur cette esplanade ? Quant au coloris et à la facture, il y a des choses estimables, mais voilà tout. La gloire de M. Paulin Guérin ne se fondera pas sur ses tableaux, quoiqu'il ait fait *Caïn*. Il est portraitiste distingué. Dans le genre des portraits il a fait de belles choses : Nodier, l'abbé de La Mennais et quelques autres. Son amiral Truguet est bien ; il a saisi à merveille le caractère de ce vieil officier-général, doyen de nos amiraux, jeune et fort septuagénaire, d'une petite taille, droit, brillant de santé, propre, encore élégant, vif, dispos, à qui vous donneriez soixante ans à peine. La perruque soigneusement marronnée de M. Truguet est un peu trop également touchée ; la boucle coquette qui vient au milieu du front est un peu grosse; il y a trop de perruque enfin dans cette perruque qui veut être une chevelure naturelle , tant l'amiral l'a fait faire avec soin par l'artiste coiffeur qui a sa confiance! La tête est pleine de force et de vérité ; le mouvement du corps est naturel. L'artiste a fort bien compris son modèle, et le fait bien comprendre au public. Le portrait de M. Hyde de Neuville me paraît inférieur à celui de l'amiral Truguet ; il a pourtant une expression juste , de la ressemblance ; mais la couleur n'en est pas agréable. M. Paulin Guérin a représenté M. Hyde de Neuville en costume de ministre ; il a bien fait : M. de Neuville a laissé de bons souvenirs de son passage à la marine. C'était un homme de bien et de bonne volonté ; il aimait la marine et la comprenait ; il avait des intentions excellentes pour l'avenir de ce corps qui lui a gardé de la reconnaissance. M. Hyde de Neuville fut équitable, et répara des injustices que l'esprit de parti avait commises au détriment de bons officiers. Il ne faut pas oublier ces choses-là. Le peintre a montré dans le fond un bâtiment, et a assis le ministre à un bureau. Tout cet arrangement manque de logique : c'est au surplus, un défaut qu'on peut reprendre dans plus d'un des portraits historiques qui figurent ici. Dans quelle ville est le ministre ? Ce n'est pas à Paris probablement, car tout ce que, de son cabinet, il pouvait voir d'eau, c'était la Seine paisible, portant quelques bateaux de pierres et de charbon. C'est donc dans un port? et le ministre en costume attend donc la visite des autorités de l'endroit? Cela avait besoin d'être éclairci par une date constatant un fait. Je ne crois pas que M. de Neuville ait visité les ports pendant son ministère. S'il est resté à Paris, il fallait le représenter dans son cabinet et l'entourer de modèles de navires, de machines propres au service de la marine, de cartons étiquettés, de budgets. — M. Paulin Guérin a fait son propre portrait. Je crois que le désir d'arriver à un effet très-ferme lui a fait exagérer les lumières blanches qui diaprent la couleur de son visage.

— Il y a de la vigueur dans les portraits

de M. Ronillard, et en général un ton vrai quoique un peu rougeâtre. Etes-vous de cet avis ?

— M. Ronillard a une des bonnes réputations de la peinture de portraits; il a fait de bons ouvrages. La tête fort ressemblante et très-individuelle du maréchal Grouchy est bien modelée et ferme; mais je trouve un peu d'exagération dans l'ensemble de l'effet. Je n'aime pas le cheval blanc ébouriffé, qui a l'air d'une sculpture du temps de Louis XV; je n'aime guère non plus le ciel de ce tableau; je trouve la main d'une forme désagréable et durement ombrée de noir. Un hasard assez singulier a placé le portrait du maréchal Grouchy en face de celui du maréchal Gérard; quand je les vois là l'un et l'autre, j'ai peur d'entendre recommencer cette discussion, qui nous occupa pendant quelques mois avant la révolution de juillet, et partagea l'opinion publique sur la conduite du général Grouchy à Waterloo. Mais, ici chacun est occupé de son affaire, le maréchal Gérard devant Anvers, le maréchal Grouchy sur je ne sais quel champ de bataille; j'espère qu'ils ne descendront pas de leurs cadres. — Le portrait de l'amiral Verhuell est une bonne chose, simple, large et solide. Il n'y a ni affectation de lumière, ni recherche d'effet. M. Camille Paganel, le nouvel historien du grand Frédéric, est parfaitement ressemblant dans cette peinture de M. Ronillard, qui a toutes les qualités que je viens de vous signaler dans le portrait du brave M. Verhuell.

—Le portrait du maréchal Gérard, que vous regardiez tout à l'heure, me paraît un peu mou.

— Plutôt rond que mou; d'ailleurs ressemblant. M. Larivière a déjà donné des gages de talent dans sa *Peste de Rome,* sous le pontificat de Nicolas V, exposée en 1831. Il n'a pas fait de tableau cette année. Encore un artiste qui comprend que la peinture historique n'a plus les grandes chances qu'elle avait jadis; il s'adonne au portrait. Etait-ce bien la peine qu'il allât à Rome !

— L'école de Rome devient inutile, si les pensionnaires renoncent aux hautes études après leur retour en France.

— Elle est inutile depuis long-temps. Si le budget peut pensionner quelques élèves qui

auront montré ces belles dispositions auxquelles on reconnaît les futurs grands artistes;
— et il importe qu'il le fasse — qu'on ne les as-
treigne pas à aller passer cinq ans à Rome;
qu'on leur donne au contraire la liberté de
voyager où ils voudront; que celui-ci puisse
aller à Amsterdam ou à Anvers, s'il a du goût
pour la peinture hollandaise; que celui-là aille
étudier en Espagne, s'il se sent du penchant
pour Murillo, Vélasquez ou le Ribeira; que
cet autre aille en Angleterre voir Reynolds, à
Florence ou à Venise voir Raphaël, Jules Romain, Titien ou Paul Véronèse; mais, pourquoi Rome, toujours et rien que Rome? Cette
exclusion est fâcheuse; elle tend à jeter tous
les talens dans la même direction, à les con-
taindre, à les modifier, à les abatardir. C'est
une mauvaise chose; il n'y a qu'à voir ce que
ce système a produit. Rappelez-vous tout ce
qui est allé à Rome depuis vingt ans, et dites
ce qui en est revenu? à quelques exceptions
près des hommes médiocres. Et c'est la faute
de ce mode d'éducation obligée. Apprenez aux
élèves à dessiner et à peindre, puis laissez-leur
la liberté de la pensée.

— Ce général Rumigny n'est-il pas aussi de M. Larivière?

— Oui, et je le trouve mieux que le maréchal.

— Fort ressemblant, bien qu'un peu trop fleuri; mais l'air ouvert, gai, loyal et bon enfant, comme on dit.

— Quel est ce général républicain de l'armée d'Egypte?

— Le général Rampon, au siége de Saint-Jean-d'Acre, par M. Couder.

— La tête est un peu commune et d'une faible exécution; le reste n'est pas mal.

— Ce M. Couder est-il l'auteur d'un tableau qui a attiré la foule, et dont les sujets sont empruntés au roman de Victor Hugo?

— C'est lui. Il partage avec M. Orsel le prix pour la beauté du cadre; peut-être même son cadre à ogives, à compartimens, à ornemens gothiques, à figures d'animaux, est-il plus beau que celui de M. Orsel. Par compensation, la peinture de M. Orsel est meilleure que celle de M. Couder.

— Ce n'est pas ce que semble constater la présence des spectateurs devant les deux ou-

vrages. M. Orsel est peu couru, on fait queue
devant M. Couder.

— La différence des sujets fait ce que devrait faire la différence des mérites. M. Orsel,
copiste des vieux maîtres, a peu d'attraits,
pour cela d'abord, et ensuite parce qu'il n'y
a rien que de très-chaste dans son œuvre;
M. Couder a représenté la Esmeralda aux prises
avec l'amour brutal du capitaine Phœbus, et il
a attiré tout le monde. *Antony* — Je ne compare pas M. Dumas, l'auteur le plus réellement
dramatique de ce temps-ci, à M. Couder, peintre froid sous l'effet vigoureux qu'il cherche.
—*Antony* a attiré plus de monde à la porte
Saint-Martin que *Britannicus* n'en attirera
d'ici à quinze ans à la Comédie française, à
moins qu'un autre Talma ne se présente. Notez
bien, je vous prie, que je ne compare pas non
plus M. Orsel à Racine. — Dans l'ouvrage de
M. Orsel, il y a des parties estimables : la figure du père éternel dans le tableau du cintre,
celle de la fille arrachée par le diable de la présence de Dieu; cette même figure dans le tableau du cintre; le reste me semble plus remarquable par l'absence de défauts saillans

que par la présence des bonnes qualités. C'est
un tableau de dessinateur, et le dessin n'est
pas partout d'un caractère assez élevé.

— La pensée du poème est bonne du
moins.

— Oui, morale, honnête comme une de
ces conférences religieuses du carême, où l'église
élève deux chaires l'une en face de l'autre, la
chaire du diable en opposition avec celle du
Christ, à la condition très-expresse que le
diable s'arrangera pour donner des répliques
aux mouvemens d'éloquence de l'apôtre, et
présentera des argumens philosophiques sans
valeur et facilement réfutables. Le tableau de
M. Orsel dont on n'a pas besoin dans un musée
où l'on a quelques vieux maîtres, serait fort
bien placé dans le réfectoire d'un pensionnat
de jeunes demoiselles. M. Orsel est un peintre
consciencieux, dévoué aux études du haut
style; il a le tort de se faire imitateur quand il
pourrait être original. Je l'aimais mieux inspiré par le goût simple de l'école romaine et
produisant tout seul son *Moïse présenté à Pha-*
raon, que copiste des peintres secs du quinzième
siècle, et nous donnant *le Bien et le Mal*, dont,

soit dit sans jeu de mots, il y a , au surplus , peu de mal à dire et assez de bien.

— Nous nous éloignons des portraits ; mais il en est ainsi de toutes les résolutions humaines : ce qu'on se propose n'est pas ce qu'on exécute toujours. D'ailleurs, rien d'impérieux ne nous contraint à suivre telle marche plutôt que telle autre. Nous nous laissons aller au courant de la conversation, comme sur un fleuve, à l'aspect des rives pittoresques dont chaque canton a son souvenir historique, causant, divaguant , se rappelant, on se laisse aller au fil de l'eau. Je vous demande pardon de la comparaison un peu prétentieuse, classique....

— Et longue, car vous voilà tout essouflé... Voulez-vous que nous revenions aux portraits?

— Puisque nous en sommes à la vieille peinture moderne, donnons un coup d'œil aux tableaux de MM. Périn et Dassy.

— M. Périn est plus fort que M. Orsel; M. Dassy a un talent qui ne le cède guère à celui de M. Périn. Tous deux marchent dans la voie des imitations serviles, et s'ils la suivent avec cet amour, cette bonne foi qui les y a poussés , ils ne laisseront aucun nom dans les arts.

Un avenir leur était promis cependant à cette époque où la passion de la couleur a mis le pinceau à la main de tant de jeunes gens qui n'ont fait aucune étude. Les pochades ne peuvent avoir qu'un temps ; on reviendra — et déjà la réaction s'opère — on reviendra de ces échantillons de palette qui fascinent l'œil, et ne parlent en définitive ni à la raison , ni au goût , espèce de prismes solaires qui brillent , éblouissent , mais qui échappent par la forme à toute analyse, ne laissant d'autre trace dans la mémoire que celle qu'y laisserait un feu d'artifice. Tout homme qui a un talent solide , un style pur et élevé, de la philosophie, de la gravité, doit avoir une action prochainement sur l'école et le public, mais il faut pour cela qu'il ait une originalité réelle. Le public aime les vieux tableaux qui sont vieux , mais non pas ceux d'hier. Toute grimace, toute affectation , lui déplaisent ; il court volontiers au nouveau, mais il faut que ce nouveau ne soit pas un réchauffé de quelque vieux système. Les conventions, qui ne sont qu'un retour à d'anciennes formes , à des idées dépassées, n'ont et ne peuvent avoir qu'un moment. Voyez ce qui est

arrivé aux artistes dont la manie, plutôt que
la vocation, fut de reprendre l'art à son enfance en lui donnant un accent coloré : ils em-
pruntèrent aux manuscrits des quatorzième et
quinzième siècles le dessin et le style; leurs
figures, pastiches grotesques des peintures de
ce moyen âge, qui n'avait pas la science, mais
au moins la naïveté, ils les chargèrent de couleurs systématiques, volées aux Vénitiens, aux
Hollandais, et aux Anglais modernes. Leur ton
plut d'abord beaucoup; mais ensuite on voulut voir ce qu'il y avait sous ce masque, et l'on
y trouva en général des formes maniérées, affectant la simplicité qu'elles n'ont pas, et dénonçant l'ignorance du dessin. Le public ne
fait guère de différence entre les gauches imitateurs de Giotto et d'Albert - Durer et leurs
plus habiles copistes; il s'éloigne des uns et des
autres. Ainsi, les derniers qui savent dessiner,
et ont fait de sérieuses études, peuvent le rappeler à eux en prenant le sage parti de devenir
individuels; les autres qui ne savent rien, et
presque tous les exagérateurs de Delacroix
sont dans ce cas, disparaîtront successivement
de la scène sans laisser aucune mémoire. Quand

MM. Périn et Dassy voudront faire autre chose que *Tobie* et *la Charité*, ouvrages où le mérite est incontestable, ils prendront une belle place dans les arts. Hâtons-nous maintenant de terminer notre revue des portraits.

— Celui-ci me paraît à merveille.

— D'abord il est fort ressemblant ; c'est celui de feu M. Schœlcher, le marchand de porcelaine de la rue Grange-Batelière, le père de M. Victor Schœlcher, dont vous avez vu le portrait peint par M. Decaisne, et dont voilà contre la porte du salon un charmant portrait dessiné par M. Henriquel Dupont.

— Charmant en effet, large et plein de caractère; moins fin cependant de dessin que les deux jolies têtes de femmes au pastel qui figurent à côté sous le nom du même artiste.

—Le portrait de M. Schœlcher est de M. Sigalon. C'est de la peinture large, ferme, d'un ton simple et vrai. J'y reprendrais un peu de raideur et quelques touches dures dans les ombres les plus fortes; mais elles disparaissent quand on regarde à l'effet cet ouvrage qui présente un bel ensemble. Avez-vous remarqué, en entrant dans le salon carré, le premier tableau à droite, où un jeune faune caresse une nymphe étendue sur le gazon, et rit des mines fâchées que fait l'Amour enchaîné près d'eux?

— Sans doute; mais les sujets érotiques, anacréontiques dans le style de l'Albane ou du Corrège, ne me captivent pas long-temps. J'ai regardé, et la seule impression qui m'en est restée, c'est que ce tableau vaut mieux qu'aucune des choses nues qui sont ici. Il me semble qu'il y a plus de vie et de charme.

— Il y a de la grâce sans afféterie, quoiqu'on ait comparé cette peinture de M. Sigalon à celle de Boucher; il y a surtout une charmante couleur, solide et brillante, pleine d'agrément et de goût. Si le dessin était plus pur, si le contour n'était pas vivement cerné par des bandes colorées, il n'y aurait aucun reproche à adresser à cette production d'un de nos artistes les plus originaux, qui a le sentiment des arts élevés et qui ne s'est pas fait coloriste parce que la mode était à la couleur.

— Le portrait de femme qui nous présente ses deux enfans me paraît vrai.

— C'est celui de madame Rouget avec sa

jeune famille, par M. Rouget. Madame Rouget est une belle personne, dont le peintre a
peut-être chargé le caractère pour lui donner
l'air grave et sévère. Ce morceau présente de
belles parties d'exécution, de la finesse dans la
couleur ; mais il manque de distinction dans
la forme. C'est aussi le défaut capital de l'immense tableau, pâle et blafard de ton, où
M. Rouget a représenté l'*Abjuration d'Henri IV*. Ses figures sont d'un style trop bourgeois ; elles ont de la lourdeur, une expression
vulgaire. Il en est quelques-unes cependant
qui sont fort bonnes ; celle de l'archevêque de
Bourges, par exemple. M. Rouget a une main
très-habile, mais son imagination calme n'en-
fante pas ces œuvres chaudes qui vont à un
temps d'agitation : ce serait le peintre d'une
époque heureuse ; il est trop bon homme,
maintenant que les arts se débattent au milieu
des opinions violentes, et que, pour se faire
remarquer ils sont obligés de se passionner, et
de crier haut et fort. Et puis il faut dire une
chose vraie, la peinture a fait des tentatives ;
elle a marché, et M. Rouget, comme M. Mau-
zaisse et d'autres artistes de la même école, en

sont restés où ils étaient arrivés en 1819. Je ne sais s'ils ont eu tort ou raison ; mais ils parlent une langue qu'on ne parle plus guère, et ils s'étonnent qu'on ne les comprenne pas ! Dans les siècles de transitions, il n'y a que deux partis à prendre : marcher quand tout le monde cherche en marchant, ou demeurer stationnaire, et contraindre tout le monde à venir tourner autour de soi. Ce dernier est le plus fier, le plus courageux, mais il faut être d'une forte constitution de talent; il faut avoir du génie pour s'y fixer avec espoir de succès.

— Notre séance a été longue; il faut que je vous quitte. A demain, s'il vous plaît.

VII

M. Arago aîné. — M. le capitaine Faure. — M. Gigoux. — Madame Marie Ménessier. — Le général Dwernicki. — Le comte Ostrowscki. — Le lever de madame Dubarry. — Le maréchal - ferrant. — Henry IV chez Gabrielle d'Estrées.

Les deux mêmes interlocuteurs.

— Il nous reste encore bien des choses à voir, monsieur; hâtons-nous. Ne nous arrêtons pas long-temps au portrait du maréchal Ney, par M. Martin-Langlois; je l'ai bien vu: je le tiens pour un des meilleurs portraits historiques de cette exposition. Dessin noble et solide, expression, mouvement; je loue volontiers tout cela. Il n'y a qu'une chose qui ne me paraît pas bonne: c'est le cheval grisrose que je vois dans le fond. Je suis fâché aussi que le peintre ait fait nues les mains du maréchal; il fait bien froid là pour que cette dénudation soit raisonnable.

— Vous avez raison; mais M. Langlois n'a pas tout-à-fait tort. Il trouvait une occasion de dessiner des mains, il l'a saisie, et je ne lui en sais pas mauvais gré, au contraire, car elles sont belles. M. Langlois est un élève de David. Il a entendu dire par les élèves de M. Ingres que l'école de David ne dessine plus, et même qu'elle n'a jamais dessiné; il a voulu prouver qu'un tel jugement est passionné ou aveugle, et il a fait le maréchal Ney dans la donnée du dessin.

— Cette grosse dame en manchon est bien.

— Elle est de madame Haudebourt-Lescot, qui cette année n'a donné que des portraits; mais ces portraits sont bons. Voyez là-bas cette dame âgée avec son petit-fils; voyez ce jeune homme qui rappelle un peu par la pose et l'éclat du ton le petit Lambton de Lawrence; cela est tout-à-fait digne d'éloge. Madame Desnos n'a pas le talent facile et brillant de madame Haudebourt; mais vous ne passerez pas devant le portrait de madame G..... sans y jeter un regard de satisfaction. Simple et vrai, voilà ce qu'on peut dire de cet ouvrage. Ne regardez pas ce portrait de femme en bonnet rond et en robe vert foncé; c'est commun, et la peinture commune n'affriole pas les gens de goût. M. Cornu a cependant fait des progrès, depuis qu'il s'est détaché de cette pauvre école de Lyon, dans les voies de laquelle marche encore, mais je crois tout seul, M. Genod qui a fait une petite femme de fer-blanc peint, priant pour un enfant de marbre colorié : triste fruit d'une mauvaise éducation pittoresque et d'une ville d'où le sentiment de l'art est tout-à-fait absent.

— Je croyais que l'école de Lyon s'était modifiée.

— Une nouvelle succédera peut-être à l'ancienne, si M. Bonnefond réussit à planter la foi à Lyon ; mais j'en doute. Lyon n'aime pas les arts ; c'est une ville vaniteuse qui est un peu comme étaient les fermiers-généraux autrefois, riche, et pensant avoir des produits d'art, seulement parce qu'elle est riche ; mais ne s'y connaissant pas du tout, aimant le petit, le poli, le léché, le maniéré, l'étroit, le fini ; ne comprenant pas le grand, le large, l'élevé ; assez semblable d'ailleurs, sous ce rapport, à presque toutes les villes de France. Lyon est fier d'avoir une école ; mais à l'exception de deux ou trois amateurs éclairés, personne n'y juge sagement les produits de cette école. Quand Bonnefond, qui avait un pied dans le précipice, s'en retira pour aller à Rome, on ne comprit pas cet accès de bonne résolution; on le taxa de folie. « Un homme qui est parfait, disait l'un, il va se gâter à Rome ! C'est une envie de découvrir, disait l'autre : ces peintres sont des mauvais sujets qui ne peuvent tenir en place; il faut qu'ils trottent et dépensent de l'argent. Bonnefond est devenu fou ! » A Rome, il a pris un corps, il s'est fait peintre. On n'a pas senti cela à Lyon. On a vu ses tableaux, on les a trouvés jolis, voilà tout. Et c'est tout simple; Lyon a d'autres idées. C'est une ville importante pour le commerce et l'industrie : n'allez pas chercher plus loin son éloignement pour les arts libéraux. Lyon ne peut pas plus avoir de peinture que de littérature; elle peut avoir des journaux bien faits, une polémique utile, des savans, des hommes habiles à dessiner l'ornement, les fleurs et le papier peint : des peintres, des poètes, des gens de lettres, point. Il n'y a qu'un foyer pour les arts en France; c'est Paris. La faute n'en est pas à Paris, mais aux départemens qui s'enferment dans un positif desséchant, et ne donnent que le moins qu'ils peuvent à l'imagination. Aussi, quand un homme de province se sent une faculté d'art, il fuit sa ville natale et vient à Paris, où il trouve des intelligences ouvertes pour le comprendre, des connaisseurs pour l'apprécier, des âmes ardentes ou tendres pour se plaire à sa poésie ou à sa peinture, des gens riches et amateurs pour l'encourager. Bonnefond ne restera pas à Lyon, ou il y végétera, y perdra son talent si courageusement acquis, et finira par y vieillir oublié. Il a cinq mille francs pour diriger l'école; mais l'école est un non sens dans une ville qui a si long-temps adoré celle de M. Revoil, et qui, au fait, n'a besoin que d'un professeur de dessin appliqué à l'industrie manufacturière. Ces cinq mille francs attachent le peintre à un emploi qui lui devient déjà onéreux. Voyez, cherchez partout, furetez dans ces vastes galeries, pas une toile au nom de Bonnefond : voilà donc dix-huit mois de perdus, et après ceux-là d'autres. Il faut qu'il vienne ici plus tôt que plus tard, ou je crains pour lui. Il faut aussi que M. Guindrand, — vous voyez là un grand paysage de lui, dont les devans sont largement traités,—il faut qu'il quitte Lyon aussi. Je dirai la même chose à M. Biard, qui a fait de grands progrès, parce qu'il est sorti de Lyon pour aller étudier la nature puissante de l'Orient. A Paris, il perfectionnera son talent ; peintre de genre spirituel, il apprendra ici à proportionner sa toile à l'importance de ses sujets, à renfermer dans une petite page, comme faisaient Bamboche et Téniers, ces épisodes burlesques de la vie des comédiens ambulans, qu'il a rendus avec une grande verve comique ; à ne pas donner au spectacle d'une maison de fous, l'Antiquaille de Lyon, un développement qui met en lumière sa facilité et son esprit, mais qui divise le drame ; à agrandir au contraire certains sujets sans élargir la toile, en supprimant, par exemple, deux ou trois figures dans son tableau, d'ailleurs fort bien, du *Semoun*, afin que le danger paraisse d'autant plus réel que l'isolement serait plus grand. Des avis ne lui auraient pas manqué ici pendant son travail ; il était presque seul à Lyon, et il a fait épouser toutes ses idées à ses amis. M. Biard s'est très-bien placé cette année dans l'opinion des artistes et des amateurs : on a remarqué la vérité de sa couleur dans ses scènes empruntées à l'Afrique, son dessin assez correct, ses groupes bien agencés, son coloris simple dans son tableau de l'Antiquaille, la vivacité de son imagination, éveillée par Callot et le Roman comique de Scarron dans ses comédiens ambulans; on le compte enfin parmi les hommes de talent qui ont un avenir, s'ils veulent. M. Cornu, dont je parlais tout à l'heure, est auteur de deux petits tableaux; je n'en ai trouvé qu'un dans ce grand chaos numéroté : c'est *le Repos du Moissonneur*, lourd et gris, sans qualités saillantes comme sans défauts essentiels.

§ — Je vous demande à rire un peu avec cette jeune dame qui réfléchit gaîment sur les poésies qu'elle vient de lire.

— Et moi, je vous demande la permission de ne pas regarder ce portrait maniéré et vulgaire tout à la fois, cette figure couperosée, tachetée, qui ne me donne pas l'envie de faire connaissance avec le talent de M. Vienot. Vous n'avez pas la moindre espérance de m'arrêter non plus devant les cinq grotesques peints par

M. Derouge ; il est impossible de voir rien de
plus laid que les cinq faces humaines inven-
tées d'après nature par cet artiste. Ce quintuple
portrait déparerait une loge de portier de
la rue du Colombier.

— Un regard à ce vieillard assis, vêtu du petit costume de pair.

— C'est un portrait fort estimable de M.
Vauchelet; il représente M. Rousseau, le doyen
des maires de Paris , octogénaire encore plein
de vigueur.

— M. Vauchelet! l'auteur d'un certain Adam
à la feuille de choux !

— Justement , il a fait cette année un tableau du genre familier que je vous recommande comme une jolie chose. L'expression
en est touchante et l'effet simple. C'est un
drame intéressant , dans le goût de celui de la
pauvre famille de Prudhon , et bien exécutée.
Trois figures : Une jeune fille souffrante étendue dans son lit ; sa sœur assise sur une chaise,
où elle dort , après avoir passé la nuit auprès
de la malade; un enfant , la troisième sœur
sans doute, dormant sur les genoux de cette
dernière.

— Tiens, Merlin de Thionville!

— Oui, par M. Sentis. Je le retrouve bien dans cette peinture ; cependant je voudrais que l'artiste eût fait la tête plus forte ; cette tête de Merlin, où il y a du lion et du taureau, tête encore puissante , énergique, comme elle le fut à la Convention. Ces deux jeunes femmes qui sont devant Merlin ne sont pas heureusement rendues.

— Ma foi , je les aime presque autant que cette grande demoiselle de madame Tripier-Lefran, née Lebrun, comme elle l'a écrit dans le coin de son tableau.

— Qui ? Cette personne , longue , maniérée, kinsonnée? Je le crois bien.... Tenez, voilà une très-jolie chose , cette jeune personne en robe lilas par M. Etex. Le dessin de la tête est plein de finesse ; les étoffes sont largement taillées ; la couleur est un peu grise, je crois. Vous retrouvez ce défaut dans presque tout ce qui est sorti de l'école de M. Ingres, et c'est dommage , parce qu'il y a d'ailleurs un mérite solide ; mais le système et le besoin d'exagération qui presse tous les systématiques à la suite ! Les ingristes poussent la donnée de leur maître

jusqu'à ses dernières conséquences ; M. Ingres
est fort indifférent pour la couleur : eux la mé-
prisent ; ils affectent un ton qui ne tient pas à
la nature, ils se font une vérité de convention,
une vérité froide , généralement plate, réduite
à la forme qu'ils épurent jusqu'à la sécheresse.
Il en est un pourtant qui ne s'est pas brouillé
avec la grâce : ce n'est malheureusement pas le
plus fort; c'est M. Bourdon , l'auteur d'un portrait d'une dame en robe grise , assise devant
un chevalet, où elle dessine, et réfléchie par une
glace placée à sa gauche. La pose est jolie; le cou
et le dos sont charmans ; la robe est peinte avec
beaucoup de soin ; mais la tête et la main sont
faibles, et puis tout cela est dans cette harmonie grisâtre dont je parlais. Un autre portrait
par M. Bourdon, auquel je ne vois que ce ton à
reprocher , c'est celui que vous voyez là-haut,
d'une dame aux cheveux châtains-clairs, à la
robe blanche, à la ceinture bleu-de-ciel, dont
la tête penchée légèrement à gauche est jolie:
ce que je n'ai pu dire encore d'une tête de femme
sortie de l'école ingriste. Le plus fort des élèves
de M. Ingres , j'entends de ceux qui suivent le
maître et adorent la trace de ses pas , comme

disait le poète Latin, c'est M. Amaury-Duval. Voici son portrait par lui-même. L'exécution en est fort bonne et le dessin très-pur ; mais je trouve que les cheveux manquent de lumière, et que le ton n'est ni suffisamment vrai , ni suffisamment brillant. Le portrait de femme, madame D., que voilà là-bas est une chose originale.

— Oui , il a l'air d'être arrivé par le dernier convoi de la Chine. Quelle pâleur! quelle absence de saillie ! ce n'est point du tout agréable à voir.

— Mais c'est intéressant à étudier. Braquez votre lorgnette sur cette peinture que j'ai beaucoup examinée, et dont je puis vous indiquer toutes les qualités, ensevelies sous la teinte systématique qui vous repousse. Voyez d'abord : la silhouette est d'une élégance....

— Peut-être affectée dans certaines parties qui vont jusqu'à l'angulosité.

— Voyez ensuite le modelé d'une délicieuse finesse. Il n'est guère possible de trouver quelque chose de plus précieusement fait, que la poitrine , le front , les joues et les mains.

— D'accord ; mais pourquoi cette bizarrerie

dans le choix des couleurs des étoffes qui re-
vêtent et entourent cette dame?

— Pourquoi? C'est apparemment pour que
des tons foncés ne viennent pas pâlir encore
ce visage si pâle, et ne rejettent pas plus loin
dans le fond une tête qui n'aspire pas assez à
venir en avant. Le portrait de madame Du...
est un morceau d'étude plein de talent à la
fois et d'exagération. M. Amaury-Duval a
cherché autre chose dans le portrait de madame Emma G..., mais il n'a pas réussi. Les
yeux sont ouverts d'une manière désagréable,
la bouche grimace en riant, les cheveux sont
lourds et durement peignés sur le front; cette
tête est sans grâce, et vous ne diriez jamais, à
la voir, que l'original est très-gracieux et ne
porte pas perruque. Cependant, il y a ici un
talent d'exécution remarquable comme dans
tous les portraits du même auteur. Un ouvrage
de M. Duval que je recommande à votre attention quand vous irez voir les dessins, c'est un
portrait dessiné, tellement plein de qualités,
qu'on peut le comparer aux ravissans portraits
que M. Ingres a faits dans ce genre. M. Amaury-Duval n'a pas encore abordé la peinture

historique : il serait fâcheux qu'il restreignît ses études solides à un genre, qui grandit beaucoup à la vérité aujourd'hui, et a suffi à l'illustration de plusieurs artistes anciens et modernes, mais qui ne doit pas exercer sur l'école française la haute influence que l'ingrisme espère de son système. C'est dans les compositions qu'un peintre montre sa science, et prouve qu'il a observé la nature dont il faut qu'il reproduise la forme modifiée par les passions. Les portraits de M. Bremont ne sont pas fort inférieurs à ceux de M. Duval. Messieurs P. et J., le premier debout et appuyé sur une canne, — la canne est un des accessoires presque obligés des portraits ingristes, bien que M. Ingres ne l'ait pas inventée — l'autre assis dans un fauteuil. M. P. est plus gris que M. J.; M. J. est plus saillant sur la toile : en résumé, ce sont deux bons ouvrages dans la donnée de l'école d'où procède M. Bremont. Une chose de M. Bremont que je n'aime pas, c'est le portrait de madame E... que vous voyez assise, les bras croisés, entre deux rideaux droits — un de plus qu'il n'est d'usage d'en mettre, aux termes du protocole ingriste, article du rideau de fond — les cheveux défrisés à l'anglaise, le dessous du nez barbouillé d'une touche noire, qui a l'air d'une couche épaisse de tabac, toute la face sèchement accusée, et dessinée un peu anguleusement, comme presque toutes les têtes du tableau (*épisode de* 1814) exposé par M. Bremont. Dans ce tableau qui n'est pas sans mérite, je n'estime réellement que la jeune fille cherchant un refuge auprès de sa mère, et le groupe d'une vieille femme avec un petit enfant. M. Perlet n'est pas encore aussi habile que MM. Bremont et Duval; la *Esmeralda* écrivant avec sa chèvre le nom de Phœbus, a des qualités sans doute, mais pas celles que le sujet réclamait impérieusement : la grâce, la jeunesse et la beauté. La tête pensive de la bohémienne devait être jolie, elle est maigre, sèche, sans idéalité, comme serait celle d'une grisette malade. Le portrait d'homme en vêtement du moyen âge, est assez lumineux et d'un ton agréable. M. Popleton, outre quelques-uns des défauts de ses camarades; il est complètement sans relief et sans charme.

— Mais, M. Ingres est-il bien content de tout cela?

— Je ne sais, et franchement, je ne pourrais croire qu'il en fût satisfait; je suis convaincu qu'il est embarrassé de sa queue, comme Delacroix de la sienne, comme tous les chefs de parti de la leur. La queue vous pousse, elle exagère vos idées jusqu'à les défigurer, mais vous n'osez la désavouer ouvertement, parce que vous craignez de rester tout seul; il est si doux de voir son nom inscrit sur une bannière! Demandez à M. Ingres, à tel écrivain politique, à tel tribun, ce qu'ils pensent de ceux qui les suivent, ils vous répondront à l'oreille : « Ils me gênent; ils me font porter la responsabilité de leurs fautes ; ils me compromettent, je ne sais comment m'en débarrasser. »

— C'est la faute de M. Ingres. Artiste exclusif, il est professeur exclusif; il a dû faire des enthousiastes, parce qu'il est éminent dans l'art, parce qu'il est éloquent, parce qu'à l'exemple du prêtre catholique il rétrécit le paradis pour le rendre plus désirable, il déclare mortel jusqu'au plus petit péché véniel, il crie : « hors de mon église, pas de salut! » Avec cela, on mène loin les imaginations ardentes, on fait des fanatiques; et puis on est dépassé, non pas en talent ou en foi; mais en doctrines, et l'on donne son nom à une religion dont on serait bien fâché d'être l'apôtre.

—Avant de nous retirer, et j'avoue qu'il en est temps, car voilà trois grandes heures que nous rôdons dans ces salles énormes, sans nous être reposés plus de quelques minutes à différens intervalles; avant de nous retirer, il faut que je vous signale quelques ouvrages encore, car je voudrais finir avec vous cette revue de portraits. Levez la tête et regardez cette dame grasse, vêtue d'une robe dont la couleur tient du violet et de ce beau rouge qu'ont certains fruits, la cerise à l'eau-de-vie par exemple; c'est l'ouvrage d'une demoiselle; il vaut mieux que beaucoup d'ouvrages d'hommes , sans compter la *courtisane* du 14e siècle par M. Devilliers , le *duc de Bourbon* de M. Delaval.—Il y tient à ce pauvre vieux défunt duc! — Le portrait de M. Brigonet par M. Fournier de Berville , la couleur tapageuse de M. Magimel, le portrait de M. D. par M. Maricot ; le portrait jaune et horriblement grimacier de M. R. par M. Charon ; sans les compter , dis-je, ou en les comptant. Made-

moiselle Allart est une personne de goût, qui
aime beaucoup la peinture et la fait comme
vous voyez. Ce portrait et celui de M. Vatout
sont bien ; mais vous leur préférerez peut-être
comme moi celui d'une jeune personne, un peu
pâle, la fille, je crois, de M. Henri Duval. Cette
manière est bien simple, sans recherche ; mademoiselle Allart ne veut pas se faire plus grande
qu'elle n'est ; elle sent bien qu'elle n'est pas fortement coloriste, aussi se tient-elle à une peinture modeste, sage, consciencieuse, qui va tout
doucement de progrès en progrès ; elle tend à
épurer son dessin en l'affermissant, et cherche le
ton sur une palette tranquille, et l'ira peut-être
prendre plus tard dans ces combinaisons de
force et de finesse , de transparence et de chaleur où puise madame Hugo , auteur de cette
tête très-agréable d'une *jeune Grecque*, que je
regrette de ne pas trouver assez bien ensemble.
Puisque nous voilà dans les talens de femme ,
voyez ce portrait de madame Rang par madame
Rang ; joli ton, peu de saillie dans le clair
obscur ; ouvrage estimable. Je ne trouve pas
mal le portrait de mademoiselle Caroline Palliet,
la fille de notre ami l'expert du musée ; j'aime

mieux celui de cette vieille dame , fort pâle ,
vêtue et coiffée de noir : bien modelé , d'un
ton uni, dessin un peu mou. Madame Ser-
vières est connue dès-long-temps parmi les femmes artistes. Une victime de M. Isabey père,
madame Dabos auteur de cette tête d'étude
couronnée de fleurs : crême coloriée. Un talent qui se révèle , mademoiselle C. Gérard ,
auteur de plusieurs portraits. Je vous engage à
remarquer surtout celui de madame F. G.,
chapeau jaune, robe blanche brochée de couleur mauve : de la lumière , un bon modelé ,
point de ce frou-frou de couleurs éclatantes,
point de ces larges reflets rouges , point de ces
brillantes facettes sur des surfaces de bois ou de
fer-blanc vernissé qui distinguent le talent de
mademoiselle Godefroid ; et avec tout cet éclat,
tout cet appret , la peinture de mademoiselle
Godefroid est lourde , plombée , sans finesse.
C'est un pastiche outré de la manière de M. le
baron Gérard. Voyez plutôt cette petite fille
dans un champ de fleurs jusqu'aux épaules,
idée ingénieuse de l'école impériale , espèce
de jeu de mots en peinture — La jeune fille ,
les fleurs, les fleurs, la jeune fille ! — M. Gérard

aurait eu cette idée, mais il l'aurait exprimée avec plus de grâce, parce que c'était un peintre très-spirituel. Mademoiselle Godefroid a étouffé son petit modèle sous les coquelicots, les bluets et les marguerites; il y est empêtré et je ne voudrais pas parier qu'elle ne s'y blessera pas, la pauvre enfant, parce que toutes ces tiges sont dures comme les roseaux de plomb des bassins de Versailles. Est-ce là l'enfance, la petite fille qui saute, court, chante et rit? Est-ce là l'espace qu'il lui faut, le grand air qu'elle aime? Mademoiselle *** est à son aise dans cette campagne comme serait un papillon sous la cloche de verre qui couvre le parterre artificiel de votre cheminée. Rendez-moi, M. Gérard! Les portraits de mademoiselle Pagès, — là M. Girod de l'Ain, et ici M. Julien de la Drôme — sont ressemblans, mais ils manquent un peu de simplicité dans le ton et dans la touche. La *condamnation d'Anne de Bolœyn* me semble bien mieux; la tête de la mère d'Elisabeth est d'une très-bonne expression; elle est belle, calme et noble; la main est aussi très-jolie. L'ensemble de l'ouvrage me satisfait; il y a de bons détails d'étoffes et de personnages secondaires. Je n'ai pas le temps d'analyser, et je vous indique à peine les meilleures choses du tableau. Mademoiselle Pagès est une personne de talent! elle chercha, il y a trois ou quatre ans, les traces de M. Dubuffe , au moins quant à la nature des sujets ; cette année , elle est dans les conditions de modestie de son sexe. Je me rappelle un portrait de femme blonde qu'elle exposa en 1831 ; c'était un morceau gracieux. Mademoiselle Swagers est bien loin de ce mérite; sa mariée est une tête qu'un coiffeur voudrait peut-être pour la montre de sa boutique , mais que vous ne voudriez point dans votre cabinet. Le petit tableau d'une jeune mère *agaçant* son enfant comme dit le livret , est de la plus molle et de la plus faible peinture qui se fasse. Savez-vous avec quoi cette dame agace son fils? Avec le bout de son sein , et le petit marmot accourt ; n'est-ce pas bien imaginé? Vivent les jolies idées, ma foi! Il en est quelques unes de cette force au salon , mais pas beaucoup ; je ne vois même guère que celle de mademoiselle Marigny qui puisse lui être comparée.

Le Mari au bal, toutefois, est d'un ordre plus élevé ; c'est de la tragédie bourgeoise, tandis que la mère à l'enfant agacé est de l'idylle antique. Mademoiselle Marigny s'est faite peintre moraliste, elle nous montre les dangers de l'adultère; mademoiselle Swagers ne sort pas des jeux innocens du berceau des nourrices. La jeune mère de mademoiselle Swagers n'est que bien; le mari de mademoiselle Marigny, ce mari en domino noir, qui se se démasque quand sa femme passe avec un amant; ce mari est superbe! Je ne sais pourquoi je ris en le voyant. Si *le Bal interrompu* de M. J. Petit n'existait pas, parodie d'une charmante idée de M. Destouches, le *Mari au bal*, de mademoiselle Marigny, serait le plus amusant des tableaux du salon. Je m'y arrête toujours; ils me délassent de la peinture sérieuse. C'est la farce après les émotions de la tragédie. Beaucoup de femmes s'adonnent au paysage; quelques-unes y réussissent, comme mesdames de Vins-Peysac, Sarrazin de Belmont et Clerget-Melling; d'autres cherchent encore et réussiront, comme madame Empis, dont je ne veux pas vous faire voir une vue de Dieppe, où mer et terrain sont d'une étrange faiblesse, mais dont vous verrez avec intérêt cette forêt que voilà. Madame Empis devrait prendre des conseils de M. Jolivard ; il lui apprendrait à rendre la nature avec une simplicité qui n'exclut pas l'élégance, avec une bonhomie qui est quelquefois le suprême de l'esprit dans la composition et la touche.

Partons maintenant ; je ne vous laisse plus que le temps de jeter un coup d'œil sur deux enfans, peints par M. Keller, et qui sont d'un ton très-agréable ; sur cette jeune fille rousse et assez fine de couleur, qui regarde à la fenêtre, par M. Gros – Claude, peintre dont la naïveté descend dans ses autres ouvrages jusqu'au vulgaire du plus bas étage ; sur le portrait rubicond et vrai du colonel Castres, par M. Gosse ; sur ce peintre représenté par M. Delorme, les deux poings croisés, tenant son pinceau d'une main et son appuie-main de l'autre, planté là comme un homme condamné à l'exposition publique, je ne sais pour quel délit pittoresque ; sur cette dame en robe grise, qui a eu la bonté de poser pour que M. Demoussy peignît un perroquet qu'elle tient sur un doigt, à longueur de bras ; sur le portrait d'artiste en blouse bleue, dont la tête, jetée par M. Aiffre dans la prétention des effets, ressemble à celle d'un charbonnier qui se serait un peu débarbouillé le dimanche, ou encore à celle d'un rentier, qui se mouche avec des mouchoirs bleus qui déteignent. Je ne vous ferai plus faire que deux stations, l'une devant les ouvrages de M. Gigoux, l'autre devant les portraits de M. A. Faure. Le portrait de notre ami Étienne Arago est fort ressemblant; je n'y voudrais qu'un peu plus de fermeté et de lumière; tel qu'il est pourtant je le préfère à celui que M. Steuben a fait de M. Arago, le député. Ce n'est pas que celui-ci ne soit assez estimable, mais il me paraît un peu dur et manquant de cet accent de la chair, qui était si bien dans la charmante étude de *Jeune femme allaitant un enfant*, que nous avions au salon dernier. Une tête de vieillard, peinte par M. Faure, a de la vérité, de l'expression et une couleur naturelle. Le portrait d'un officier d'infanterie légère, que je crois être M. le capitaine Faure, frère de l'artiste, est une fort bonne chose; il y a du ressort, de la tournure, un ton ferme et brillant, une exécution facile et pure. Quant à M. Gigoux, son portrait de madame Marie Ménessier n'est pas bon; mais il prend sa revanche dans son lieutenant-général Josef Dwernicki, et dans son comte palatin Antoine Ostrowski. Ces deux portraits attestent le talent d'un coloriste; on y doit louer la force et la largeur de l'exécution. Une chose pleine du sentiment de la couleur, mais où le dessin est cruellement négligé, c'est le lever de madame Dubarry. La figure assise près du lit est d'un ton excellent; toute l'harmonie du tableau est très-agréable. Je ne sais pas pourquoi le nonce du pape est là en costume de cardinal, c'était assez de lui mettre une calotte rouge pour dégrader la pourpre, et c'était rester dans le vrai. Le petit lever de la Dubarry n'admettait pas le costume d'étiquette, mais l'élégant habit du matin. *Le Maréchal ferrant*, de M. Gigoux, pouvait être un homme du peuple, fort, rougi par la fatigue et le vin, sans être lourd et commun de forme. La tête, le cou et la poitrine sont d'un dessin très-répréhensible; si la correction se joignait ici à la couleur, ce serait un excellent morceau. Au tableau d'*Henri IV chez Gabrielle*, il faudrait un peu plus de finesse dans la touche et dans le contour, pour qu'on pût le comparer à certains ouvrages des maîtres hollandais, auxquels M. Gigoux a probablement songé en l'exécutant. Le talent de cet artiste grandit, se fortifie; il me semble destiné à un riche avenir. Je ne voudrais voir au coloriste qu'un peu plus d'amour pour la sévérité de la forme. Les Flamands et les grands coloristes Italiens dessinaient très-bien.

Maintenant, adieu, monsieur; je n'en puis plus; je n'ai plus ni jambes ni voix. Je vais me jeter dans une bergère et boire de l'eau de gruau.

VIII

Interlocuteurs du beau monde : une Duchesse, un Comte, une
Marquise. — Un jeune Artiste. — Un Artiste âgé. — Le Cri-
tique. — Un Négociant. — *Rêves d'amour.* — M. Joseph
Guichard de Lyon. — Ce qu'il faut prendre dans la nature.
— Discussion. — L'artiste n'a pas le droit de peindre le laid.
— *Les trois anges*, par M. Broc. — Mademoiselle Godefroy.
— M. Ingres. — La Pompadour. — L'école de David. — M. de
Sartines. — Soyez tolérans. — Un honnête homme en pein-
ture. — Que m'importe ? —États de service dans la garde na-
tionale. — Mademoiselle de Fauveau. — Quiproquo. — M. de
Triqueti. — Voyons donc de vos œufs ! — M. C. Boulanger.
—*Portrait de M. Joseph Guichard.* — *Tobie et l'ange.* —
Concession. — *La mauvaise pensée.* — *Portrait de M. le
baron Ridley.* — *Madame Valérie Mira.* — *La Vierge* de
M. Ingres. — Les femmes laides des ingristes.

———

(Lundi, 11 mars 1833.)

Un cercle de belles dames et de cavaliers
fashionables est formé dans le grand salon.

Parmi ces spectateurs de la société aristocratique, se trouvent :

1° Un jeune homme portant de longs cheveux bruns assez négligés ; une toque ronde, plate, à-peu-près noire, sans visière et sans gland ; une redingote bleue boutonnée de haut en bas, autant du moins que les boutonnières ont trouvé de boutons. Il a les mains dans les goussets de son pantalon. On voit que, préoccupé d'idées graves, et adonné à des études sérieuses, il n'a pu prendre le temps de nettoyer ses bottes et le bas de ses hauts-de-chausses, qui attestent la négligence de M. le préfet de police à purger de boue les rues de la capitale. Ce jeune garçon est un Français de l'école allemande d'Alber - Durer, pour le costume ; de l'école ultrà - romaine, pour l'absolutisme du goût ; et, pour la discussion, de l'école de cette immense majorité des jeunes hommes d'aujourd'hui, au verbe haut, à la parole cassante, blâmant tout ce qui se fait en dehors d'une idée, leur dada favori, n'accordant rien à qui n'est pas des leurs ; intolérans au superlatif ; juges rigides, intraitables, et d'autant plus sévères qu'ils n'ont encore rien produit, quoiqu'ils aient l'âge où Raphaël avait déjà couvert quelques cents pieds de toile ou de muraille d'admirables créations, et qu'ils garderont probablement toute leur vie leur gloire en portefeuille.

2° Un petit vieillard armé d'une large loupe au travers de laquelle il regarde la peinture. C'est un artiste émérite.

3° Un négociant-fabricant.

4° Un homme de moyen âge; lunettes aux yeux; moustaches relevées à la Louis XIII, manteau bleu à collet doublé de laine écossaise, un petit portefeuille vert à la main; l'air calme. C'est un amateur à qui quelques critiques reprochent son universelle indulgence, à qui quelques artistes reprochent son excessive sévérité; un *infâme juste-milieu*, comme on dit maintenant; qui a la prétention d'être consciencieux, s'applique à chercher la vérité, et l'exprime comme il peut.

C'est devant le tableau de M. Joseph Guichard de Lyon, que vient de s'arrêter le petit groupe causeur, après avoir examiné quelques autres grands ouvrages.

Une jeune Dame. — Et cela, monsieur le comte, qu'est-ce, je vous prie?

Le Comte. — Je ne sais, duchesse, mais nous allons voir au livret.

Il cherche.

Le Comte. — *Rêves d'amour;* rêves au pluriel.

Une autre Dame. — Je prenais cela pour une scène de *la Belle au bois dormant.*

Le Comte. — Ma foi, madame la marquise a raison, tous ces gens-là ont l'air de dormir depuis un siècle.

La Duchesse. — La singulière idée, d'avoir fermé les yeux à tous les personnages de ce tableau!

L'Ultra - Romain. — Ne vouliez - vous pas qu'ils les eussent ouverts comme ceux du tableau de M. Court; voyez ces yeux, ils ont l'air de trous blancs dans une drap noir. S'il n'y avait que cela à dire contre l'ouvrage de Guichard!...

La Marquise. — Du reste, je trouve que cette femme et ces deux hommes ont raison de fermer les yeux puisqu'ils rêvent.

Le petit Vieillard. — On rêve quelquefois

les yeux ouverts, et c'est ce qui arrive à ce jeune homme assis au pied du lit de sa maîtresse; car je vois qu'il a l'œil baissé, mais en-tr'ouvert.

L'Homme aux lunettes. — Cela est très-évident. Le jeune homme—appelez-le comme vous voudrez: Romain, par exemple, puisque M. Guichard a fait le portrait du modèle de ce nom—Romain donc, après avoir passé une douce nuit près de sa jeune amie, s'est levé, habillé, presque armé; il va quitter l'appartement où dort encore... comment la nommerons-nous ?... Rose, quoique ce nom ne soit guère oriental; mais c'est celui de la fille qui a posé pour le peintre. Il va quitter l'appartement où dort Rose.

Le petit Vieillard. — Comme l'Amour va quitter Psyché.

L'Homme aux lunettes. — Si vous voulez. Avant de se retirer, il veut voir encore, contempler avec délices, savourer du regard celle qui a fait son bonheur; il s'est assis au bout du divan, et y est tombé dans la contemplation.

Le petit Vieillard. — Il se manière.

Le Comte. — Il est vrai qu'il y a de l'affectation dans sa pose.

La Duchesse. — Il relève la tête pour faire
le passioné, et il montre un cou énorme qui me
paraît fort laid.

L'Ultra - Romain. — C'est ce qu'il y a de
mieux dans tout le tableau. Le modèle a donné
cela au peintre qui a dû le copier, parce qu'il
faut copier tout ce que donne la nature.

La Comtesse. — Excepté probablement ce
qui est disgracieux et laid.

L'Ultra-Romain. — Il n'y a rien de laid
dans la nature.

Le Vieillard. — Jeune homme, vous avan-
cez là une fausse proposition. Il y a du laid, de
l'horrible, dans la nature, et on ne doit pas le
copier. Il faut prendre la nature pour point
de départ, et en la copiant, la modifier par le
souvenir des beautés de la statuaire antique.
David ne faisait pas autrement : aussi est-il devenu le dieu de la peinture moderne.

L'Ultra-Romain. — Dès que monsieur croit
encore à David, tout est dit.

L'Homme aux lunettes. — Je pense, messieurs, s'il m'est permis d'avoir une opinion

après vous qui paraissez être dans les arts comme praticiens et non pas seulement comme théoriciens ou simples amateurs et critiques ; je pense qu'il y a erreur dans ces deux manières d'exprimer la nature. Tout est bien dans la nature, dit monsieur ; sans doute, tout a une raison, et la nature interrogée, si elle pouvait répondre, rendrait probablement fort bon compte de certaines exagérations de forme qui nous frappent parce qu'elles sont en dehors des types les plus généraux et qu'elles se présentent comme des exceptions. Mais que fait le peintre d'histoire, quand il n'est pas forcé de faire un portrait ? Des généralités et non des individualités, des hommes et non pas tel ou tel modèle.

L'Ultra-Romain. — Mais il faut qu'il peigne d'après nature, il faut donc qu'il copie son modèle. C'est le modèle tout entier qu'on doit copier ; voilà ce que recommande M. Ingres.

Le petit Vieillard. — David disait : Composez le beau du beau idéal que les Romains et les Grecs ont mis dans leurs statues et du beau que vous offrira la nature.

L'Homme aux lunettes. — Quelques grands maîtres ont complété par le souvenir et par l'habitude de voir la nature, ce que le modèle laissait incomplet dans sa forme; mais s'ils s'inspiraient des chefs-d'œuvres antiques, c'était pour en reproduire le type général, le mouvement, les beautés élevées, non pour ajuster une main avec un bras pris au modèle vivant, ou un torse sur des membres appartenans à une autre nature. Il y a un moyen de tout concilier. Il ne faut pas copier tout ce que donne la nature, parce que quelquefois un modèle beau dans quelques parties peut être laid dans une autre, et qu'il serait ridicule par exemple de mettre des varices aux jambes d'un personnage représenté sous prétexte que le modèle payé à cette incommodité. Il faut choisir et copier.

La Duchesse. — Ce que dit monsieur me semble juste. Pourquoi M. Guichard n'a-t-il pas fait jolie, cette femme qui a inspiré tant d'amour que son amant, pour arriver jusqu'à elle, a dû escalader les murs d'un harem, et s'exposer à tous les dangers imaginables. Ce n'est qu'une extrême beauté qui a pu exalter à ce point le jeune homme que voilà.

Le Comte. — Il est sûr que l'odalisque ne me paraît pas valoir un coup de poignard.

L'Ultra-Romain. — Elle est belle cette femme.

La Marquise. — Oh! non , elle est laide ; nous ne la recevrions pas pour jolie , dans nos salons, avec son nez court et ses grosses lèvres.

L'Ultra-Romain. — Elle me plaît beaucoup ; ses grosses lèvres sont un mérite.

Le petit Vieillard. — Il y a de la lascivité dans cette tête, mais pas d'autre charme.

Le Comte. — C'est une voluptueuse de bas étage.

La Duchesse. — Un de ces laidrons que les hommes peuvent aimer quelques heures , voilà tout.

La Marquise. — Elle n'a aucune distinction dans la figure.

L'Ultra-Romain. — Je le répète , j'aime ses lèvres.

Le Vieillard. — Oui, jeune homme , parce qu'elles sont chaudes encore des baisers de la nuit; mais elles sont laides.

L'Ultra-Romain. — Ne dorment-elles pas bien , comme tout le reste du corps?

La Marquise. — Oui, elles ont l'air de souf-fler les choux, comme disent les petites gens.

L'Homme aux lunettes. — Je suis tout-à-fait d'avis que Rose n'est pas assez jolie : elle n'a ni la forte beauté orientale, ni la beauté puissante de l'Italie et de l'Espagne, ni l'élégante beauté française.

L'Ultra-Romain. — Vous aimez mieux les femmes de M. Court ou celles de M. Dubuffe.

L'Homme aux lunettes. — Grisettes pour grisettes, j'aime mieux les plus jolies. Je refuse à l'artiste le droit de peindre le laid. Un tableau est la reproduction d'une pensée; si cette pensée ne se complète pas nécessairement par la présence de personnages disgracieux, il faut que le peintre choisisse de beaux types. Si M. Guichard avait écrit au livret : Portraits de MM. Vizentini et Romain et de mademoiselle Rose, je n'aurais rien à dire; je n'examinerais plus que la question de l'exécution, et, sous ce rapport, je témoignerais toute ma satisfaction; car je trouve là une réunion assez rare de belles qualités : effet, harmonie brillante, couleur solide et agréable, relief sans exagération, dessin pur et élevé, choix assez fin des formes.

L'Ultra-Romain. — Je n'accorderai pas cela : c'est dessiné médiocrement.

L'Homme aux lunettes. — Vous êtes bien difficile, monsieur. Cela me paraît être d'une correction presque irréprochable.

Le petit Vieillard. — Ce n'est pas mal dessiné assurément ; mais si M. Guichard, que je crois un jeune homme, avait pu apprendre à dessiner chez M. David avec nous, il serait autrement élégant, noble et correct. Tenez, si vous voulez voir le sentiment de notre école élevé à sa dernière puissance, voyez les *Anges* de Broc.

Le groupe fait quelques pas à gauche.

La Marquise. — Nous demandions tout à l'heure ce que signifiait la scène de M. Guichard ; c'est bien de ceci qu'on peut demander ce que cela veut dire.

Le Vieillard. — C'est Dieu, sous la figure de trois archanges : Gabriel, qui représente la prophétie ; Raphaël, qui représente la bienfaisance, et Michel ou la force. L'idée est très-ingénieuse, comme vous voyez.

L'Homme aux lunettes. — Un peu trop subtile, pour être bien comprise.

L'Ultra-Romain. — La pensée ne me fait rien. Je vois en ces trois anges trois figures. Qu'ils marchent sur le terrain du paradis terrestre ou sur le tapis vert de Versailles, peu m'importe; ils sont sans pureté de forme, sans précision de silhouette, sans grandeur; voilà tout ce qui me frappe. Allez voir notre divin Raphaël!

Le Vieillard. — Monsieur est de l'école de Ingres, sans doute.

L'Ultra-Romain. — Mais, je m'en flatte.

Le Vieillard. — Oh! alors il n'y a pas d'espoir de vous faire revenir.

L'Ultra-Romain. — Non, pas à propos de cette grande galette, toujours.

Le Vieillard. — Un des plus beaux morceaux de l'école de David!

L'Ultra-Romain. — Tant pis pour elle.

Le Vieillard. — L'ouvrage d'un homme consciencieux qui le fait depuis dix ans peut-être.

L'Ultra-Romain. — Monsieur Ingres en fait un aussi depuis près de dix ans, et vous verrez ce que ce sera!

L'Homme aux lunettes. — Vous l'avez vu?

L'Ultra-Romain. — Non pas, nous ne voyons point ce que fait notre maître.

L'Homme aux lunettes. — Et vous adorez sur parole avant d'avoir vu?

L'Ultra-Romain. — C'est que nous sommes sûrs que ce sera admirable.

L'Homme aux lunettes. — Je crois comme vous que ce sera une belle chose, bien supérieure au tableau de M. Broc; mais je ne partage point votre mépris pour ces trois anges. Je ne les aime pas beaucoup; d'abord le ton de l'ensemble ne me satisfait pas.

L'Ultra - Romain. — Le ton! ah! ça m'est bien égal. Le ton, la couleur, je n'y tiens pas du tout. La peinture est toute dans la forme.

La Marquise. — A la bonne heure; mais cependant je vous déclare que je ne me ferai pas peindre par M. Ingres, tant qu'il fera des portraits jaunes et roux comme celui de sa Romaine de 1807.

L'Ultra - Romain. — Eh bien! madame, faites-vous peindre par mademoiselle Godefroy; elle met du rouge, du blanc, de toutes les couleurs; c'est brillant, c'est tout luisant, et cela ressemble beaucoup à du moiré métallique: mais cela doit plaire aux bourgeois, autant que leur plaisait M. Gérard, dont mademoiselle Godefroy est la copiste assermentée.

La Marquise. — Le baron Gérard a fait mon portrait, qui a eu un succès prodigieux il y a quelques années ; et s'il n'avait pu me faire cet honneur, j'aurais choisi mademoiselle Godefroy.

L'Ultra-Romain. — Jugée !

Le petit Vieillard. — Vous êtes tranchant, monsieur : jeune comme nous vous voyons, vous devriez avoir un peu de respect, ou au moins d'indulgence pour des artistes...

L'Ultra-Romain. — Qui ont fait leur temps ! Eh bien ! s'ils ont fait leur temps, que nous veulent-ils encore ?

Le petit Vieillard. — Mais, monsieur, savez-vous bien que Broc, dont vous traitez si cavalièrement une œuvre remarquable, a eu beaucoup de renommée ?

L'Ultra-Romain. — J'irai chanter sous sa fenêtre : «Vous étiez ce que vous n'êtes plus ; vous n'étiez pas ce que vous êtes. »

L'Homme aux lunettes. — Vous n'êtes guère charitable ; mais il faudra, si vous allez donner ce charivari de mauvais goût à M. Broc, qu'il se souvienne que l'école de David fut aussi ab-

solue que la vôtre, qu'elle fit d'impitoyables
charges aux artistes qui lui déplaisaient, qu'elle
criait au Vanloo, à tout ce qui ne faisait pas des
Apollon du Belveder, des Diane ou des Her-
cule. Les exagérations se succèdent comme les
modes. Si, du temps de Boucher, M. Ingres
avait produit ces têtes d'un si beau dessin, mais
si complétement privées de relief, qu'il montra sous l'empire, on l'aurait chansonné. La
Pompadour aurait voulu voir comme une curiosité le peintre chinois qui faisait de semblables choses ; et M. de Sartines, dans l'intérêt
de la famille de l'artiste, l'aurait enfermé aux
petites-maisons. Pendant le règne de Napoléon
et de David, on n'alla pas jusque-là ; on se con-
tenta de plaindre M. Ingres et de se moquer de
lui. Puis la réaction est venue : d'abord timide,
parlant bas, jetant avec précaution en avant le
nom d'Ingres ; maintenant hardie, altière,
imposant son héros et sa pensée, cruelle à tout
et à tous, oublieuse de l'oppression sous laquelle
a vécu M. Ingres, proscrivant, parce que M. Ingres fut long-temps proscrit. Cela est mal, cela est ridicule. Songez qu'un dieu peut détrôner
votre dieu, qu'un culte peut faire oublier votre

culte; et soyez tolérant. Les anges de M. Broc sont le dernier soupir de l'école de David, comme école de *nu* et de la forme; ils attestent une grande conscience d'étude, sinon une haute puissance de style. Ils furent commencés probablement quand l'évangile selon Saint-Effet rallia l'école de Géricault. C'était peut-être une protestation du dessin contre la manie irréfléchie de la couleur, qui s'emparait de beaucoup de têtes. M. Broc avait pris le crayon, poussé sans doute par cette colère que l'écriture ne défend point quand elle a un motif saint : il faisait de son côté ce que M. Ingres faisait du sien. Que la communauté d'intentions vous touche donc. M. Broc ne dessine pas comme M. Ingres ; mais tout le monde n'écrit pas comme Pascal.

La Marquise. — Les observations de monsieur me paraissent assez sages.

La Duchesse (bas au Comte). — Pour un homme de rien, car nous ne le connaissons pas, il ne parle pas mal.

Le Vieillard. — Ce que dit monsieur est d'autant plus juste relativement à notre ami

Broc, que c’est un fort honnête homme, qu’il serait cruel d’affliger.

L’Homme aux lunettes. — Cette considération ne me décide jamais. M. Broc est un honnête homme, tant mieux ; il n’y a jamais trop de braves gens dans le monde. Dans l’artiste, je ne vois que l’artiste, et non le citoyen. On m’a souvent dit, quand on a cru que je devrais émettre mon opinion sur des ouvrages d’art : « Je vous recommande beaucoup cet artiste, c’est un ancien militaire ; ou bien c’est un patriote excellent qui s’est bien battu en juillet ; ou bien c’est un homme qui a rendu mille services aux Bourbons ingrats envers lui. » Et que voulez-vous que je réponde à cela ? « Je suis fâché que les Bourbons aient été ingrats, et je plains leur ancien serviteur ; mais il fait de la mauvaise peinture. Je voudrais apprendre que le pouvoir juste et généreux a récompensé l’homme de juillet et l’a mis à même de ne pas s’exposer à la critique. Pourquoi la pension ne peut-elle pas suffire à ce militaire qui fut si brave, et qui est si médiocre artiste ? » Qu’on ne me parle pas des qualités personnelles d’un sculpteur ou d’un peintre. Au salon, j’estime cent fois plus un Salvator Rosa, vivant dans l'intimité des brigands, que M. Broc, bon bourgeois, rentrant de bonne heure, lisant un journal modéré, montant sa garde, et payant exactement ses contributions. Et à propos de monter sa garde, savez-vous ce qui m'est arrivé hier? J'ai reçu d'un artiste une lettre où l'on réclame mon attention pour des morceaux de peinture qu'on croit m'avoir échappé. Par quoi pensez-vous que le peintre appuie sa demande? Par ses travaux d'abord, et c'est tout simple; mais après avoir donné ses états de services comme artiste, il m'envoie ses états de services comme garde national. Vous allez voir si je fais une charge. Je cache la signature, parce que je n'ai pas l'intention de vous faire rire aux dépens d'un homme de mérite, mais pour vous montrer seulement qu'on s'adresse à toutes les passions du juge, et qu'encore aujourd'hui on en est à dire :

Monsieur, je suis bâtard de votre apothicaire.

Ce qui prouve au surplus deux choses : que les artistes ne sont pas heureux, puisqu'ils courent après l'annonce marchande, et qu'ils ont assez mauvaise opinion de la critique, puisqu'ils la veulent prendre par ses affections ou ses haines politiques, par ses entrailles d'homme si elle en a. Je ne suis point fâché de la lettre; je suis trop franc pour ne pas convenir que cette défiance de la critique est malheureusement trop fondée dans un temps de révolution, quand les partis se menacent, quand les coteries montent l'une sur l'autre pour arriver à la célébrité, quand les factions des arts en sont arrivées à la haine. Je dois dire pourtant que cette espèce de pétition m'a fait saigner le cœur ; j'ai la conscience qu'elle ne devait pas être adressée à moi, dont la passion a toujours été d'être juste, et qui pour juger une œuvre n'a jamais voulu m'informer de l'auteur. La nomenclature des titres de l'artiste dont je vous parle commence par ces mots:

« Un tel, né en .... à ..... département ..... marié en .... père de *deux enfans*. »

La Marquise. — Oh! cela fait mal!

L'Homme aux lunettes. — Mesdames, si vous avez des portraits à faire, je vous recommande ce père de famille qui a du talent. Je

ne vous dirai son nom que lorsque vous serez
décidées, et que vous m'aurez juré de ne lui
point parler de cet incident.... Après cette entrée en matière, l'artiste énumère ses ouvrages, ses succès, les récompenses qu'il a obte-
nues, et dans tout cela pas un mot de vanité;
des faits tout simples, des dates, des noms
propres, pas davantage. Maintenant voilà le
citoyen qui parle :

e légion. — Le 30 mars 1814, avoir été de
service à la barrière de Pantin toute la journée
de la bataille de Paris.

— Le 29 juillet 1830, avoir monté la garde
au couvent de la rue du Temple.

— Le 6 juin 1832, à sept heures du matin,
avoir été à la légion; puis avec quinze de mes
camarades, notre capitaine en tête, et quinze
hommes du 14e léger, nous nous sommes em-
parés de deux barricades rapprochées de la
légion, rue Saint-Martin; et, depuis midi jusqu'à trois heures, avoir tiré sur la barricade
Saint-Méry, et effectué notre retraite faute de
munitions.

— Depuis 1814 jusqu'en juin 1832, les

émeutes m'ont toujours trouvé en face d'elles dans les rangs de la garde nationale. »

Le Comte. — Ces dames peuvent faire travailler pour elles des peintres royalistes qui souffrent pour la bonne cause; et je ne vois pas que, pour avoir contribué à réprimer les émeutes, ce monsieur soit fort intéressant.

L'Homme aux lunettes. — Est-ce que monsieur le comte écrit dans les journaux légitimistes?

Le Comte. — Non, pardieu! je n'écris rien du tout. Mais il faut aider ses amis politiques; il faut être partial pour les gens de son parti. Je ne connais pas de plus grand sculpteur que mademoiselle de Fauveau depuis qu'elle est persécutée.

L'Homme aux lunettes. — Je la trouvais une personne d'infiniment de talent avant qu'on l'eût trouvée dans un four avec madame Larochejacquelein. Je crois qu'elle a toujours le même mérite; mais j'estime qu'elle aurait fait des progrès et produit encore de délicieuses choses, si, au lieu de courir les aventures du parti (dévouement, au reste, que je

14

respecte, parce que toutes les convictions sont respectables), elle fût restée dans son atelier, demandant à son baquet de terre glaise le moyen matériel de rendre ses pensées originales. Elle eût mieux fait de composer en bas-relief quelques scènes de la vie de madame la duchesse de Berri que faire du drame héroïque en action : son *Monadelschi* vaut mieux que la scène du four.

La Marquise. — Monsieur le comte, vous avez la fureur de parler politique partout où vous allez ; voilà ce qui en arrive. Revenons, je vous en prie, au tableau de M. Guichard, dont nous voilà bien loin.

L'Homme aux lunettes. — C'est vrai, madame. La conversation est vagabonde ; elle passe sans règle et presque sans raison d'un sujet à un autre. Un mot de monsieur nous a fait penser à M. Broc, dont peut-être sans cela vous n'auriez pas remarqué les trois anges ; un autre mot m'a mené à mon garde national, et celui-ci à mademoiselle de Fauveau : retournons à Psyché, comme disait Lafontaine.

En revenant aux *Rêves d'amour*, le groupe visiteur retrouve le négociant qui n'a pas quitté la place, et, la tête en l'air, étudie le tableau de M. Joseph Guichard. Il parle tout seul, quand le comte, les deux artistes, l'homme aux lunettes, la duchesse et la marquise arrivent.

Le Négociant. — Quel dommage qu'il ait suivi cette route! avec ces dispositions-là, il eût pu faire quelque chose.

L'Ultra-Romain. — Certainement, monsieur. Guichard était, à l'atelier de M. Ingres, un de ceux sur qui nous comptions le plus, et le voilà coulé.

Le Négociant. — S'attacher à un genre qui ne peut rien lui rapporter!

L'Ultra-Romain. — Pas de gloire, toujours.

Le Négociant. — S'il devait au moins en bien vivre!

L'Ultra-Romain. — Monsieur s'est fait protestant!

Le Négociant. — Protestant! en vérité! il a abjuré le catholicisme?

L'Ultra-Romain. — Non pas, mais le purisme; il a passé aux romantiques; il est venu au secours d'une mauvaise littérature; il a cherché la couleur et l'effet; il a subordonné à ces accessoires, dont nous ne faisons pas de cas dans notre système, le dessin qui est le principal de l'art, que dis-je! l'art tout entier. C'est un apostat, un renégat; nous estimons plus M. de Triquetti, qui n'a pas la moindre idée de la forme, que Guichard qui nous a quittés.

L'Homme aux lunettes. — Et seulement parce qu'il vous a quittés. C'est comme dans la guerre-civile, les extrêmes s'estiment et haïssent les modérés.

L'Ultra-Romain. — Il s'est perdu, monsieur! nous le disons partout, non pas nous, mais les influens de l'atelier; et l'on finira par nous croire.

Le Négociant. — Quel malheur pour ses parens! on l'avait envoyé à Paris pour qu'il se perfectionnât dans le dessin du papier peint, et voilà à quel dévergondage il s'est laissé entraîner! La société de Paris l'a égaré. S'il avait été sage...

L'Homme aux lunettes. — Il aurait manqué sa vocation. Il est artiste, M. Guichard, on le voit; il a un goût élevé, il aime la peinture, il a du talent. Tout n'est pas encore dit sur son avenir. J'espère et je crois à ses succès futurs, parce que dans ce qui est exposé ici, d'un ouvrage à l'autre il y a progrès. Il avait eu le courage de vivre de misère pendant plusieurs années, pour continuer les études fortes qui l'ont conduit à faire ce que nous voyons ; il a eu le courage plus grand de raisonner son admiration, de voir à fond le système qui devait le faire copiste de M. Ingres, et de s'émanciper quand il a senti pousser ses ailes. Quoi qu'en dise monsieur son ancien ami et camarade d'atelier, il marche, il avancera. Je suis fâché de trouver dans un cœur jeune, qui devrait être ouvert à toutes les bonnes passions, ce sentiment fâcheux de dénigrement, de haine, de secte qui a au moins l'inconvénient de ressembler à de l'envie mal dissimulée.

L'Ultra-Romain. — De l'envie ! Il n'y a pas de quoi. Ceci ne porte pas *la livrée* de M. Ingres !

La Marquise. — Monsieur a exposé ?

L'Ultra-Romain. — Non, madame ; mais qu'est-ce que cela fait ? Je prépare un portrait depuis deux ans ; j'espère l'avoir fini pour le salon prochain, et on verra si je dois être jaloux de Guichard.

La Duchesse. — Jusqu'alors il serait prudent

d'être humain envers ceux qui exposent; car si, par malheur, vous n'étiez pas aussi supérieur à l'auteur de ce tableau dont j'avais entendu dire beaucoup de bien déjà et que je trouve fort bien pour mon compte, vous auriez attiré sur vous de rudes censures.

L'Ultra-Romain. — Je ne crains rien, en restant fidèle aux grands principes. Si on ne trouve pas bien ce portrait, je m'en consolerai, parce qu'on ne m'aura pas compris. Nous ne peignons pas pour les épiciers.

Le Comte. — C'est comme les poètes, qui n'écrivent pas pour tout le monde; ils risquent fort de n'être admirés de personne.

Le Vieillard. — Il ne faut pas se prostituer au mauvais goût de la foule; mais il faut se faire comprendre. Le salut de la gloire de David est là; et puis voyez Voltaire!

L'Ultra-Romain. — David et Voltaire, les belles autorités! Ils sont joliment dépassés ces pauvres vieux!

L'Homme aux lunettes. — Ce superbe dédain pour des hommes de la valeur de ceux que vous traitez ainsi, et pour M. Guichard qui me paraît valoir aussi quelque chose, me rappelle le

chapon de je ne sais plus quelle fable orientale,
qui trouvait laids et difformes tous les poussins
d'un coq, roi de la basse-cour où ils vivaient
l'un et l'autre. Un jour le coq impatienté lui
dit : « J'ai du malheur, en effet, tous mes enfans
ne sont pas beaux; votre critique est juste. Mais
voyons donc de vos œufs ! »

L'Ultra-Romain. — Cela ne prouve rien du
tout. Nous ferons quand nous voudrons comme
Guichard et à plus forte raison comme cette
bonne ganache de David; mais nous n'avons
pas de temps à perdre.

La Marquise. — C'est comme l'Arsinoé de
Molière, qui reproche à Célimène d'avoir des
amans, et affirme qu'elle n'en aurait pas moins
si elle voulait se donner la peine d'en avoir.
« Ayez-en donc, madame, » lui répond Célimène; faites donc du Guichard, monsieur !

L'Ultra-Romain. — Diable ! M. Guichard est
chaudement défendu ; je ne savais pas que j'a-
vais donné dans un groupe de ses partisans.

Le Comte. — Ses partisans ! Nous ne le con-
naissions pas avant de venir ici; mais nous avons
vu son tableau, et nous vous avons entendu.

L'Ultra-Romain pirouette sur celui des ta-

lons qui reste à ses bottes, et il s'éloigne en sif-
flant.

Le Vieillard. — Voilà un jeune homme bien
entier, bien entêté, bien mal élevé. De notre
temps nous aimions à dénigrer; mais nous n'a-
vions pas cet aplomb, cette confiance en nous-
mêmes; d'ailleurs, nous produisions beaucoup,
et on pouvait se venger sur nous.

Le Négociant. — Tout ce qu'il résulte de ceci
pour moi, c'est que ce jeune Guichard a gas-
pillé sa jeunesse. Je m'intéresse à lui parce qu'il
est de notre ville, et que je connais un peu sa
famille; cet enfant serait aujourd'hui, s'il avait
voulu travailler dans son état, dessinateur dans
une fabrique de papiers peints ou peut-être as-
socié.

Le Vieillard. — Parbleu! monsieur, si vos
fabriques de papiers peints manquent de dessinateurs, tenez, voilà bien là-haut votre affaire.
Cet échantillon est assez grand, je pense, pour
que vous jugiez en connaissance de cause le talent de l'artiste.

Le Négociant. — En effet, cela est très-beau.
Et de qui est cette peinture qui représente une
procession?

L'Homme aux lunettes. — De M. Clément Boulanger, élève séparé de l'école de M. Ingres, mais qui n'a pas pris une voie heureuse.

Le Négociant. — Pas si malheureuse ! Il trouvera avec cela tant qu'il voudra à Lyon, à Mulhausen ou au faubourg St.-Antoine, huit cent francs par an, la table, le logement, éclairé et chauffé. Si je faisais dans la partie du papier peint, je le prendrais tout de suite, et je ferais exécuter cette belle procession du pape.

Le groupe de visiteurs passa dans la grande galerie, où les autres ouvrages de M. Guichard devinrent la matière de leurs observations. Ils trouvèrent beau, ferme de ton, de relief et de dessin, mais un peu maniéré de pose, le portrait que le peintre a fait de lui-même. En louant la main droite qui se détache en clair sur le pantalon, le vieillard davidien fit remarquer qu'elle était un peu sèche, et qu'il faudrait de grands efforts pour la faire fermer.

Ce portrait parut aux cinq promeneurs un des plus vrais et des meilleurs du salon. *Tobie et l'Ange*, malgré les qualités du style qui y brille, ne plut ni à la duchesse, ni à son amie, ni au comte. Le vieillard l'examina avec soin, et s'étonna que l'auteur coloriste des *Rêves d'amour* eût fait ce tableau qui a l'harmonie d'un camaïeu jaunâtre. L'homme aux lunettes expliqua alors cette espèce d'anomalie. « Vous avez écouté tout à l'heure, dit-il, le janséniste ingro-raphaélien qui nous parlait, et vous avez vu dans quelle disposition l'école est pour le protestant Guichard. C'était pour amortir les coups qui devaient lui être portés, que M. Guichard s'est fait ce bouclier. Mais il est arrivé ce qui arrive toujours : les Ingristes n'ont pas regardé *Tobie*, parce qu'ils n'avaient pas de mal à en dire ; le public n'y a pas fait attention, parce que c'est le produit d'un système qui ne lui plaît pas. Ainsi, M. Guichard s'est donné le tort d'avoir fait une concession , comme un homme qui n'ose pas proclamer son opinion tout entière ; et cet acte, qui voulait être pour l'école de M. Ingres la démonstration que M. Guichard n'abandonne pas la route du maître par impuissance de la suivre, personne n'en a su gré à l'auteur. » *La Mauvaise pensée* trouve des approbateurs unanimes. L'expression de la tête de l'homme inspiré par le démon, le beau dessin des mains, l'effet général, la couleur qui a quelque chose de celle de la peinture espagnole, furent loués sans opposition. Au portrait d'un vieillard (M. Ridley), par M. Guichard, on ne reprit que la sécheresse de quelques parties où le dessin a pris trop d'empire aux dépens de la souplesse des chairs. Le portrait de madame Valérie Mira fut trouvé, par la marquise et la duchesse, peu agréable, pas assez joli, taché de noir en quelques endroits.

— Si j'étais encore jeune et jolie, dit la marquise, je ne voudrais pas être peinte par cet artiste. Il a choisi pour son tableau une femme commune et laide ; il en trouve ici une charmante, fine, élégante, et il la fait sans bonne grâce.

— Vous avez raison, madame la marquise, répondit l'homme aux lunettes ; il y a encore là du système ; mais M. Guichard sentira la nécessité de voir autrement les femmes. Au reste, l'école de **M.** Ingres n'a pas encore produit, à ma connaissance, une jolie tête de femme, malgré sa prétention de copier Raphaël qui les a toutes faites divines. Ne serait-ce pas que Raphaël avait de l'inspiration et qu'en gardant la forme, il l'élevait, la grandissait, l'élégantisait, et que l'école de M. Ingres, par idolâtrie pour la forme, l'outre un peu, l'accuse avec affectation, et de la finesse passe à la sécheresse qui montre les défauts.

— Je le crois, quant à moi. Ce qui manque jusqu'à présent aux artistes, c'est de rendre, dans la représentation des femmes, le charme qui est une beauté, la grâce qui est une de leurs séductions, la gentillesse qui est le fard des Françaises. Un élève de M. Ingres, pour excuser cette espèce d'impuissance où l'école a été jusqu'à présent de peindre une femme jolie, me disait : « Ce qu'il y a de plus beau et de plus difficile à peindre, c'est une femme; ce qu'il y a de plus beau dans la femme, c'est la tête : ne vous étonnez donc pas qu'on y réussisse si peu. On y réussit pourtant quelquefois, lui repartis-je, pourquoi jamais dans votre école ? M. Ingres y a réussi. Connaissez-vous la *Mater Dei* qu'il a peinte, et qui fait partie, je crois, du cabinet de M. Pastoret? cette femme est ravissante. M. Ingres a choisi son modèle; il l'a pris noble et élégant, puis il l'a divinisé par la pensée. » C'est là ce qu'on devrait imiter chez vous. Je ne parle pas des mains de la Vierge, qui sont d'une belle forme, mais qui me paraissent maniérées de pose. Toutefois, faites de la *manière* comme celle-là et on vous la pardonnera volontiers.

IX

Miniaturistes. — M. H. I. Hesse. — M. Isabey. — M. Jacques.—
Madame Kautz. — Madame de Wateville. — Mademoiselle
Caillet. — *Vue de Normandie.* — Madame de la Cazette. —
M. Mourlan. — M. Aubry. — M. Jean Leydet. — M. J. Ver-
net. — M. Troivaux. — M. Gomien. — M. Chabanne. —
Mademoiselle Toulza. — Madame Lecoq-Cyane. — Mademoi-
selle Legrand. — M. Delacluse. — M. Gaye. — Mademoiselle
Singry. — M. Maricot. — Mademoiselle Flora Géraldy. — Ma-
demoiselle Demarcy. — M. Gobert. — M. Bouchardy. — Ma-
dame Dubasty. — Mademoiselle Bossange. — M. Charrier. —
M. J. Delorme. — M. et madame Dauhigny. — M. Faija. —
M. Dubourjal. — M. Heigel. — M. Blaize. — M. Passot. — Madame Augustin. — M. Millet. — M. Lequeutre. — M. Saint.
— Madame de Mirbel. — Elle résume en elle tout l'art du portraitiste. — M. Meuret.

J'étais seul, la loupe en main, paisiblement
occupé à regarder les miniatures et les aqua-

relles de M. H. I. Hesse ; je comparais les unes
aux autres toutes ces têtes, et je m'étonnais de
leur trouver à toutes un même caractère, une
même couleur, une même forme, enfin un air
trop complet de famille, que j'aime peu à rencontrer dans les productions d'un artiste, parce
qu'il décèle une manière, et que chez un peintre de portraits je désapprouve une manière, la
nature étant très-diverse, et ne pouvant être
convenablement traduite avec des formes et un
ton constans. Je regardais tous ces yeux ouverts de la même façon, également grands, ex-
primant la même idée, couronnés de sourcils
semblables, enchâssés l'un comme l'autre ; je regardais ces teintes grises, roses et rouges, ré-
parties symétriquement sur ces visages uniformes, frappés comme les effigies d'une monnaie
au coin de M. Hesse ; je me disais : « Il est
» dommage qu'un homme qui a une pratique
» habile, une main exercée, un bon goût d'ar-
» rangement, se condamne à voir la nature
» sous un seul aspect, et mente par conséquent
» presque toujours ; il est fâcheux qu'il se con-
» tente d'un seul type et qu'il y accommode
» tous ses modèles ; au lieu d'agrandir son ta-

» lent il le restreint. Voilà dans ses deux gran-
» des miniatures d'enfans, de la largeur, de la
» facilité, une belle facture ; mais pourquoi ces
» deux portraits me semblent-ils sortir d'un
» coin qui a modelé les autres? » Il paraît que
je causais un peu haut avec moi-même, car un
homme qui m'est tout-à-fait inconnu répondit
à ce pourquoi :

— Parce que M. Hesse, comme tant d'autres
peintres, semblables en cela au faiseur de
gauffres, a un moule où il jette sa pâte : ver-
sez, cuisez, saupoudrez de gris et de rose, et
servez chaud ! Voilà le procédé.

Je saluai gravement cet homme, et me per-
dis dans la foule. Je traversais le grand salon
pour aller voir dans la grande galerie les cadres
des miniaturistes, quand je fus arrêté par deux
jolies femmes de ma connaissance, donnant le
bras à un amateur de peinture de mes amis et
des leurs.

— C'est heureux qu'on vous rencontre enfin
ici, me dit l'une de ces dames. Voilà trois fois
que j'y viens et je ne vous y ai pas encore
aperçu. Vous ne venez donc jamais au salon ?

— Je vous demande pardon, madame, j'y viens à peu près tous les matins.

— Nous n'y venons que le lundi, nous, les jours où il y a du monde.

— Mais je vous assure que tous les jours il y a foule, surtout le dimanche.

— Vous avez le courage de vous jeter dans la cohue du dimanche, répliqua mademoiselle Hortense M***, la seconde de ces dames, en souriant et en faisant une grimace qui voulait dire: « Pouah! la détestable odeur! fi! la mauvaise compagnie! »

—Le dimanche est un de mes jours de prédilection; j'aime à voir le peuple devant la peinture, j'aime à entendre ses observations. Il a quelquefois des choses justes, mais je reconnais qu'il est loin d'avoir le sentiment des arts. Au surplus, il n'est là-dessus guère plus ignorant que la bourgeoisie, et même que la société. Bien entendu que je vous exempte, mesdames.

— Par politesse, tout au plus, répondit madame B***, car vous ne faites pas grand cas de notre jugement.

— Nos opinions vous font même rire souvent, ajouta mademoiselle Hortense. Mais, du reste, vous n'êtes pas le seul qui preniez de ces libertés-là. Notre aimable cavalier que voici, M. Delanoir, ne nous épargne pas plus que vous. Depuis trois quarts d'heure que nous sommes arrivés, il n'a pu être une fois de notre avis.

M. Delanoir. — C'est peu galant, j'en conviens, mademoiselle ; mais dans les questions d'art il n'y a pas de galanterie qui tienne. Le mauvais ne peut devenir bon parce qu'il vous plaît d'être indulgente.

*Madame B***.* — Dites tout de suite : parce que vous ne vous y connaissez pas.

M. Delanoir. — Vous vous êtes si peu occupées de peinture ! S'il s'agissait de musique, je vous écouterais avec respect.

Mademoiselle Hortense. — C'est - à - dire qu'il faut que nous vous écoutions avec respect.

—Non, avec un peu de déférence seulement, mesdames. Vous prenez des directeurs pour vos consciences pittoresques, et vous ne voulez pas les croire !

Madame B. — Eh bien ! messieurs nos

directeurs, nous vous croirons; ne vous fâchez pas.

Mademoiselle Hortense. — Voyons, pilotez-nous, monsieur **J..**; vous devez connaître votre salon comme....

— Comme un gardien de vieux château connaît ses ruines, pierre par pierre, ronce par ronce. Je vous avertis qu'il y a ici beaucoup de ronces.

Mademoiselle. Hortense. — Vous nous les épargnerez, n'est-ce pas?

Madame B. — Qu'allons-nous voir?

— J'avais mis ma visée pour aujourd'hui aux miniatures.

Madame B.—C'est bien froid. Et d'ailleurs, quand nous aurons vu Isabey, tout sera dit.

— Nous étions convenus que vous n'auriez d'opinion qu'après nous, et voilà que vous commencez par un blasphème à vous faire percer la langue.

Madame B. — Miséricorde! Quoi! Isabey n'est donc plus le premier peintre de miniature.

— Pas pour moi, du moins. Venez voir plutôt.

Mademoiselle Hortense. — Mais cela est charmant ! vous ne trouvez pas ravissante cette dame blonde en chapeau et en robe de cheval ?

Madame B. — Et cet officier de cuirassiers, et tout le reste ?

M. Delanoir. — Tout le reste en effet ressemble à cet officier de cuirassiers et à la reine des Belges.

— Tout à l'heure je remarquais, en regardant les ouvrages de M. Hesse, que cet artiste voit tout en gris ; M. Isabey voit tout en rouge.

Mademoiselle Hortense. — Rouge si vous voulez, mais c'est délicieux. Voyez les jolis yeux, les admirables sourcils ! et ces lèvres du plus bel incarnat, et ces sourires aimables ! On voudrait être jolie comme cela.

Madame B. — On voudrait être peinte par cet artiste pour ne perdre aucun de ses avantages. Je ne sais qué deux hommes à qui je voudrais confier ma tête si j'étais au moment de me marier : Isabey et Kinson.

— J'allais vous nommer le second.

Madame B. — Vous approuvez donc cette fois ?

— Non ; mais je conclus celui-ci de l'autre.

Mademoiselle Hortense. — Et que pouvez-vous trouver à redire ici ? N'est-ce pas très-joli, très-élégant, très-gracieux, très-bien fait, très-doux? Cela ressemble à du velours.

— A ce dernier trait de votre éloge, je n'ai rien à ajouter : vous avez trouvé juste.

M. Delanoir. — M. Isabey n'a jamais eu une grande force ; il était jadis d'une coquetterie qui réussissait beaucoup. Il est encore coquet aujourd'hui ; mais cette bonne grâce dont on raffolait, on l'aime moins, et M. Isabey ne l'a plus guère d'ailleurs que comme la conservent quelques femmes de l'empire, qui n'abdiquent pas volontiers leur ancienne renommée de beauté. Le fard remplace en elles la fraîcheur ; la mollesse a succédé à la majesté des formes ; on se peint les sourcils pour les avoir bien égaux, bien réguliers, bien noirs ; on travaille à donner à ses yeux une expression tendre ou fière ; on passe de longues heures avec la modiste et la couturière ; on se compose de toutes sortes de manières, et l'on parvient à faire un peu d'effet de loin. Mais voyez de près ces visages et ces tailles qui vous parais-

sent bien quand vous les apercevez à distance!.... M. Isabey fut un artiste, dans la
véritable et bonne acception du mot. Il était
ingénieux, vif, spirituel; il recréa un genre
qui avait dégénéré depuis Baudouin. Comme
il florissait — on se servait autrefois de cette
expression pour parler du succès des grands
artistes — comme il florissait sous le Directoire, et dans cette société qui ressemblait fort
à celle de la Régence, il fut obligé de se plier
au goût du temps et des femmes minaudières
qui régnaient à Paris. Ce fut alors qu'il inventa
ces gazes, dont il fit pour les charmes de ses
modèles un linceul piquant; toutes les dames
voulurent y être entortillées, et la vogue de cet
ajustement dura jusqu'après la restauration.
Malheureusement M. Isabey en resta toujours
au Directoire et au commencement de l'Empire; il est ici debout comme un des types de
cette époque. Il a fait d'ailleurs de beaux portraits dont ceux-ci ne sont que de bien faibles
contre-épreuves.

Madame B. — Vous êtes cruels, Messieurs.
Vous nous gâtez notre Isabey que nous aimons
tant, que nous admirons de tout notre cœur!

Il y a presque de l'ingratitude, car vous l'avez aimé.

— Je l'aime encore autant que j'aime Boucher, Vatteau et Chardin. Il me semble que ces trois peintres ne pouvaient pas être autres au dix-huitième siècle. M. Isabey a été ce qu'il devait être aussi pendant la république ; je le regarde comme un monument d'un autre âge ; il me représente bien le vieillard de Béranger, apportant des nouvelles du temps passé.

Mademoiselle Hortense. — De qui est cette nombreuse famille dans ce petit cadre ?

— De M. Jacques, que nous avons vu plus remarquable aux salons précédens.

Madame B. — Mais ceci est fort gentil.

— Gentil n'est pas assez, quand on tient un rang dans un art. Du reste, ceci était fort difficile à faire. Les têtes sont petites; il n'en fallait sacrifier aucune : l'artiste n'avait donc pas la ressource des effets, qui est d'un si grand secours dans toutes les autres peintures. J'aurais voulu pourtant que tous les yeux n'eussent pas la même forme et la même couleur.

Madame B. — Puisqu'ils appartiennent à

des individus d'une même famille, il est tout naturel qu'ils se ressemblent.

— Vous pouvez avoir raison, madame ; mais je suis préoccupé de ce défaut parce que déjà je l'ai remarqué chez M. Hesse et chez M. Isabey. Donnez en passant un coup d'œil à deux ou trois petits enfans peints à l'aquarelle par madame Kantz : ils sont gentils ; le reste est moins bien. Descendons par la droite, et nous remonterons de l'autre côté. Voici madame de Watteville, qui n'est pas très-forte cette année.

M. Delanoir.—Elle n'a pas fait de progrès. J'ai vu de ce peintre un portrait de M. Casimir Bonjour qui était mieux que toute cette exposition, bien qu'il fût trop coquet.

Mademoiselle Hortense.—Vous n'êtes guère indulgent pour les dames.

— Le talent n'a pas de sexe, mademoiselle : toute femme qui produit un livre, un tableau, un bas-relief, une miniature, doit être jugée comme un homme. Un homme qui ferait de la broderie, des robes ou des chapeaux, devrait être jugé comme une femme, parce que ce serait œuvre de femme que la sienne. La force ne manque pas aux femmes ; voyez madame Del-

phine Gay-Girardin, madame Tastu, mademoiselle Hortense Allart, et celle qu'il fallait
nommer d'abord, madame de Staël; voyez madame de Mirbel, madame Deherain avec sa
Jeanne-d'Arc, mademoiselle de Fauveau, et
mademoiselle Caillet avec son paysage si ferme,
si hardi, si bien, représentant une *Vue de Normandie!* Je vous en citerais dix autres; mais je
n'y comprendrais pas madame de la Cazette.
Des ouvrages de cette portraitiste, celui que je
préfère, c'est le portrait de cette dame coiffée
d'un chapeau rose: quoique l'étoffe ait peut-
être un peu trop déteint sur le visage, c'est assez bien modelé.

Madame B. — Cette dame en bonnet ne me
paraît pas mal non plus.

M. Delanoir. — Bien aussi. M. Mourlan est
d'un ton assez agréable. M. Aubry est lourd de
ton et de forme.

— M. Aubry a eu de la réputation, bien justifiée quelquefois; mais il est d'un âge où l'œil
et la main font défaut à l'appel du minia-
turiste.

— *Mademoiselle Hortense.* — Bon Dieu!
qu'est-ce que cela? Vous trouvez M. Isabey

trop rose ; vous ne ferez pas le même reproche à ce peintre.

— Non, je ne le trouve qu'un peu jaune. Mais ne vous y trompez pas, ceci est une chose remarquable. Tout n'y est pas bon ; il y a de l'affectation : la lumière de la joue gauche se découpe sèchement ; l'ombre partie du nez est projetée avec cette vigueur qu'elle devrait avoir seulement peut-être si la tête était éclairée par une lampe ; mais il y a un sentiment vif de l'harmonie, il y a de la puissance. Je ne sais si M. Leydet a vu des miniatures de Rochard, peintre français, établi en Angleterre ; sa peinture me rappelle celle de notre compatriote de Londres.

Madame B. — J'aime mieux Isabey ; il est plus agréable, plus flatteur à l'œil.

— J'avoue que ceci est moins velouté.

Madame B. — Il me fait peur ce monsieur-là ; il a l'air d'un républicain.

Mademoiselle Hortense. — Voilà qui est très-ressemblant : j'ai rencontré ce monsieur cent fois aux Tuileries. Est-ce que vous ne trouvez pas bien ce portrait ?

— C'est une des meilleures choses de M. Jules

Vernet. A propos de M. Jules Vernet, vous rappelez-vous avoir vu au théâtre du Palais-Royal
un acteur nommé Lozet?

Madame B. — Sans doute.

— Eh bien! c'est l'auteur de ce portrait au
grand ruban rouge et jaune. Il a pris la comédie dernièrement : c'est une corde ajoutée à
son arc. Il avait préludé à ses débuts, par des
farces de société parfois un peu triviales; il
avait joué des proverbes, fait des charges de
paravent. Le voilà maintenant au théâtre. Lozet
est le frère de Vernet le charmant comédien
des Variétés.

Madame B. — Qui m'a fait rire dans *madame Pochet.* C'est un acteur plein de vérité et
de naturel : sous la robe de cette ravaudeuse,
vous jureriez qu'il y a une vieille femme; il est
impossible de mieux abdiquer l'homme que ne
l'a fait Vernet. Sous le madras de madame Gi-
bou, au contraire, on voit Odry bouffon parfait, mais toujours bouffon.

M. Delanoir. — Ce général Pajol est bien,
n'est-ce pas, mesdames?

Mademoiselle Hortense. — Un peu jeune, il
me semble.

— *Madame B.* — Ma chère amie, M. de Forbin, Armand de la Comédie-Française, et M. le général Pajol, sont les trois hommes les plus jeunes du dernier siècle.

— M. Troivaux a très-bien rendu le caractère du général Pajol, comme M. Lepaulle celui de M. de Choiseul. M. Troivaux est le continuateur de la manière de Mansion; ses portraits sont bien. M. Gomien procède de la même école; mais en cherchant l'agréable il trouve la convention, et s'éloigne un peu de la nature. Cette femme...

Mademoiselle Hortense. — Est très-jolie.

— A la bonne heure; mais elle est trop lilas. Cet homme assis...

Madame B. — Est un fort beau garçon.

— Oui, mais il est trop raide. M. Gomien a du talent; c'est le large qu'il doit chercher, et non le mignard. La manie de la mignardise a fait avorter vingt artistes, qui, au lieu d'imposer leur bon goût aux femmes, ont reçu d'elles la loi. Il n'y a pas de temps perdu pour M. Gomien; il se désabusera du petit, et prendra le rang qu'il peut avoir avec son acquit et son exécution précise.

Madame B. — Une femme aimera mieux se faire peindre par lui que par votre M. Leydet, toujours !

— Je vous accorde cela complétement. M. de Chabanne, dont voici les ouvrages, ne manque pas de finesse et de modelé ; il a du talent d'exécution ; mais il est un peu froid et lisse. Quand il aura acquis de la force ce sera un homme distingué dans la miniature. De tous ses portraits, celui que je vous recommande particulièrement, c'est cet homme à la tête inclinée et riante. Passons sur mademoiselle Toulza ; ne nous arrêtons pas davantage à madame Lecoq-Cyane ; vous me reprocheriez encore là d'être sans galanterie ou sans miséricorde. Madame Lecoq fait mieux que mademoiselle Toulza ; voilà tout ce que je puis dire. Mademoiselle Legrand est plus habile que toutes deux.

M. Delanoir. — C'est un éloge modeste.

Mademoiselle Hortense. — Mais poli au moins dans la forme.

— M. Delacluze se tourmente pour faire de l'effet ; il met en guerre ses fonds avec ses têtes : il voudrait bien être coloriste, mais il n'a pas encore trouvé le secret de l'harmonie, du charme et de la vérité de la couleur. Son meilleur portrait me paraît être, vu d'un peu loin, celui de cette jeune personne qui marche en tournant la tête.

Madame B. — Et qui ressemble un peu à la jolie marchande de comestibles du passage des Panoramas.

— Si M. Gaye avait modelé et fait saillir un peu cette tête d'enfant très-lumineuse, ce serait une jolie chose. Mademoiselle Eulalie Singry porte un nom qui avait de la valeur dans la miniature il y a dix ans. Singry était un homme de talent. Il est mort trop tôt pour la peinture, où il pouvait prendre une place très-notable, et pour l'éducation de mademoiselle Singry. Toutefois, une des têtes de mademoiselle Eulalie, choisissez au hasard, vaut mieux que toute l'œuvre de M. Maricot.

Madame B. — Il est vrai que c'est bien laid; noir et rouge...

M. Delanoir. — Et dessiné !...

— Mademoiselle Flore Geraldy, mademoiselle Demarcy, M. Gobert, M. Bouchardy et M. Dubasty pourraient concourir ensemble, et nous serions bien embarrassés de savoir à qui décerner le prix. Mademoiselle Bossange n'est pas bien forte encore, mais elle aura du talent. Elle a besoin d'apprendre à voir la nature tout simplement sans préoccupation de manières. C'est un art que de bien voir. Une femme, dont je vous montrerai tout à l'heure les ouvrages, pourrait l'enseigner à tous les portraitistes. Je n'en sais pas un, depuis M. Ingres jusqu'à mademoiselle Swagers, et l'échelle est bien longue, qui lise plus juste dans une tête et la reproduise plus sincèrement, abstrayant mieux toute manière, toute pratique; dominant son instrument, jamais dominée par sa main si habile. Je ne suis pas peintre de portraits; si je l'étais, c'est à l'école de cette artiste sans rivaux que je voudrais étudier la nature.

Mademoiselle Hortense.—Et quelle est cette dame à qui vous donnez la palme de son art?

M. Delanoir. — Monsieur n'a pas besoin de la nommer, et vous devriez avoir reconnu madame de Mirbel.

Mademoiselle Hortense. — Allons donc voir tout de suite ses portraits!

— Non, s'il vous plaît; continuons notre promenade; nous arriverons tout à l'heure à madame de Mirbel. Elle est la dernière dans l'ordre que nous suivons. Après la station faite devant son cadre, nous nous en irons, comme les gourmands sortant de table sur la meilleure bouchée. Voici deux très-grandes miniatures d'un homme plein de mérite, M. Carrier.

Madame B. — Cet officier de hussards est très-bien en effet.

Mademoiselle Hortense. — Moi, j'aime mieux la petite fille auprès de son gros bouquet de fleurs.

— Je suis de votre goût, mademoiselle. Je trouve que dans cette peinture toutes les difficultés sont mieux vaincues que dans l'autre. La délicatesse de la jeune fille, la fragilité de la santé, la grâce, l'esprit, l'intelligence, tout est bien rendu dans cette petite tête fort bien peinte. Dans la tête du hussard, il y a de bonnes qualités aussi; mais je le quitte volontiers, pour revenir à cette charmante enfant.

M. Delanoir. — Et les accessoires du paysage, comme ils sont bien traités! Quelle belle gouache! C'est tout-à-fait du talent, cela!

— Si j'écrivais quelque chose sur le salon, cette année, je donnerais des éloges bien sincères à M. Carrier. Il me semble démêler dans ses ouvrages l'amour de la peinture ; je l'engagerais, maintenant qu'il est parvenu à faire très-bien les fonds, à reporter sur l'étude de la tête et des mains, toute sa chaleur, parce qu'en définitive c'est là qu'est l'affaire du peintre de miniatures. Il est sur une si belle voie qu'il serait fâcheux de le voir s'arrêter en route à jouer avec une plante ou un ciel, y réussît-il toujours comme il y a réussi cette fois. Voici un artiste qui fait bien, et dont je n'avais encore rien vu, je pense : M. J. Delorme. Cette femme en robe jaune et toque rouge, cette autre en violet, celle-ci qui est assise, me plaisent assez. Si le dessin y était plus pur, si les fermetés des bouches et des nez étaient plus grasses et non accusées par des touches dures, il y aurait lieu, à mon sentiment, de louer beaucoup le peintre. Madame d'Aubigny me semble plus habile que M. d'Aubigny, qui cherche à arriver à l'épaule de M. Saint, et n'est encore monté qu'à sa hanche. Cette jeune dame, assise dans un paysage, les mains croisées, est une jolie chose.

Mademoiselle Hortense. — Il faut bien aimer l'aquarelle, la miniature et le dessin à la mine de plomb, pour regarder avec la conscience que vous y mettez, tous ces portraits qui me paraissent si médiocres.

M. Delanoir. — Le coq de Lafontaine trouva bien une perle dans....

— Je suis moins heureux que lui, et cependant j'ai retourné tout M. Faija, tout M. Dubourjal, tout M. Heigel, tout M. Blaize. M. Blaize fait des portraits au crayon! qu'il aille apprendre de M. Ingres ou de M. Amaury-Duval comment on dessine! Il verra la distance qu'il y a entre l'art et la pratique, entre l'étude sérieuse de la nature et le chique. M. Passot n'est pas heureux cette année; je l'ai vu plus large, plus agréable, plus vrai.

Madame B. — S'il vous entendait!

— Je lui rappellerais que je l'ai loué quand il a bien débuté; j'ai acquis le droit de lui dire qu'il n'a pas fait les progrès qu'on espérait de lui. Il est jeune encore, et il peut prendre une revanche dont je serais, pour ma part, très-content. Quand les anciens nous manquent, que les nouveaux grandissent du moins !

Mademoiselle Hortense. — Oh! quel fini! comment a-t-on la vue assez bonne et des pinceaux assez fins pour faire ainsi?

— Qu'on fasse plus gros ou plus fin, ce n'est pas ce qui m'inquiète; qu'on fasse vrai, voilà l'important. Toutes ces têtes ont l'air de boules d'ivoire coloriées, bien polies, bien frottées, bien lisses. Le travail de madame Augustin est minutieux, petit, fatigant à voir; on souffre à penser qu'un être humain, organisé pour autre chose qu'un travail mécanique, fasse abnégation de sa puissance, de son imagination, à ce point de remplacer par un labeur patient l'art si large, si accidentel, si peu uniforme, de traduire la nature. Où est la vie dans cette peinture rouge et glacée? Y a-t-il apparence de chair? On ne fait pas des muscles plus inflexibles à Dieppe, où l'on taille des dents d'éléphant; encore ai-je vu de ces sculptures où j'aurais été tenté d'enfoncer le doigt, parce qu'il y avait un heureux simulacre de la morbidesse des chairs et de la peau : ici, je m'en garderais bien, je me briserais les ongles.

Madame B. — Cette pauvre madame Augustin, comme vous êtes dur pour elle!

— Moins qu'elle ne l'est pour les gens qu'elle représente.

Mademoiselle Hortense. — Je voudrais bien savoir ce que vous trouvez à reprendre, vous qui reprenez à tout, dans cette grande miniature que je trouve merveilleuse, pour moi. Ces cheveux ne sont-ils pas bien faits?

— Oui, quoiqu'un peu uniformément touchés.

Mademoiselle Hortense. — Ces perles, ces boucles d'oreilles, ne sont-elles pas....

— Parfaites.

Mademoiselle Hortense. — Cette robe bleue, ces rubans?

— A faire illusion. Mais le principal, mademoiselle!

Mademoiselle Hortense. — Voyez comme le travail est régulier.

— C'est vrai; mais la nature ne l'est pas; elle a des accidens même dans le plus beau visage. Ici rien, tout est uni; c'est une femme créée par M. Millet, et non pas la nature. Et puis, les chairs sont dans l'harmonie de la robe ; le bleu et le violet y abondent ; le bras droit est complétement bleu : avez-vous vu quelqu'un de ce ton-là ? Regardez les portraits qui entourent celui-là, excepté deux ou trois où le violet ardent domine, tous sont passés au bleu de Prusse. C'est dommage, car voilà des choses bien modelées : cet homme qui rit, par exemple. M. Millet voit bleu, comme M. Hesse voit gris et rose, comme M. Isabey voit rose et rouge ; ce n'est peut-être la faute d'aucun de ces artistes. Il n'y a que les partis pris contre lesquels on puisse s'élever ; ce qui est défaut d'organisation n'est qu'un malheur. Le bleu gâte cette peinture de M. Millet, que je ne mésestime pas pourtant, parce que j'y reconnais du talent ; je la voudrais d'un ton plus vrai et en même temps un peu raide : cela manque de laisser-aller, de souplesse. M. Millet a une main très-habile, un pinceau très et trop régulier même, il s'est laissé maîtriser par le métier ; et dans la miniature comme dans toutes les branches de l'art, si une bonne exécution est nécessaire, il faut qu'elle se subordonne au sentiment, à la pensée. Les points précieux des miniaturistes sont comme la rime des poètes, des esclaves qui doivent se soumettre et ne jamais prendre le pas sur la forme, la couleur et l'expression. M. Millet tient son rang dans la miniature depuis quinze ans; il a une belle clientelle; il a fait des portraits remarquables, et si je suis sévère en examinant avec vous ses œuvres, et surtout le portrait de madame P....., miniature capitale, c'est qu'il en vaut bien la peine. La critique ne s'attache pas à ce qui n'est pas.

Mademoiselle Hortense. — Monsieur notre directeur, j'en suis bien fâchée, mais vous ne m'avez pas convertie. Quoi que vous en disiez, je trouve délicieuse cette femme bleue.

— Tant mieux vraiment, et c'est ce qui importe au peintre. Nous autres, nous sommes des esprits chagrins, malheureux, difficiles; vous, mesdames, vous jugez selon vos impressions, vous ne marchandez pas avec vous-mêmes. Ce qui vous plaît tout d'abord est bon; vous n'avez pas le triste besoin de l'analyse.

Madame B. — Et nous serions bien fâchées de l'avoir; elle altère toutes vos jouissances.

— C'est vrai quelquefois; mais aussi elle nous en donne de plus vives.

Mademoiselle Hortense. — Oh! des jouissances de vanité, des joies de pédant! Qui nous charme, nous, a tous les mérites; et, sans aller plus loin, il nous importe peu de savoir si cette petite fille, appuyée sur la tête d'un chien, a les conditions que vous exigez dans une bonne peinture; elle nous convient, nous paraît agréable; nous l'aimerions accrochée à côté de notre cheminée: c'est tout ce qu'il nous faut.

— Je le crois; mais cette petite fille est bien; il y a de la finesse de ton et de forme; l'exécution est assez suave; la tête du chien est largement indiquée; c'est en un mot une jolie chose. Êtes-vous également satisfaite des autres portraits de M. Lequentre?

Mademoiselle Hortense. — Non pas autant.

— Je suis des vôtres, cette fois. Il n'y a là, pour moi comme pour vous, que cette petite fille au chien. Ce n'est pas que dans le reste je ne puisse vous montrer des choses bien faites; ce portrait d'homme entre autres.

M. Delanoir. — Nous voici devant les ou-

vrages d'un homme qui jouit d'une grande réputation, mesdames ; ainsi, regardez de près.

Madame B. — Il est possible que ces aquarelles soient belles, selon vos règles ; mais elles
ne me font aucun plaisir à voir.

M. Delanoir. — Voyez donc comme c'est
largement peint.

Madame B. — Je ne vous dis pas non ; mais
je n'aime pas des chairs dont les pores sont larges, et régulièrement ouvertes comme les trous
d'une écumoire.

— Madame formule sa pensée avec une énergie que je n'oserais pas me permettre en parlant d'une œuvre d'un artiste aussi haut placé
dans l'opinion que M. Saint. J'avoue cependant
qu'elle a raison. Tout cela est rond, lourd, large
avec affectation, et surtout commun. Le commun est le pire des défauts pour moi ; je ne le
pardonne pas à un homme distingué et de bonne
compagnie. M. Saint ne regarde peut-être ses
aquarelles que comme de grandes esquisses ;
mais, dans une esquisse même, on peut mettre
plus de charme et moins de bourgeois qu'il n'y
en a chez cette grosse dame jaune qui bat la

caisse sur son ventre. Les miniatures de M. Saint sont préférables de beaucoup à ses aquarelles.

Mademoiselle Hortense. — Cette dame coiffée avec des fleurs est très-jolie en effet.

— Elle a l'air d'une nymphe, d'une des muses de Lesueur. Je la trouve d'un aspect très-agréable. Ses yeux et son front sont charmans.

Mademoiselle Hortense. — Et sa taille donc !

— Je n'aime pas cette gorge de marbre, si ronde, si dure.

Madame B. — Vous êtes difficile !

— Non, délicat seulement.

Madame B. — Bien des femmes changeraient avec celle-là !

— Avec l'original, oui ; pas avec la copie. La nature est ferme, mais votre doigt ferait une fossette à la surface du sein de cette dame, tant soit-il au-dessus du besoin d'un corset ; ici, vous seriez arrêtée tout de suite : la chair manque de flexibilité. Cette raideur n'est pas une flatterie bien entendue. M. Saint pourrait, je pense, changer cette pierre coloriée en une matière solide et douce, énergique et voluptueuse, qui tînt plus de la femme et moins de la statue. Je voudrais qu'il traitât le cou, les épaules et la poitrine, comme il a traité le visage, qu'il y mît un peu de lumière; et cette miniature serait délicieuse. La tête coiffée d'un chapeau noir à plumes roses est très-bien aussi; mais là, comme dans les autres peintures de M. Saint, je retrouve le système qui commande au talent. M. Saint a entendu reprocher long-temps, et avec raison, à la miniature d'être un genre petit, étroit, mesquinisé; il a voulu être large, il l'est devenu à l'excès. Voyez un peu cette grande tête d'homme un peu chauve, le morceau principal, sinon le plus aimable de la collection exposée par l'artiste : le large y est outré; le peintre établit une lutte coura-geuse entre la miniature et l'huile; mais plus chaque coup de pinceau se grossit, plus il dé-montre qu'il dépasse la limite de ses facultés. C'est un ténor qui chante la basse-taille; il force sa nature et ne saisit pas. Le front et les yeux sont beaux; le reste de la tête est lourd.

M. Delanoir. — Je trouve, moi, beaucoup de talent dans cet ouvrage. Il y a, comme dans le très-bon portrait du roi, du même artiste, de l'audace, de la fierté, un grand savoir, une grande habileté.

— Je ne nie rien de tout cela. Je crois que cette tête plus grande, plus historique, si vous voulez, que les autres, leur ressemble pourtant. Il n'y a point d'individualité chez M. Saint; il y a une donnée constante, dans laquelle viennent se jeter les données diverses de la nature; tous ses portraits procèdent du même père, du même système; et quant à ce qu'on loue comme une audace, cette exécution par touches de décorateur, par points grands comme des lentilles, je dis que ce n'est pas la vocation de la miniature. Il lui faut quelque chose de moins heurté, il lui faut des transitions moins brusques; il faut, parce qu'elle doit être vue de près, qu'elle ait ce passé, cette délicatesse dans la vigueur, cette douceur dans le modelé le plus fort qu'on n'exige pas dans un portrait à l'huile, parce qu'on doit le voir de loin, et qu'il s'affadirait s'il était traité d'un pinceau trop caressant. Je reconnais le talent dans M. Saint; mais je dis qu'il est sous l'empire d'une manière; et, encore une fois, la nature n'a pas de manière : elle se produit sous toutes

les formes, sous tous les tons, avec des accens
divers; elle veut un pinceau ferme, fin, naïf,
élégant, facile, coloriste, simple; elle veut une
intelligence élevée pour la comprendre, un esprit observateur pour l'étudier, un œil sans
préjugé pour suivre ses caprices et les saisir.
Elle a trouvé tout cela dans madame de Mirbel. Tenez, voilà sept portraits, trois aquarelles et quatre miniatures; regardez si une de
ces têtes ressemble à l'autre! et toutes sont
parfaitement ressemblantes. Je n'ai pas là tous
les modèles pour vous les faire voir à côté du
cadre de l'artiste; mais par un ou deux de ces
portraits vous jugerez des autres. Vous connaissez madame de Praslin; vous avez vu tout
cet hiver ces yeux charmans et ce beau front
dans une première loge à l'Opéra, entre les
colonnes à gauche et presque en face, ne les
retrouvez-vous pas là? Vous savez comme est
grasse cette jeune dame : ne retrouvez-vous
pas son embonpoint? mais il est bien placé,
point massif; comparez cela à la dame jaune
de M. Saint! Madame de Mirbel a fait comme
M. Ingres peignant M. Bertin; elle a mis de
l'ampleur et pas de lourdeur : aussi M. Bertin

et madame de Praslin ne sont point communs ; ils ont été vus du bon côté par les deux peintres. Le secret de l'art est de faire vrai, non pas exact ; l'exact est souvent trivial, le vrai ne l'est jamais ; il peut être toujours spirituel, élevé ou noble. Me voilà, moi, avec mes lunettes, le désordre de mes cheveux, mes moustaches relevées à l'espagnole.

Madame B. — Et le caractère de votre physionomie.

— Croyez-vous qu'il soit possible de trouver un portrait plus intime, plus vrai, rappelant mieux les habitudes du corps et du visage? Croyez-vous qu'il y ait dans tout le Louvre beaucoup de têtes modelées et coloriées comme celle - là ? Nous parlions de largeur tout à l'heure, et de fermeté et de forme ; regardez ! Outre les grandes lignes qui constituent l'ensemble, voyez si tous les plans sont bien indiqués, si les os sont bien à leur place, s'il y a des muscles sur les os, et de la peau sur les muscles ! Voilà du dessin, voilà de la finesse et du modelé ! et pas plus de mollesse que de dureté ; large et ferme, solide et flexible. Quant à la couleur, elle est d'une vérité que je n'ai pas besoin de vous vanter, puisque vous pouvez comparer la réalité avec l'imitation. Madame de Mirbel n'a pas une couleur de convention ; pour être brillante elle ne diapre pas ses portraits de tons qui s'harmonient comme ils peuvent ; pour être simple elle ne tombe pas dans l'uniformité ; pour être gracieuse elle ne prodigue pas le rose ; pour être fine dans ses demi-teints elle n'a pas recours au bleu ou au gris. Sa palette est obéissante comme son pinceau ; le pinceau sait se plier à la forme ; la palette n'impose rien au ton local. Ce que je vous fais remarquer dans mon portrait je vous le montrerais si M. Delecluse, M. le prince de Chalais, mademoiselle de Fitz-James, et les deux autres personnes dont je ne sais pas les noms étaient là. Faute de cette preuve à laquelle il n'y aurait rien à répliquer, j'en veux donner une autre. M. Delecluse est un homme de quarante-cinq ou quarante-sept ans ; M. de Chalais a vingt-deux ou vingt-quatre ans ; mademoiselle de Fitz-James est un enfant de douze ans à peu près ; j'en avais trente-six et demi quand j'ai été peint : ne trouvez-vous pas que toutes ces différences soient parfaitement sensibles dans les portraits de madame de Mirbel, et sensibles autrement que par les indications vulgaires qu'on voit partout? Ce n'est pas seulement par l'apparence de la peau, les saillies osseuses, les cavités musculaires, la couleur des cheveux, que tous ces individus diffèrent; il y a entre eux le caractère de chacun; il y a l'homme, l'homme vivant, pensant, occupé ou oisif, grave ou frivole. Il y a dans chacune des peintures, la peinture physique et morale, toutes deux puissantes, toutes deux vraies: l'une qui prend la superficie et la rend complétement; l'autre qui s'attache aux ressorts cachés, les étudie, les devine, et les place admirablement sous la surface qu'ils doivent animer.

Madame B.—Il est vrai que pour qui vous connaît, vous êtes tout entier dans ce portrait.

— M. Delecluse n'est pas moins parfaitement représenté, et je suis sûr que vous n'auriez pas de peine à dire son excellent naturel, après avoir vu ce beau signalement physiologique qu'en a donné madame de Mirbel.

M. Delanoir. — C'est de l'admirable peinture, mesdames, et j'en suis ébloui. Je serais fort embarrassé de choisir entre ces aquarelles et ces miniatures.

Mademoiselle Hortense.— Moi, je suis portée à préférer mademoiselle de Fitz-James, avec ses jolis cheveux blonds, sa peau si blanche et si fine, sa vue si tendre, ses lèvres de corail.

— C'est une merveille, en effet, que cette tête au ton d'argent, toute dans la lumière, et puissante de saillie pourtant. Les surfaces sont grandes dans ce petit visage. Pour arriver à ce résultat, pour faire jeune ainsi, que de difficultés il a fallu surmonter! En voyez-vous la trace? Y a-t-il quelque chose de pénible dans ce travail? Ne dirait-on pas que cette tête est sortie d'un seul jet des mains d'une seconde nature? Le mécanisme de l'art ne vous blesse pas chez madame de Mirbel comme dans la grande majorité des portraits que nous avons examinés ensemble ; il disparaît, il se subordonne au sujet ; il ne vous crie pas : « Regardez donc comme je procède, comme je me fais fin ici et large là-bas ; comme je m'assouplis ou résiste ! Regardez, je suis beau, fier, doux, facile ; je suis tout ce que je veux être ! » Il n'a pas la marche gigantesque de celui de M. Saint, ou le vêtement rosé de celui de M. Isabey ; aussi on ne songe à lui que lorsqu'enfin, surpris de trouver une vérité si parfaite sur un morceau d'ivoire ou de papier, on se demande : « Comment l'artiste s'y est-il pris pour arriver là ? » On ne s'était pas fait d'abord cette question, parce que l'art se cache à tel point sous l'objet représenté, qu'on n'a pas plus pensé à interroger le visage peint qu'on ne penserait à interroger le modèle sur les moyens employés par Dieu pour le produire. C'est le suprême bien dans l'exécution que cette variété, cette juste application de la touche et de la couleur, cette modestie du mécanisme, qui ne trahissent ni la peine, ni la vanité de la fabrication, ni une manière déterminée. Madame de Mirbel n'a point de manière ; elle copie la nature, sans habitude prise de faire une bouche ainsi, et ainsi un nez. Elle voit des plans, des formes, une couleur, et elle reproduit cela avec une savante naïveté. Regardez les yeux de tous ces portraits, et rappelez-vous ceux de M. Hesse, de M. Isabey, ceux de M. Jacques et les autres : des types chez

eux ; ici, la nature avec ses imperfections et ses
tics, avec ses formes individuelles. Rappelez-
vous la couleur dominante chez la plupart des
peintres : là grise, là bleue, là jaune, là lilas ;
ici une couleur vraie, indépendante, appro-
priée à chaque individu. Presque partout vous
voyez un dessin équivoque, des vêtemens pla-
qués sur des mannequins, un arrangement d'un
goût douteux. Chez madame de Mirbel, les corps
se meuvent à l'aise sous les habits ; les vêtemens
sont d'un choix simple, sans prétention, et plein
de bonne grâce ; le dessin est pur, correct, énergique ou élégant. L'originalité cherchée est in-
connue ici, et cependant ses ouvrages sont riches d'originalité : chaque tête à la sienne, qu'elle
tient de l'imitation parfaite de la nature. Pour
me résumer en peu de mots, je ne connais pas
un peintre de portraits plus habile et plus vrai
que madame de Mirbel. Ses ouvrages sont, dans
l'art de la reproduction de la tête humaine, ce
que je vois de plus complétement beau ici. Je
n'exagère rien, je ne parle point par amitié, ou
par reconnaissance, de l'honneur que m'a pro-
curé l'artiste en me permettant de poser devant
elle—Madame de Mirbel a interrompu une pré-

cieuse collection de portraits de personnages illustres ou célèbres, pour s'occuper de moi — je parle sincèrement, comme je fais toujours; mon admiration est raisonnée comme ma critique, et si je n'ai rien trouvé à redire, ce n'est pas que j'aie regardé ces morceaux avec des yeux complaisans. J'ai lu des opinions critiques sur le talent de madame de Mirbel; j'y ai vu qu'on attend de sa part de nouveaux progrès : je ne sais pas lesquels en vérité. Plus je regarde ceci, plus je suis satisfait. Je m'interroge pour me demander si le portrait de M. Delecluse et le mien, si ceux de ce monsieur en redingote de velours verdâtre et de mademoiselle Victorine de Fitz-James, me laissent quelque chose à désirer, et je vois que je n'ai rien contre. Il me semble que cette grande artiste résume en elle toute la peinture de portrait : diversité, individualité profonde, physionomie morale des modèles, dessin pur et fin, fermeté et douceur dans le modelé, saillie, simplicité d'effet, couleur vraie et variée, harmonie, bon goût d'arrangement, exécution pleine de sentiment; voilà les qualités qui font le portraitiste habile, qu'ont eues Vélasquez, Van-Dick et Titien, que possède à un degré éminent madame de Mirbel. Pour bien juger du talent de ce peintre, il faut voir à côté de ses portraits finis ses ébauches qui ont une ou deux séances; il faut voir l'ébauche qu'elle a faite d'après M. Gérard, et celle plus avancée du portrait de M. Ingres; délicieuses choses, qu'elle devrait peut-être ne pas finir tant elles sont heureuses, tant à ce degré elles ont déjà de ressemblance intime, de coloris vrai et de perfection de forme! Cette pureté dans la pose des premières touches qui doivent faire le corps sur lequel s'établira une nature complète d'homme physique et moral, espèce d'ostéologie double, où se placent ensemble les dessous et le squelette des surfaces; cette pureté, dis-je, est merveilleuse à voir. En étudiant ces ébauches qui ont étonné M. Ingres et M. Gérard, deux bons juges assurément, en les étudiant comme un plan, on reconnaît que l'édifice qu'elles supporteront sera solide et beau de tous les genres de beautés. J'aurais voulu que madame de Mirbel exposât ces peintures commencées; elle s'y est refusée par modestie, pour n'avoir pas l'air de donner une leçon aux portraitistes.

Madame B. — Cette pudeur est de bon goût.

— Tant que vous voudrez; mais je la blâme quant à moi : car enfin, tout artiste de talent a la conscience de ce qu'il vaut; s'il a une manière, un système, c'est qu'il loue ce système, cette manière, c'est qu'il les croit meilleurs que ceux de ses émules. Chaque fois qu'il expose, il dit implicitement : voilà comme je fais, comme je crois qu'il faut faire; il donne donc une leçon.

Madame B. — C'est assez vrai, ceci.

—Pourquoi alors ne la pas donner complète? Est-ce parce qu'on aurait trop d'ébauches ? Ne croyez pas cela. Il est peu d'artistes qui se hasarderaient à montrer leurs ébauches, parce qu'une ébauche réussie est une chose rare, et que le plus ordinairement l'ébauche n'est qu'une première forme de la pensée, un peu plus avancée que l'esquisse, mais qui se modifie à l'exécution. Chez madame de Mirbel, c'est une vue juste mais affaiblie de la nature, qui n'a besoin, pour ainsi dire, que de se multiplier par elle-même pour être complète.

M. Delanoir. — Madame de Mirbel a bien fait, à mon sens, de ne pas exposer cette racine carrée de ces portraits, pour suivre votre figure mathématique. Le public habitué à ne voir que des œuvres faites, n'aurait pas compris ces élémens qui n'auraient plu qu'aux artistes et aux connaisseurs.

— Cette raison vaut mieux que l'autre, et je m'y rends volontiers.... Eh bien! mesdames, voilà notre tournée finie. Maintenant, si vous aviez à vous faire peindre, à quelle porte iriez-vous frapper?

Mademoiselle Hortense. — A celle de cette dame infailliblement.

— Et vous feriez bien ; car indépendamment du résultat matériel des séances, vous ne savez pas ce qu'il y a de bonheur à poser devant madame de Mirbel, une des femmes les plus aimables, les plus spirituelles et les plus raisonnables que j'aie encore rencontrées ; bonne et gaie, qui, au milieu du grand monde où elle va, a recueilli une foule de faits curieux qu'elle raconte à ravir, et qui, dans ses causeries piquantes sans le secours de la médisance, sait en quelques traits faire de l'histoire contemporaine, et des portraits fidèles comme ses peintures.

Madame B. — Vous me répétez là ce que j'ai entendu dire par tous ceux qui connaissent madame de Mirbel, et assistent à ces charmantes réunions des 1er et 15 de chaque mois.

Mademoiselle Hortense — Ah ! vous vous en allez sans regarder ces portraits.

M. Delanoir. — Il arrive à M. Meuret ce qui, dans le monde, arrive aux gens d'esprit : assis tout près des hommes les plus remarquables de l'époque, le voisinage les efface. Donnez un siége à Scribe à côté de M. de Châteaubriand, c'est à peine si on s'apercevra qu'il est là.

Mademoiselle Hortense. — Ces deux petites filles, dont une joue avec un chat, et cette jeune personne debout dans un paysage, sont cependant très-jolies.

— Très-gentilles, mademoiselle, très-agréables ; cela vaut beaucoup mieux que bien des choses d'artistes plus renommés que M. Meuret.

Le salon est au moins très-décent cette
année, disait une vieille dame à une de ses

amies assise à côté d'elle sur une des banquettes qui entourent le globe de la grande galerie.

— C'est vrai, répliqua la seconde dame, il n'y a pas de ces vilenies que nous avons vues pendant trente ans au Louvre.

— C'est feu M. David qui avait amené la mode de tous ces gens nus de la tête aux pieds, se montrant de tous les côtés impudemment et sans égard pour les chastes yeux des femmes de bien.

— Que voulez-vous, ma chère amie! un révolutionnaire! le peintre des sans-culottes!

A ce moment-là, j'inscrivais sur la marge de mon livret le n° 764. C'est celui d'un tableau de M. Dulac, que je voulais joindre à ma liste où j'ai porté les titres de tous les tableaux dont les auteurs ont eu une même pensée de volupté, non pas de cette volupté chaste, si bien comprise par M. Gérard, et si délicatement traduite dans le baiser que reçoit *Psyché*, mais de celle que les vaudevillistes ont à leur usage pour les couplets grivois, les phrases équivoques et les scènes égrillardes. Je me pris à rire malgré moi, en entendant ces respectables dames se féliciter d'une bonne fortune qu'elles n'avaient pas eue encore. Elles s'en aperçurent, et l'une d'elles, en m'offrant une prise de tabac, me dit :

— Monsieur, est-ce que vous n'êtes pas comme nous édifié de la moralité du salon !

— Mais, madame, répondis-je, je ne suis pas facile au scandale : dans une figure nue, que l'auteur a déshabillée, seulement pour me montrer qu'il sait dessiner et peindre, je ne vois qu'une étude, un objet d'art fort innocent. Ainsi, M. Lesage a pu étendre sa bacchante sous un berceau de vigne, sans qu'il me soit venu d'autre pensée à l'esprit que celle-ci : « Cette figure de femme à la peau grise est une bien médiocre peinture ! » M. Norblin a pu endormir la sienne après l'avoir enivrée, et lui avoir rougi les lèvres d'un vin de Salerne, sans qu'il m'ait pris envie de l'aller réveiller. Je vois là, comme dans son Érigone, une fille de campagne solide, bonne pour un garçon de ferme qui veut avoir une ménagère, capable de labourer, de faire le pain, la lessive, et une demi-douzaine d'enfans ; j'y vois un dessin assez lourd, un coloris qui n'est

guère plus distingué, mais dix fois plus de
talent qu'il n'y en a dans l'académie de M. Lesage, dans l'*Érigone* de M. P. J. Lordon,
dans les *Songes de Páris* et de *Télémaque* de
M. Ansiaux, dans les *Danaïdes* de je ne sais
par qui, et dans la *Suzanne* que mademoiselle de Formont doit à de vagues souvenirs
de Lafosse. M. Nouvière m'a montré des femmes qui se baignent; je n'y ai vu que des modèles, dont la nudité est enfermée dans un
patron taillé chez M. Ingres; il m'a montré
par-devant une odalisque endormie, et tout
ce que j'ai pu dire à cette pauvre fille, c'est
qu'elle a tort de s'étendre ainsi pour montrer
la pureté de ses formes, parce que sa prétention n'étant qu'à demi justifiée, on lui repro-
chera d'autant plus ses défauts qu'elle a l'air
de se croire parfaite, sous le prétexte assez vain
qu'elle a été pétrie d'études faites chez un grand
dessinateur. M. Nouvière m'a montré cette
même odalisque dans la position où le roi Can-
daule voulut que son ami vît la reine, et tout en
avouant qu'il y a dans les reins et tout ce qui
les suit, dans les cuisses et les jambes, des
choses assez jolies de forme, de modelé et

même de ton, je n'ai pas fait le péché de Gygès? Quelqu'un m'a dit que le sujet de ce tableau est l'*Apothicaire en retard*, et je l'ai cru; tant il m'est indifférent que ce modèle à trois francs la séance fasse voir son dos à moi, ou au clistorel qui doit lui administrer une douche intérieure. Quand l'artiste déshabille ses figures avec une intention impure, c'est différent; mais cette année, comme vous l'observiez très-bien, c'est rare. Excepté M. Court, qui dans ses jeunes filles à perroquet, a recherché le succès charnel dont M. Dubuffe eut le monopole pendant quatre ou cinq ans, je ne vois personne qui ait visé à ce genre de popularité; car si *Sapho et Phaon* sont presque nus dans le tableau de M. Delorme, ce n'est pas pour faire venir de coupables pensées aux jeunes gens qui sortent du collége; c'est seulement pour attirer l'attention du public sur le style prétentieusement élégant de l'auteur, le fini minutieux de son pinceau, l'éclat de sa couleur fausse et brillante.

— Hors ces tableaux que vous venez de nous signaler, et dont j'avoue n'avoir vu que le dernier qui m'a paru bien plus dangereux que vous ne dites, sous le rapport des mœurs, parce que les personnages en sont fort séduisans, il n'y a rien ici qui blesse les regards des personnes sages.

— C'est que les personnes sages comme vous, madame, ont un admirable instinct pour fuir les mauvais spectacles. Vous n'avez pas regardé en censeur bien austère; moi, qui n'ai pas cherché, j'ai rencontré une dizaine de tableaux, qui vous auraient prouvé que l'exposition de 1831 ne diffère guère des précédentes au chapitre de l'amour profane.

— Quoi! des nudités!

— Non, madame. Dans les scènes que je veux dire, l'amour est assez décemment vêtu; il a fichu, robe, chemise et pantalon; mais il n'en est pas moins ardent.

— En verité! Mais où ont-ils donc caché ces horribles représentations grivoises?

— Elles ne sont pas cachées, madame; et si vous voulez les voir je vais vous les montrer tout de suite.

— Ma chère amie, reprit la plus âgée des

deux bonnes dames, n'acceptez pas ; il faut fuir ces peintures damnables. Quand vous aurez mon âge, ce sera sans danger ; mais au vôtre !...

— J'ai cinquante-huit ans, ma chère, et vous tout au plus soixante-quatre.

— Oh ! soixante-quatre ! vous êtes généreuse aujourd'hui ; je n'en aurai que soixante-trois, vienne la Saint-Louis. Mais vous, est-il possible que vous ayez cinquante-huit ans ?

— Cinquante-huit.

— Avant-hier, chez madame de l'Auriante, vous n'en aviez que quarante-neuf ; vous l'avez dit.

— Vous savez bien que c'est à cause de cet ennuyeux chevalier de Viloison, qui veut absolument que j'aie été à un certain bal du Directoire, d'où il m'aurait ramenée, dit-il, dans une voiture de Barras. J'y étais en effet, mais je ne voulais pas y être pour Viloison ; il est si fat ce vieillard, que sans le témoignage irrécusable de mon âge, espèce d'alibi excellente, il aurait laissé croire...

— Mon Dieu, mesdames, tout cela est fort simple ; madame était trop jeune pour avoir pu assister à une de ces fêtes galantes où l'honneur des femmes courait d'assez grands hasards; elle est assez raisonnable pour voir représenter au Louvre ce qu'on voyait jadis en réalité au Raincy et à la Malmaison. Acceptez mes deux bras, et venez tout près d'ici d'abord. Tenez, voici un jeune homme donnant un baiser à une jeune personne.

— Oui, un baiser très-positif. Autrefois on embrassait sur le front en peinture.

— L'école nouvelle a changé cela; elle aime le positif des choses. Aussi chez M. Bazin on s'embrasse à ce *rendez-vous*, comme en 1831 on s'embrassait chez M. Clement Boulanger, dans la chambre de la maîtresse de François Ier. Au reste, ceci n'est rien encore. Voilà *la Mère aveugle* de M. Spindler. Vous savez la chanson de M. Béranger : *Lise, vous ne filez pas !*

— Non assurément, monsieur, nous ne la connaissons pas! Nous prenez-vous pour des grisettes, ou des ci-devant tricoteuses des sections?

— Lise reçoit son amant en présence de sa mère aveugle; la bonne femme entend des chuchotemens, des rires étouffés, puis des baisers, et chaque fois qu'elle croit être sûre que sa fille est occupée d'autre chose que de son rouet, elle lui fait part de ses découvertes et lui répète son refrain : Lise, vous ne filez pas!

— Eh bien! chanson et tableau sont deux horreurs.

— La chanson est ravissante, le tableau n'est pas bon : voilà entre ces deux horreurs, comme vous les appelez, la différence fâcheuse. M. Spindler a l'exécution aussi molle, aussi tâtonnée, aussi commune, que Béranger l'a ferme, sûre et élégante. Autre scène de séduction. Celle-ci est de M. Bruyères, et ne vaut guère mieux que celle de M. Spindler.

—Elle n'est pas moins criminelle. Si ce n'est pas une infamie de la part de ce voyageur de chercher à séduire une jeune Suissesse !

— Encore, si elle était jolie! si elle était en chair et en os, et pas en carton! si cette peinture était bonne! Parny et Voltaire ont trouvé grâce

— Non, pas devant moi, monsieur.

— Vous les avez donc lus, madame?

— En cachette, comme tout le monde. On parlait tant de la *Jeanne* de ce libertin de Voltaire, et de la *Guerre des Dieux* de son imitateur, un homme charmant et plein d'esprit, que j'ai connu d'ailleurs beaucoup sous l'empire, qu'il a bien fallu m'en faire une opinion.

— Le tableau de M. Vallou de Villeneuve est plus modeste. Ce couple villageois jaune et mou fondra tout à l'heure au soleil comme une motte de beurre ; aussi je n'ai pas la moindre crainte pour l'avenir de cette fille qui résiste aux désirs de son amant. Celle-ci va céder sans trop d'effroi. M. Franquelin est plus séduisant que M. Vallou.

— Et plus dangereux par conséquent. J'ai vu de ce même peintre, je crois, une chose très-attendrissante : une jeune mère priant la Vierge pour son enfant malade. Quand on fait d'aussi jolies choses, comment peut-on s'oublier au point de représenter des scènes de boudoir comme cette *Embrassade.*

— La jeune mère à genoux devant l'image de Jésus et Marie, si c'est celle que j'ai vue dans la petite salle d'entrée, est le chef-d'œuvre de M. Franquelin. L'artiste s'est élevé là à une énergie de touche qui lui est peu ordinaire. Il n'est pas dur et raide comme M. Genod ; il est moins vrai que M. Alphonse Roehn, auteur de la *Chute du chat*, et de la *Déclaration pour rire*, tableaux amusans où il y a des naïvetés de ton, des finesses de dessin, des détails spirituels de composition qui les font choses très-agréables dans le petit genre; mais il vaut mieux que M. Olagnon, dont voici *la petite Bonne*. Elle blanchit les buffleteries de son bourgeois, garde national et employé sans doute, que les occupations du bureau empêchent de bien soigner son fourniment. Il faudra que j'écrive à M. Olagnon pour lui demander l'adresse de ce trésor, moi qui ai été si vertement grondé à ma dernière garde par M. le maréchal, parce que mes buffleteries étaient jaunes !

— Ce petit tableau est fort innocent au moins; on devrait n'en pas faire d'autres.

— M. Franquelin, dont je vous parle, cherche à s'élever jusqu'à M. Destouches; mais il en est encore loin. Son *Samedi des ouvriers* est tout-à-fait dans le genre de la *Lettre d'abandon* de M. Destouches, moins le drame à la Greuze qui se déroule chez ce dernier artiste. Toutes les amies de la pauvre abandonnée interrogent bien la figure de leur compagne évanouie : je ne sais pourquoi aucune ne va à son secours : est-ce qu'elle aurait fait la fière tant que son amant lui est demeuré fidèle?

— C'est probable, et on se venge d'elle. Ce tableau est charmant, n'est-ce pas, monsieur?

— Comme tous ceux du même auteur, qui traite le genre familier avec beaucoup d'esprit. M. Destouches n'a cependant pas cette année le succès éclatant qu'il obtint avec l'*Amour médecin*, *le Contrat rompu*, et surtout *le Retour* de la fille enlevée.

— Je me souviens de cela; c'était bien beau.

— Oui, bien joli, madame.

— Il peint l'amour convenablement, M. Destouches.

— Attendez, pour dire votre dernier mot, d'avoir vu *les Deux rivales* et le *Hussard en semestre*.

— Comment! il me faudrait revenir de la bonne opinion que j'ai de cet artiste?... En effet, ceci est bien effronté ! Fi! la vilaine! elle se cache derrière la porte pour n'être pas aperçue de sa rivale furieuse, que son amant retient avec peine: c'est de nous qu'elle aurait dû se cacher !

— La scène est fort gentiment composée et exécutée ; tous les accessoires....

— Me feraient rougir si je les regardais plus long-temps. Ce corset, ce lit.... Allons-nous-en, monsieur.

— Oui, allons voir le *Hussard en semestre.* Il est là, suppliant, aux pieds de cette pauvre jeune fille, bien timide, bien tremblante, qui succombera tout à l'heure.

— Certainement ; il faudrait un dragon de vertu pour résister à cet impertinent hussard, et elle a l'air sans résolution. Elle ne veut pas encore, mais elle hésite, et le militaire triomphera. A la bonne heure, cette vertueuse fille de là-haut ! Elle va tirer les yeux à l'indigne moine qui lui parle d'amour.

— Oh ! celle-là, c'est une autre affaire. Connaissez-vous *Notre-Dame de Paris?*

— Je suis allée souvent à Notre-Dame ; j'y vais chaque année faire ma communion de la Pentecôte ; je connais parfaitement l'église. Après ?

— Avez-vous lu le roman qui porte ce nom ?

— Un roman sur une église ! des impudicités dans une cathédrale ! Mais on n'a donc plus de

respect pour rien! Assurément non, monsieur ;
je n'ai pas lu ces choses-là.

—Le prêtre que vous voyez était archidiacre
de Notre-Dame, et éperdument amoureux
d'une bohémienne qui dansait sur le parvis avec
une chèvre.

—C'est quelque invention d'un auteur révolutionnaire contre la religion et les prêtres.
N'est-ce pas cela qu'on a crié dans les rues de
Paris après les journées de juillet, où il était
question d'une cornette de femme trouvée chez
monseigneur l'archevêque de Paris?

—Non, madame ; rien de semblable. Claude
Frollo et la Esmeralda sont des personnages
d'une époque reculée, et il n'y a aucune allusion
aux faits que vous rappelez. M. Victor Hugo est
un écrivain grave qui ne fait pas la petite guerre
des libellistes. Son livre est une œuvre d'art s'il
en fut, un grand poème, une peinture sérieuse
des mœurs de Paris au quinzième siècle. La Esmeralda qu'il a créée est une ravissante fille, ce
dont vous ne vous douteriez pas à voir celle de
M. Lordon. L'archidiacre est un être fatal, terrible, puissant, diabolique, mais non pas ignoble comme il l'est ici. On tremble quand on

voit dans le tableau de M. Victor Hugo la bohé-
mienne tombée aux mains du moine, comme
une colombe sans défense aux serres du vautour ; ici on rit et l'on s'en va. Si la Esmeralda
haïssait Claude Frollo, elle aimait le capitaine
Phœbus, beau soldat, homme tout matériel ;
et un jour il arriva qu'ils se trouvèrent dans un
lieu fort décrié. Ils y étaient parlant d'amour,
et échangeant les plus douces caresses, quand
Claude Frollo survint le poignard à la main.
C'est cette scène qu'a représentée M. Auguste
Couder dans ce tableau, auquel une exécution
fine et puissante a manqué pour qu'il eût auprès
des amateurs le succès qu'il a obtenu auprès du
public. Si les têtes et les mains étaient de chair,
si le drame était mieux compris, si les poses
avaient moins de raideur, si cette couleur, durement éclatante, était plus harmonieuse, s'il y
avait enfin dans ce tableau une partie des qualités solides qu'on aime dans l'œuvre dramatique
de M. Tony Johannot, où les choses se passent
un peu comme ici, M. Couder aurait retrouvé
les éloges qui accueillirent autrefois son joli
tableau de *la Mort de Mazaccio*. Et puisque je
vous ai parlé de l'ouvrage de M. Tony Johannot,

permettez que je vous mène devant une petite page pleine d'énergie et de sentiment.

— Est-ce que nous allons voir encore quelque abomination comme celle de votre archi-dégourdie d'Esmeralda ?

— N'ayez pas peur, madame ; en faisant le trajet d'ici au grand salon où est exposé le tableau de M. Johannot, je vais vous raconter le sujet. Une jeune fille était dans la chaumière de son père, écoutant avec bonheur les propos tendres du garçon que son cœur a choisi. Elle n'était pas seule ; sa sœur était là, puis sa grand' mère, puis une petite sœur encore. La conversation pouvait être gaie, rieuse, animée ; les coups d'œil pouvaient s'échapper rapides et intelligens ; mais l'amour en restait à ces muets truchemens, comme parle Molière. Cependant la jeune fille n'était pas sans crainte ; son père lui avait défendu de revoir celui qu'elle aime : il a deviné peut-être qu'elle a cédé à de coupables instances... Mais le vieux cultivateur est allé à la ville ; il ne doit revenir que demain : on peut donc passer une joyeuse soirée. La grand'mère est indulgente ; ses sœurs aiment d'amitié celui que leur sœur aime d'une affection qu'elles ne croient pas différente de la leur. L'amant est donc venu ; et l'on a goûté tous ensemble, la grand'mère sous le manteau de la cheminée, les autres à table. Tout à coup on a entendu frapper à la porte, et l'on a reconnu le père qu'on n'attendait point. La jeune fille, désobéissante et coupable de quelque faute plus grave que la désobéissance, pâlit, balbutie quelques paroles, se trouve mal, et tombe sur le plancher. Le cultivateur entre à ce moment ; d'un coup d'œil il a tout vu, tout compris, et, sans hésiter, il s'est précipité sur un couteau, a sauté à la gorge du séducteur de sa fille, et si Dieu n'arrête ce bras terrible, le pauvre jeune homme est mort. En vain on supplie, en vain la vieille mère-grand proteste de l'innocence de la visite que le cultivateur interprète si sévèrement, en vain une des sœurs est à genoux, priant pour sa sœur qu'on immolera peut-être quand le sang de son amant aura coulé : le père poursuit son projet furieux.

— Et il fait bien.

— Ah ! madame, vous êtes peu indulgente.

— Ma chère amie, monsieur a raison. Il ne

faut pas que vos cinquante-huit ans vous fassent oublier que vous avez eu un cœur.

— Jamais mon père ne m'a surprise avec un amant.

— C'est que nous autres, ma chère, filles de la ville, nous étions plus habiles que cette pauvre paysanne.

— Ne trouvez-vous pas ce tableau très-dramatique?

— Si fait.

— Voyez que la grand'mère, la petite fille à gauche et l'autre à genoux sont de charmantes figures! Cette peinture est très-bonne, une des meilleures entre tous les tableaux de genre; elle prouve dans M. Tony Johannot une force qu'on ne lui avait pas supposée jusqu'alors. C'était un dessinateur plein de grâce, d'esprit et de poésie; c'est aujourd'hui un peintre élevé par l'expression, la vigueur et le coloris. Sa touche est facile, énergique, vive; il y a là, sans imitation d'aucun maître ancien, plusieurs des brillans mérites des maîtres hollandais et flamands. Après cela, n'allons voir *le Bal interrompu*, de M. J. Petit, que pour le sujet qui rentre dans la série de ceux que je dois vous faire voir. En passant, jetons un coup d'œil sur ce petit tableau du même M. Johannot que nous quittons. Il représente, regardant la mer avec mélancolie, Minna et Brenda, deux des jolies créations de femmes de Walter Scott. Quel effet et quelle délicieuse exécution! Comme elles sont gentilles ces deux têtes, si finement touchées! Comme elles sont bien habillées ces deux élégantes personnes! Je ne trouve à redire qu'à l'énormité de la gorge de l'une d'elles.

— Je l'avais remarquée aussi; mais je ne le disais point par modestie.

— Je ne suis pas à cela près, madame. Et puis, je vous l'ai dit, je crois, ceci est pour moi une affaire d'art, par conséquent de composition, d'ensemble, de proportion, de drame, d'expression, de couleur, de dessin; la gorge et le pied me sont également indifférens, quand je les regarde comme des détails d'exécution. Nous voici au *Bal* de M. J. Petit.

— C'est une autre espèce de peinture.

— Oui, fort différente de celle de M. Tony Johannot. Une parodie de drame, de couleur et de style. Ces élégans, tout surpris de l'arrivée d'un père dans le bal où il vient faire honte à sa fille de la conduite déréglée qu'elle mène à Paris, sont à mourir de rire. Quant à la fureur du papa....

— Elle est fort naturelle.

— Mais fort peu naturellement rendue. Il a l'air furieux comme une marionnette du théâtre de Joly. Sa fille, en voyant son père qui traîne je ne sais quoi, que l'auteur voudrait nous faire prendre pour un déshabillé de bure rayée, se trouve mal, et tombe à la quatrième position de la danse. Voyez que c'est gracieux ! Et ces têtes rondes, et ces faces plates, et ces corps qui chancèlent, comme c'est bien dessiné et bien peint ! M. Petit s'est mis à la suite de M. Destouches pour la pensée ; il aurait bien dû tâcher de le suivre aussi pour l'exécution. Ceci n'est guère moins bouffon : c'est une femme surprise au bal masqué par son mari. La tête du mari est délicieuse.

— Moquez-vous ; moi je trouve cette peinture très-bonne, parce qu'elle est très-utile. Elle montre aux femmes qu'en quelque lieu qu'elles espèrent cacher l'adultère, au bal...

— Ou dans les carrosses du Directoire.

La dame aux cinquante-huit ans n'acheva pas.

— Le tableau du *Mari au bal* est de mademoiselle Marigny.

— D'une demoiselle! tant pis; j'aurais voulu que ce fût d'une dame, c'eût été plus convenable. Mais vous me direz, les demoiselles de ce temps-ci sont plus avancées que de notre temps : le théâtre les forme, et Dieu sait les choses qu'elles y apprennent, à ce que raconte le feuilleton de mon journal, car je ne suis pas allé au théâtre depuis dix ans.

— La porte Saint-Martin aura pu faire l'éducation de mademoiselle Marigny sous le rapport du drame moral; mais où a-t-elle reçu l'éducation pittoresque dont elle fait preuve dans cet ouvrage? C'est de la peinture par brevet d'invention; je n'en avais pas encore vu de pareille; M. Petit est dépassé. Ah! voilà encore une tentative de séduction. Une mère, pressée par son amant, et au moment de succomber, se jette en pleurant sur son enfant. L'amour maternel la préserve du danger. Ce tableau n'est pas bon, et, comme il n'est pas drôle non plus, bonsoir à M. Dulac. Nous retrouvons près d'ici M. J. Petit. Ceci c'est *la Sé-duction au bas de soie*. Une femme élégante, une Sapho parisienne, donne des leçons d'a-mour à un gros benêt de paysan, espèce de Phaon de Saint-Mandé ; pour l'électriser, elle lui frotte les tibias avec sa jambe couverte d'un bas de soie à jour, et c'est de cette circon-stance que ce tableau a pris dans mon souvenir la désignation que je lui donnais à l'instant.

— Cette femme est abominable !

— Sous tous les rapports, madame.

— Elle devrait être enfermée au couvent des dames Saint-Michel ; et le peintre devrait être puni.

— Le succès de gaîté qu'il obtient doit le punir assez, croyez-moi.

— Mais ne finirons-nous pas bientôt cette revue de toutes les *séductions* de l'exposition ?

— Encore un tableau, madame, et vous au-rez fini. Celui-ci je le désigne sous le titre de la *Séduction au cochon*. Il est de M. Auvray. La scène se passe dans une écurie où sont une jeune fille, un cochon et un lapin. Un jeune homme habillé de gris parle d'amour à la porchère, une bourse à la main. Le lapin, qu

remarque la grossièreté de l'amoureux, en fait
part au porc, et a l'air de dire, comme le
dernier vers de la complainte de la belle écail-
lère : « Ah ! faut-il qu'un homme soit ...... »
Le cochon prendra peut-être mal la comparaison, et il arrivera de là un incident qui sau-
vera l'honneur de la pauvre Danaé d'auberge.
Si vous me demandez ce que je pense de l'exécution, je vous dirai que dans tout ce tableau
je ne vois que le chou qui soit digne d'un peintre d'histoire. La séduction au cochon pourrait bien être la suite d'un coup d'œil que
j'ai remarqué dans un autre tableau de M. Auvray, la *Lettre de recommandation.* Une jolie
petite paysanne, son paquet sous le bras,
vient pour entrer au service d'une vieille dame ;
elle lui remet la lettre qui la recommande. La
dame regarde ce minois d'un air inquiet, pendant qu'un jeune homme, appuyé sur le fauteuil de sa mère, prend soin d'expliquer par
un sourire de convoitise les appréhensions de la
respectable maîtresse de la maison. Ce tableau
vaut mieux que l'autre, bien qu'il ne soit pas
fort. M. Auvray, comme la plupart des peintres qui traitent des sujets simples, grimace la

naïveté. Si vous voulez voir quelque chose de naïf, de spirituel, et de bien peint par-dessus le marché, voyez le *Garde-champêtre*, de M. Grenier, voyez ses *Petits paysans surpris par un loup;* ce sont là des tableaux de genre ravissans. Ce vieux garde, saluant les chasseurs qui viennent de tuer un lièvre en plaine, et leur demandant s'ils ont un permis de chasse de M. le maire ; la plaine, le ciel, le chien, le petit porteur de gibecière, sont-ils bien? Et ce brave petit garçon, en garde avec sa cognée contre le loup qui paraît inopinément, est-il ferme? Il a de l'émotion, mais pas de peur; il couvre de sa main son frère et leur petite sœur, et il attend hardiment que l'animal s'avance encore pour lui appliquer sur la tête un coup de son arme. Le lieu de la scène est supérieurement composé : une petite allée dans un bois, des arbres dépouillés de leurs feuilles, le brouillard gris du matin, que traverse un des premiers rayons du soleil; tout cela est vrai, naturel, excellent. M. Duval-le-Camus entend aussi à merveille le genre naïf. Vous avez vu sa *Cinquantaine*, scène villageoise pleine d'observation, dont chaque figure a une intention juste. L'exécution de ce tableau est juste comme tout ce que fait l'artiste, comme sa *Vieille de Sologne*, qui file sur sa porte, où s'amusent des petits enfans, comme les petits portraits en pied qui sont une des spécialités heureuses de M. Duval-le-Camus. Certes, ces petits portraits ne sont pas des Porbus ou des Gérard-Dow, mais ils sont très-bien. Quelques-uns ont de certains traits noirs dans les têtes, que je n'aime pas; d'autres sont tout-à-fait bien, et je vous montrerai entre ceux-là celui de M. Kératry, où toutes les habitudes de l'homme sont bien saisies; celui de l'éloquent et loyal Dupin aîné, fort ressemblant aussi, assez intime même pour qu'on reconnaisse l'esprit actif de l'orateur.

— Je n'aime pas votre Dupin aîné; mon journal ne l'aime pas.

— Je l'aime, moi, qui le connais depuis long-temps. Dupin n'est pas un homme de parti; voilà pourquoi tous les partis le renient. N'ayant pu le conquérir, ils se vengent de lui en le calomniant. Dupin s'appartient; il est consciencieux, il est homme de cœur; il a le courage, rare dans ces temps-ci, de dire la vérité à toutes les factions ; il ne courtise ni l'opinion qui règne, ni celle qui aspire à régner ; aussi n'a-t-il pas les masses derrière lui, parce que les masses populaires veulent être flattées ; on ne les entraîne qu'en feignant de se dévouer à elles, en les cajolant. Dupin a la parole puissante, incisive, élevée et bourgeoise ; il commande l'attention ; il domine une assemblée, dont il ne décide cependant pas toujours le vote ; il exerce une grande autorité sur les esprits qui ressemblent le moins au sien ; c'est un orateur habile, un savant magistrat, un législateur profond, un excellent citoyen, qui paraît mobile parce qu'il est sincère, qu'il ne ment ni à lui ni aux autres, qu'il y a du vrai d'ailleurs dans toutes les opinions, et qu'il ne rejette rien de ce qui est vrai..... Mais, pardon, mesdames, je vous parle d'un homme politique à propos de peinture ; cette digression vous paraîtra déplacée, c'est que je parlais moins à vous qu'à moi. On a été si long-temps injuste envers M. Dupin que je n'ai pu voir son portrait sans me demander compte de cette injustice. Et puis, je ne suis pas ingrat : dans un temps difficile, Dupin a élevé la voix pour moi devant les tribunaux : je lui dus ma liberté ; je ne peux avoir oublié cela. — Je ne reviens à la peinture que pour une chose : pour réhabiliter dans votre esprit M. Auvray. Vous avez vu de lui deux petits tableaux médiocres ; en voici un où tout n'est pas bien posé, mais où il y a quelques parties de talent : c'est la princesse Sybille, femme de Robert Courte-Cuisse, suçant la plaie de la flèche empoisonnée qu'a reçue son époux à la terre-sainte. Le bassin que tient le serviteur est une chose assez dégoûtante ; mais il fallait expliquer l'action de Sybille. Le pied de la princesse, ses mains, les vêtemens du serviteur, et d'autres détails prouvent que M. Auvray peut faire bien. Il avait débuté avec assez d'éclat pour que l'on conçût un favorable espoir de son avenir. J'aime autant son *Robert* que la *Ruth* de M. Abel de Pujol, la *Visitation* de M. *Caminade*, la *Rébecca* de M. Latil, ouvrages estimables sous quelques rapports. Pardonnez-lui *la Séduction au cochon* en faveur du joli pied de Sybille.

XI

Lord G. — Tableaux de genre, paysages, marines, etc. —
M. de Forbin. — *Un bazar souterrain au Caire.* — M. Granet. — *La rédemption des esclaves à Tunis.* — M. Barbier.
— *Un réfectoire.* — M. Bouton. — *La cathédrale de Chartres.* — M. Bouhot. — *Saint-Germain-l'Auxerrois.* — Vandalisme. — Démolition prochaine d'un monument. — M. Dauzatz. — *Le chœur de Sainte-Cécile d'Alby.* — *Costumes
égyptiens.* — M. Gué. — *Vue extérieure de Sainte-Cécile
d'Alby.* — *Dessins.* — MM. Delacroix et Dupré. — *Costumes.*
— M. Eug. Isabey. — *Marine par un gros temps.* — Un matelot. — Un jeune homme. — *Plage à marée basse.* — M. Camille Roqueplan. — *Le billet.* — *Jean-Jacques Rousseau* et
mademoiselle Galley. — M. Wattier. — *La romance.* — Les
peintres enrégimentés. — L'ordonnance. — M. Ricquier. —
Le moine médecin. — L'ombre. — M. Lepoittevin. — *Une
marée basse.* — *L'escalier de l'orangerie de Versailles.* —
M. Alfred Johannot. — *Mademoiselle de Montpensier aux
portes d'Orléans, en 1652.* — *Annonce de la victoire d'Hastenbeck.* — M. Alexandre Hesse. — *Honneurs rendus à Titien.* — *Le vieillard et ses enfans.* — M. Amiel. — M. Watc-
let. — *Vue de Savoie.* — M. Beaume. — *Scène d'orage, la
balançoire, la main-chaude.* — M. L. Garneray. — *Pêche de
la morue.* — *Vues de l'Escaut et du Texel.* — M. Gudin. —

M. Tanneur. — M. Gilbert. — M. Gamain. — M. Dubois-Drahonnet. — M. H. Garnerey. — Barraque aux *environs de la
place Saint-Marc à Rouen*. — *Barques de pêcheurs*. —
M. Thierry. — *Vue de Nantes, vue composée*. — M. de
Triqueti. — *Valentine de Milan* et *Charles VI*. — *Les éner-
vés de Jumiège*. — M. Saint-Èvre. — *Jeanne d'Arc*. — *Les
florentins*. — Madame Deherain. — *Jeanne d'Arc*. — *Louis XIV
et mademoiselle Mancini*. — M. Robert-Fleury. — *Scène de
la saint Barthélemy*. — *Aquarelles*. — M. Signol. — *Virginie*. — M. Roger. — *Les religieuses*. — *Femme d'Ischia, révolution de 1793 à Rome*. — M. Henry Scheffer. — *La lecture
de la Bible*. — M. V. Bertin. — M. Regnier. — M. Mallebran-
the. — M. Jolivard. — M. Lapito. — M. Flers. — M. Guindrand. — M. Giroux. — M. André. — M. Amédée Faure. —
M. Léon Fleury. — M. J. Coignet. — M. Aligny. — M. Corot.
— M. Rousseau. — M. Cabat. — M. Delaberge. — M. Huet.
— M. Jadin. — M. Brascassat. — M. Van-Os. — M. Dagnan.
— M. Périn. — Madame de la Ferrière. — Madame de Vins-
Peysac. — Mademoiselle Moudrux. — M. Storelli. — M. Fé-
réol. — M. Dussauce. — M. Danvin. — M. Curty. — M. Gou-
reau. — M. Pâris. — M. Dessain. — M. Demay. — M. De-
camps. — M. Fouquet. — M. Jeanron. — M. Lessore. —
M. Mouchy. — M. Berthier. — M. Badin. — M. Justin Ou-
vrié. — M. Turpin de Crissé. — M. Guiaud. — M. Léopold
Leprince. — M. Ulrich. — M. Mozin. — M. Ménéssier. —
M. F. Perrot. — M. Eug. Suc. — M. Vigneron. — M. Auguste
Desmoulins. — M. Chasselat fils. — M. Lehoux. — M. Biard.
M. Jollivet. — Mademoiselle Pagès. — Mademoiselle Cogniet.
— Madame Clerget. — M. Casati. — Madame Beaudin. —
M. Harlé. — Mademoiselle Journet. — M. Bourdet. — M. Brune.
M. Jugelet. — M. Kuvassec. — M. Lavauden. — M. Hautier.
— M. A. Colin. — M. A. Leblanc. — Madame Dalton. — M. Poly-
dore de Bec. — M. J. Dupré. — M. Durupt. — M. C. Francis.
— M. Darche. — M. E. Marchant. — M. E. Roger. — Feu Gas-
sies. — M. Oscar Gué. — M. Ricois. — Mademoiselle Martin.
— M. Samson. — M. J. P. Alaux. — Mademoiselle Alaux. —
M. Monvoisin. — M. Naigeon. — M. Célestin Nanteuil. —
M. Eug. Lami. — M. Odier. — M. Bellangé. — Madame Rude.
— M. Perrot. — M. Schaal. — M. J. L. Petit. — M. Pigal. —

M. Raffort. — M. Raffet. — M. Prieur. — M. Postelle. —
M. Rémond. — M. Wachsmut. — M. Regny. — M. Renoux.
M. Ziegler. — *Giotto.* — *Foscari.* — *Un cardinal.* — M. An-
siaux. La compagnie de vétérans. — Les invalides.

———

Je ne doutais pas, milord, que je vous ren-
contrerais ici un de ces jours. J'espérais de vous
voir avant hier, 1er mars, à l'heure de l'ouver-
ture du salon; je vous ai cherché à la porte dans
la foule des artistes et des amateurs; je vous ai
demandé à tous ceux qui ont l'honneur de vous
connaître, et lorsqu'à trois heures j'ai renoncé
à vous attendre davantage, je vous ai donné un
rendez-vous tacite pour hier ou pour ce matin.

Lord G. — Je suis descendu de ma chaise de
poste il y a une heure, et me voilà. La journée
d'hier m'a paru longue, je vous jure. Je m'étais
arrangé pour arriver à neuf heures, prendre un
bain, déjeuner, et venir vous rejoindre à notre
rendez-vous de chaque année : les ingénieurs
chargés de l'entretien de vos routes en ont décidé autrement. Une des roues de ma voiture

s’est cassée ; j’ai chaviré, j’ai manqué de me tuer. Il a fallu qu’un charron de village réparât nos avaries, qu’un vétérinaire, le seul porte-lancette de l’endroit, me fît une large saignée. Tout cela m’a fait perdre trente heures, quelques guinées, et une petite boîte que je regrette fort. Elle contenait une douzaine de dessins et de vignettes de nos meilleurs artistes de Londres : je me proposais de vous les offrir. La boîte était dans une des poches de la portière ; elle aura sauté dans la boue de la grande route, et quand on a relevé la voiture on n’aura pas fait attention à elle. Enfin, je ne suis pas beaucoup en retard. Nous ne ferons pas de découvertes ensemble, car vous savez déjà votre salon par cœur.

— Mais, à peu près, milord ; je connais tous les bons endroits, et puisque vous voulez bien de moi pour guide, je vous y mènerai.

Lord G. — Vous savez, point de grands tableaux ; je n’en raffole pas. J’aime mieux les tableaux... — Comment expliquez-vous donc cela ? — Les tableaux de cheval !

— De chevalet, milord.

Lord G. — Ies, de chevalet. Les scènes fa-

milières, les paysages, les marines, les animaux, etc.

— Votre intention est-elle d'acheter beaucoup cette année?

Lord G. — A vous dire la vérité, je n'ache-
terai que peu de tableaux. Nous ne sommes
pas assez tranquilles à Londres. On ne sait ce
qui peut arriver; il vaut mieux sa fortune en
portefeuille qu'accrochée aux murs de sa galerie.

— Nos riches amateurs disent la même
chose, milord; ils ont peur aussi, et nos pauvres artistes en souffrent.

Lord G. — Je veux cependant acquérir
pour quatre ou cinq mille livres sterling.
Trouverai-je ici à bien placer cette somme?

— Très-facilement, milord; car l'exposition
ne fut jamais plus féconde en bonnes choses
dans le genre que vous aimez.

Lord G. — Commençons donc.

— Commençons. Ce tableau de M. de Forbin : *un Bazar au Caire.*

Lord G. — Bien, mais trop grand pour
moi.

— Ce Granet : *La Rédemption des esclaves,*

à Tunis. Un beau ton, une grande harmonie, une pantomime juste des parties éclatantes, des choses un peu sèches, un peu dures plutôt, comme toujours depuis dix ans.

Lord G. — Je prends note de celui-ci. Y a-t-il autre chose du même peintre?

— Oui, deux réfectoires de religieux récollets et franciscains, qui ont les mêmes qualités et le même défaut.

Lord G. — Et ce réfectoire de religieuses que j'aperçois là-bas?

— C'est d'un imitateur de Bouton et de Granet, M. Barbier. Les murailles, les voûtes, les colonnes, sont bien ; mais il vous faut mieux que cela. Voilà un Bouton, *la Cathédrale de Chartres*.

Lord G. — Oh! fort bien cela !

— Mais ce n'est pas à vendre. Le tableau appartient à la liste civile.

Lord G. — Je regretterai beaucoup la lumière qui passe au travers des vitraux.

— Voulez-vous voir, tout de suite, ce que je regarde comme le meilleur *intérieur* du salon, sans en excepter peut-être la *Rédemption* de Granet? Venez, milord.

Lord G. — Cet intérieur d'église?

— Non, milord. Ceci est bien, d'un ton simple et vrai, d'une harmonie calme; le soleil est là à faire illusion; c'est un des bons ouvrages de M. Bouhot; je vous le recommande. Il représente d'ailleurs le porche de Saint-Germain-l'Auxerrois qui aura peut-être disparu bientôt, et c'est une raison de plus pour que vous l'ayez.

Lord G. — Quoi! on démolira Saint-Germain-l'Auxerrois!

— Je le crains. On veut faire une rue, et malheur aux monumens qui se trouveront dans sa voie! Nous abattons beaucoup, si nous n'élevons guère. Tout ce qu'il y a d'artistes et d'amis des arts ont demandé grâce pour ce débris gothique : il est condamné. On n'a pas le droit cependant de déchirer ainsi pierre à pierre l'histoire d'un peuple; c'est du vandalisme, comme de brûler des bibliothèques ou de jeter des livres à l'eau : n'importe, on le fera. Il y aura une émeute d'architectes et de maçons contre la vieille église; on brisera ces ogives qui ont vu plusieurs siècles, on sciera ces petites colonnettes si élégantes, on abattra ces figures, comme en un autre temps l'esprit révolutionnaire abattit tous les anges, tous les saints de nos basiliques ; on arrachera ces dalles chargées d'inscriptions et on les remplacera par des pavés de Fontainebleau. Où il y avait une page entière de l'histoire de l'art, une œuvre merveilleuse d'un âge que nous nommons si dédaigneusement barbare, il y aura une rue, avec un ruisseau au milieu ou le long des maisons ! Et nous sommes dans le grand siècle, dans le siècle de la raison et des lumières ! nous nous appelons les modernes Athéniens dans tous les couplets de nos vaudevilles ! Ah ! milord, cela fait du chagrin ! Ne pensons plus à cela. Voilà le morceau que je voulais vous faire admirer.

— *Lord G.* — Admirable en effet ! Et de qui est cela ?

— De M. Dauzatz, un jeune homme plein de talent dont je vous ai montré, je crois, en 1831, une mosquée du Caire et un café turc, ouvrages chauds de soleil, d'une fine et spirituelle exécution.

Lord G. — Je me rappelle parfaitement ; mais ceci est bien mieux, plus grand, plus

complet, plus fort. Le bois des stalles de ce
chœur, les dalles de marbre, les sculptures
dont est entourée cette partie de l'église, et
jusqu'aux peintures qui surchargent la voûte,
tout est parfait d'imitation.

— La lumière est large, abondante; l'effet
ne devient pas piquant par l'opposition forcée
du noir au blanc : c'est un portrait vrai et
pittoresquement entendu. Les personnages, qui
dans ces sortes de tableaux ne sont guère
qu'accessoires, ne sont point sacrifiés ici. Vous
les voyez fermes et non pas secs. Celui qui est
agenouillé sur le devant, avec une ample robe
noire, me rappelle la figure de vieille femme
que Jouvenet a placée près de la balustrade
du maître-autel de Notre-Dame de Paris, dans
son tableau de la messe de l'abbé Delaporte.
Ne trouvez-vous pas comme moi que cette
vue intérieure de la cathédrale de Sainte-Cécile d'Alby est le meilleur morceau de ce genre
qui soit au salon?

Lord G. —Assurément, et un des meilleurs
que j'aie encore vus. Ayez la bonté de prendre
note de ce tableau.

— Après avoir vu l'intérieur de Sainte-Cécile d'Alby, je veux vous montrer l'extérieur bastionné de cette cathédrale.

Lord G. — Par le même artiste?

— Non, milord; par son maître, M. Gué.

Lord G. — Oh! je connais beaucoup le talent de ce peintre, et je l'estime grandement ; c'est l'homme de la vérité simple. Je me souviens de ses charmans paysages exposés à votre dernière exhibition !

— Voyez en passant cette *Cour à Royat*.

Lord G. — Je l'aurais reconnue entre cent tableaux pour un Gué. La jolie lumière! Et ces détails de murailles et de terrains, comme ils sont bien.

— Cette grande vue du *Puy-en-Velay* est belle aussi.

Lord G. — L'effet est moins franc que dans les ouvrages que j'aime de Gué. Ces devants, traités avec finesse, ressemblent à ceux d'un tableau, dont le terrain cahoté comme les lames de la mer, étaient si curieux de forme et si naïfs de représentation.

— Nous voilà à la cathédrale.

Lord G. — Bien beau, bien original ! Excellente chose! Quel malheur que cela ne soit pas aussi grand que le Dauzatz! ça ferait deux pendans précieux pour une galerie.

— Si vous voulez de belles aquarelles, dans les meilleures conditions de la vérité, adressez-vous à Gué; il est maître passé dans ce genre, qu'il traite grandement, et auquel il donne la puissance de l'huile. Vous ne pourriez acheter aucune de celles qui sont ici, parce que toutes appartiennent à MM. Guyet notaire, et Beaubœuf; mais allez visiter ses portefeuilles, et vous serez dans l'embarras du choix au milieu des motifs charmans qu'il a à exploiter.

Lord G. — J'irai.

— Si vous voulez augmenter la collection précieuse de costumes que vous avez à Londres, je vous engage à vous aller compléter chez Eugène Delacroix, qui a rapporté de beaux dessins de son voyage à Maroc, et chez Dauzatz, qu'une longue promenade en Egypte, faite avec le baron Taylor, a enrichi des plus belles études de figures orientales qu'on puisse voir, sous le rapport de la tournure et de la couleur. Vous aurez des Grecs et des Turcs chez L. Dupré; c'est moins chaud que Dauzatz, moins énergique de mouvement que Delacroix, moins coloré que tous les deux, mais exact, fidèle et élégant.

Lord G. — J'y penserai. Ah! Isabey! Trop grand pour moi; et puis je n'aime pas beaucoup cela; c'est lourd: cette mer...

— Il y a de la poésie, milord, dans cette peinture.

Un Matelot. — Pardon, monsieur, qu'èque vous dites de c'te mer?

— Je dis qu'il y a de la poésie.

Le Matelot. — Je ne sais pas ce que c'est qu'ça, de la poésique; ça n'est pas là un mot du métier. Moi, voyez-vous, je m'y connais; et si c'te mer-là c'est de la poésique, comme vous dites, ce n'est pas de l'eau. Elle est bonne, c'te femme à la fenêtre, qui retire sa pièce d'étoffe rouge; laissez-la, mon ancienne, alle ne se mouillera pas, n'ayez peur! Ah! que j'voudrions bien, nous autres les matelots, que la mer fussait en gros flocons de laine comme celle-ci, on n'aurait pas tant de peur d'y tomber dans les mauvais temps!

— Cette manière de rendre la mer, le ciel et les maisons, est une donnée d'art.

Le Matelot.—Sauf votre respect, je ne comprends pas ce que vous voulez dire par une donnée d'art ; mais y me paraît que ça veut dire que vos marins de Paris ont une mer à eux, un ciel à eux, et des maisons à eux. A la bonne heure ! Tout ce que je puis bien jurer, moi qui suis ce qu'on appelle un ancien de la cale, un cul goudronné, un vieux boulineur de la Manche, moi qui ai vu l'Océan-z et la Méditerranée, et toutes les autres mers, n'importe pas lesquelles, sans exception, qui sont connues, je n'ai jamais eu l'honneur d'en rencontrer une qui soye cardée comme c'tte perruque jaune.

— Mon ami, vous ne vous connaissez pas beaucoup en peinture à ce que je vois ?

— *Le Matelot.* C'est véridique, messieurs, que jamais je n'en ai tant vu depuis que je suis quitté de chez nous, où ce que, dans la chapelle de la Vierge il y en a beaucoup en manière de prières, de dévotions, d'*ex*...

— *Ex-voto.*

Le Matelot. — C'est ça : *ex-veto.* J'ai si peu l'habitude de parler la messe, on exerce si rarement dans notre état ! On sait quelques chansons gaillardes qui vous emporteraient la bouche, tant c'est salé et poivré en *B*, en *F*, en *S*, et encore autrement ! mais du langage étranger des calotins, on n'en sait pas un traître mot. — Pour revenir, je disais donc que je ne me connais pas en peinture, mais je me connais en eau de mer, et ça n'en est pas.

Un Jeune homme. — Tout cet ouvrage est d'une belle couleur, d'une facture large.

Lord G. — Je trouve que c'est une chose pleine de talent, mais d'un talent de convention. Je n'aime pas la manière.

— Il est vrai qu'il y en a dans tout ce que fait M. Isabey ; mais le talent...

Lord G. — Le talent qui ment est cent mille fois moins estimable que le talent qui sait être vrai ; et puis il est plus facile de se jeter dans une donnée fausse et séduisante, que de suivre la nature pas à pas. Le fantastique prouve, quand il est bien manié, un peintre habile, un homme d'imagination ; mais il dénonce un artiste qui n'a pas su être vrai. Être vrai, c'est être réellement fort. On ne peut rien inventer de mieux que la nature, je pense ; copier la nature sans rien ajouter à son accent, c'est le comble de l'art. Croyez bien que ceux que vous voyez arranger pour eux une nature, sous prétexte d'originalité, font ainsi parce qu'ils n'ont pas la puissance naïve qu'il faut avoir pour rendre simplement la nature de tout le monde. M. Isabey a du talent; il en a depuis long-temps : sa main est peut-être plus habile aujourd'hui qu'elle n'était il y a cinq à six ans; mais sa peinture est moins vraie.

Le Jeune homme.—Il y a dans la galerie une *plage à marée basse*, où il y a des poissons faits à ravir, des terrains larges et vigoureux, des pilotis touchés avec une adresse!...

— De l'adresse, je le sais bien. Ce n'est point d'adresse que manquent nos peintres : ils ont le pinceau d'une incroyable facilité; rien ne les arrête ou ne les fait broncher seulement; ce sont des prestidigitateurs qui font de petits miracles à émerveiller tous les yeux; ils savent le métier à fond; ils connaissent toutes les finesses; il en est peu qui, avec un godet de sépia ou une palette bien chargée, ne fassent des chefs-d'œuvre de premier aperçu; ils poussent à la couleur, dont ils empâtent la toile ou le papier de Hollande, si bien que leur idée, quand ils en ont, leurs formes, quand ils daignent les accuser, on est obligé de les aller chercher à la nage au fond de l'océan des beaux tons qu'ils prodiguent. Comme dit monsieur, dans cette plage à marée basse, il y a des poissons très-bien faits ; mais il faut que ce soit une affaire dont le secret a été éventé, car j'ai vu partout des poissons bien faits depuis quelques années. Quant aux terrains et aux pilotis, il est vrai qu'ils sont touchés avec vivacité et adresse ; mais c'est toujours la même chose ; et puis les maisons, vagues de forme et de ton : elles sont pourtant tout près du spectateur. Tenez, il n'y a pas dans cette peinture assez de conscience ; tant de fougue arrangée n'est là que pour masquer l'impuissance de faire des choses complètes. Je suis de l'avis de milord : le vrai, c'est la force réelle ; aussi, voyez les Hollandais et les Flamands ! il n'y a pas de mode pour eux ; le temps a consacré les suffrages de leurs contemporains. Ils sont admirables, parce qu'ils sont vrais, fidèles à toutes les lois du dessin, de la perspective et de l'harmonie des tons naturels. Ils n'ont pas cherché à peindre dans des gammes extraordinaires dont les brillantes dissemblances avec ce qui est en général frappassent les regards ; ils se sont contentés d'être simples dans leur couleur pleine de finesse, d'être sincères dans la représentation des êtres animés ou des objets morts, d'être observateurs exacts de la forme. M. Eug. Isabey est bien loin de cela ; il veut créer à côté de cette création qui est une mine inépuisable, où tous les bons esprits trouvent de quoi se satisfaire ; il a beaucoup de mérite, mais il l'emploie mal.

Le Jeune homme. — Il l'emploie bien, monsieur.

— C'est une question de goût pour vous et de conviction pour moi. A nous deux, milord.

Lord G. — Oh! le ravissant petit tableau ! c'est de Roqueplan, n'est-ce pas?

— Oui, et ce qu'il y a de plus complet de cet artiste fin et original. Cette femme qui écrit un billet que le page attend est charmante. Voyez comme tout cela est précieusement fait! Le dessin est pur, le ton fin, les accessoires sont touchés avec esprit ; tout cela est large, simple, et peut soutenir un long examen. Il n'y a pas de ces débauches de pinceau qu'on nous donne pour du génie ; c'est du talent argent comptant, c'est de la vraie originalité.

Lord G. — Ce petit tableau est une perle.

— Voyez-en un plus grand, milord, et reconnaissez - y à peu près toutes les qualités que vous admirez dans *le billet*. Celui-ci est plus dramatique. Vous avez lu les Confessions de J.-J. Rousseau, et vous vous rappelez cette page pleine d'innocence spirituelle où le philosophe raconte les impressions du jeune homme un certain jour de sa vie, celui où il rencontra mesdemoiselles Graffenried et Galley fort embarrassées sur des chevaux qu'elles ne savaient pas conduire, et qui ne se souciaient guère de passer un ruisseau. Elles riaient, les petites folles, d'elles, de leurs montures, de leur embarras, du ruisseau où elles allaient tomber peut-être; Rousseau leur offrit ses services qu'on accepta en riant encore. Il prit la bride du cheval de mademoiselle Galley, entra dans l'eau jusqu'à mi-jambe, et le cheval de mademoiselle Graffenried suivit tout de suite. Cette scène est charmante, et rendue avec infiniment de talent et d'esprit. Voyez la bonté de Rousseau, la gaîté railleuse des jeunes filles, la lourdeur des chevaux, le joli goût des étoffes, la simplicité du paysage, la grâce chatoyante de la couleur, la vivacité de la touche.

Lord G. — Oh! c'est un beau tableau ; le croyez-vous à vendre ?

— Il n'y a pas d'apparence. Roqueplan est trop couru pour qu'un morceau capital de lui attende le jour du salon pour trouver un acquéreur. Je vous montrerai *la Promenade dans le parc;* vous y verrez de jolies figures vêtues à la Louis XIII, un paysage qui a l'air d'une vue du parc de Versailles et un ciel charmant. La sûreté du pinceau est prodigieuse chez Roqueplan ; vous la trouverez presque effrontée dans une étude d'après nature faite d'un *Moulin à eau,* à Gisors, que vous rencontrerez tout à l'heure.

Lord G. — J'aime beaucoup Roqueplan ; il est bien lui. S'il a quelques points par lesquels il ressemble à quelqu'un, c'est par les qualités qu'on estimait le plus dans Bon ington. Il a aussi des rapports avec votre coloriste Watteau, le coquet promeneur de filles dans les bosquets du dix-huitième siècle.

— J'ai entendu Roqueplan se défendre chaudement de cette parenté avec Watteau ; il disait ne connaître ce peintre que par *l'Em-*

barquement pour Cythère, ouvrage assez faible qui fait partie de notre musée.

Lord G. — Eh bien! la rencontre est singulière. Mais en voilà encore un petit Roqueplan !

— Non, milord; c'est un tableau de M. Wattier, imitateur de Roqueplan et de Watteau.

Lord G. — En effet, il procède des deux. En y regardant de près on voit bien que c'est un homme adroit qui, avec des lazzis de tons et de touche, fait de l'imitation. C'est gentil pourtant; il y a dans cette réunion de gens, écoutant la personne qui chante, des têtes très-agréables.

— Pastiche, milord, pastiche!.... Je pourrais partager nos peintres en plusieurs régimens. Nous avons la légion Raphaël et compagnie, où M. Ingres porte l'étendard; marchent derrière lui, deux à deux, MM. Orsel, Perrin, Dassy, Amaury - Duval, Bremont, Etex, Perlet, Poppleton, Bourdon, Nouvière, Lugardon et Hautier. Le régiment Géricault, dont M. Delacroix est le colonel, compte MM. Louis Boulanger, Ary Scheffer, Eugène Devéria, de Triqueti, Switer, Descamps, Jadin, Huet, Rousseau, Jeanron, Lessore, Mouchy, Fouquet, Célestin Nanteuil, Badin, Bertier, Poterlet, Biard, Lafait. Ce régiment est partagé en petites compagnies, qui ont pour capitaines MM. Descamps et Jeanron. M. Saint-Evre, qui a commencé par porter l'uniforme, s'est séparé du corps; il marche seul et il a bien raison. M. Decaisne a fait de même. M. Fouquet marche sur les pas de M. Descamps, son capitaine, comme un soldat en ordonnance derrière l'officier et de loin. M. Schnetz est suivi de MM. Bodinier, Massé et Vanderberghe. Ce dernier n'est que volontaire; il va quelquefois tirailler seul, mais il est obligé de réjoindre les siens; il n'est fort que derrière son colonel. M. Granet est caporal d'une patrouille composée de MM. Clérian et Barbier; la patrouille est faible, mais le caporal fait valoir cette petite troupe. Horace Vernet a planté son drapeau entre les tentes de la légion davidienne, et la marquise de son père le spirituel Carle; sont venus s'y ranger MM. Robert-Fleury, Lepaulle, Eugène Lami, P. Ledieu, et plus récemment

M. Riquier. Celui-ci est dans toute la ferveur de l'imitation : voyez plutôt son *Moine médecin;* mais ce qu'il imite ce n'est pas le Vernet de 1832, c'est celui de 1820. M. Isabey n'a pas de régiment : il ne va pas seul pourtant ; il a une ombre, M. Lepoitevin qui ne le quitte plus, après avoir piétiné derrière Xavier Leprince et Beaume.

Lord G. — A propos d'Eugène Isabey, voilà encore un grand ouvrage de lui.

— Mais, non, milord, c'est de M. Lepoitevin.

Lord G. — C'est donc une copie?

— A peu près. Vous n'avez pas été le seul trompé par la ressemblance ; hier déjà, j'ai entendu dix personnes faire le même quiproquo.

Lord G. — Mais il y a de bonnes choses dans cette plage à *marée basse.* Ces figures sont bien faites.

— Elles ressemblent à celles de M. Beaume.

Lord G. — La charrette et le bateau sont bien touchés.

— Pourquoi sont-ils du même ton et de la même facture? Franchement, cette peinture m'ennuie; si elle était originale, j'y louerais beaucoup d'habileté, des choses agréablement colorées, quoique dans une harmonie grise, des détails assez larges; mais c'est une imitation, et je n'y puis prendre aucun plaisir.

Lord G. — Je ne mésestime pas cela autant que vous, et si je trouvais quelque chose de ce M. Lepoitevin qui fût dix fois plus petit que cette vue de Bretagne, je m'en arrangerais volontiers.

— Eh bien! tenez, milord, voilà *l'Escalier de l'Orangerie de Versailles*. A cela près du défaut capital, la ressemblance avec Isabey, c'est une chose très-gentille. Les petites figures sont indiquées avec esprit.

Lord G. — Très-jolies, en effet. Je réfléchirai à ce petit objet. Oh! mon cher monsieur! le ravissant tableau!

— Un des plus remarquables morceaux de l'exposition. Il est d'Alfred Johannot. Il représente mademoiselle de Montpensier, un des grands hommes de la Fronde, arrivant devant la porte d'Orléans, qu'elle fait briser. Mesdames de Fiesque et Fontenac qui, dans cette parodie des guerres civiles antiques, jouaient un rôle militaire, et remplissaient auprès de la princesse les fonctions de maréchales-de-camp, suivent mademoiselle de Montpensier. Grammont donne la main à la frondeuse triomphante; le tambour bat au champ, et des cris sortent de toutes les bouches : « A bas le Mazarin! à bas le Mazarin! vive le roi! vivent les princes! »

Lord G. — Ces trois femmes sont délicieuses.

— Elles ont l'aplomb, la grâce coquette, l'élégance, qui étaient les qualités éminentes des femmes de la Fronde. La combinaison pittoresque de la scène est entendue à merveille; il y a du mouvement sans confusion, une abondance de détails qui ne se nuisent pas l'un à l'autre, de jolis groupes, et un aspect général un peu collet-monté, parce que la fronde épigrammatique, sérieuse, moqueuse et pédante, affectait les airs guindés et évaporés, faisait de la dignité, aux grandes circonstances, et se retournait pour rire. Rien n'est grave dans ce tableau; c'est une plaisanterie prise au sérieux seulement. Ce caractère est parfaitement convenable, et il n'y avait qu'un artiste spirituel qui pût le donner à un pareil sujet. Il ne fallait là ni la morgue historique, ni l'élévation du grand style ; une couleur de bonne grâce, un dessin quelque peu gentil-homme, de jolis costumes, une touche fine et vive : voilà ce qu'il fallait, voilà ce qu'y a mis M. Alfred Johannot. Son tableau est une page de mémoire, et non un sévère paragraphe d'histoire ; le peintre est un digne traducteur des piquantes confessions de la grande Mademoiselle. Au reste, toutes les époques lui vont, tous les costumes lui conviennent : ceux de Louis XV comme ceux de la Fronde. Voyez là-haut, cette jeune femme poudrée à blanc, qui lit une lettre au peuple assemblé sous un balcon : c'est la duchesse d'Orléans annonçant aux Parisiens *la Victoire d'Hastenbeck*, due en partie à son époux. Ceci ne ressemble pas aux frondeuses avec leur justaucorps galonné par-dessus des jupons, et leurs chapeaux de feutre pointus à plumes : mais c'est fort bien aussi. La figure de cet homme en habit mordoré, qui nous tourne le dos, n'est pas dans les convenances du théâtre et de la peinture classiques ; mais il fait bien comprendre le lieu de la scène et la hauteur du balcon du Palais-Royal. Tous les personnages accessoires sont spirituellement disposés autour de la duchesse; il était difficile de donner du mouvement à ce groupe dont le devoir est d'écouter avec respect : il y en a cependant un peu, grâce à l'intervention de la vieille gouvernante du duc de Chartres et de sa sœur, qui leur explique la lettre que lit la princesse. Ce tableau, milord, vous ne l'auriez pas, quand même il ne serait pas un peu haut pour votre cabinet; il appartient au roi, et fait partie de la collection des tableaux qui composeront l'histoire du Palais-Royal. Quant à *Mademoiselle de Montpensier*, je pense que vous arrivez trop tard.

Lord G. — C'est ma foi dommage, car j'aimerais bien ce tableau. N'y a-t-il pas d'autres Johannot?

— Oui, deux Tony, mais plus d'Alfred. Ce Tony que voilà est plus ferme de couleur que la *Montpensier;* il a des qualités plus élevées, c'est un morceau supérieur que ce drame d'amour, dont un père brutal fait le dénouement avec le couteau; aussi, hâtez-vous, milord, les chalands ne manqueront pas à cet ouvrage. Pour celui-ci n'y comptez pas, il est vendu à un amateur, M. Dubois, qui en a donné six mille francs.

Lord G. — J'en donnerais sept, morbleu! car c'est beau. Est-ce d'un peintre français?

— Oui, milord. L'aspect du tableau vous a trompé d'abord; il y a une teinte vénitienne qui vous a fait croire que c'était l'œuvre de quelque peintre d'Italie; c'est de M. Alexandre Hesse, le fils du peintre de portraits, le neveu du peintre d'histoire; c'est le début d'un homme de vingt-cinq à vingt-six ans. M. Alexandre, m'a-t-on dit, passait dans sa famille pour un garçon qui ne ferait jamais rien; il était un de ces jeunes gens qu'on ne sait où jeter pour leur trouver une carrière, et qui, jusqu'au jour où ils marchent dans une voie de succès, reçoivent de tous ceux qui les connaissent la qualification de mauvais sujet. Cependant il se mit dans la tête d'aller en Italie; il visita Venise, s'y trouva inspiré, et en revint avec un tableau qu'il acheva peut-être à Paris: vous voyez l'œuvre. Une composition simple: Titien, mort de la peste, à l'âge de quatre-vingt-dix-neuf ans, est porté sur une civière ornée, par des magistrats, des artistes, des guerriers, de

nobles seigneurs; près du corps pleurent deux
personnes, une belle femme blonde, aux cheveux flottans, et un jeune homme; ce sont des
parens, des amis du vieillard. Toutes les figures
sont marquées de douleur. Mais la mort de
Titien n'est pas la seule cause de cette af-
fliction générale; ce n'est qu'un deuil ajouté au
deuil que tout le monde porte à Venise depuis
quelques jours. La peste désole la ville; à
chaque coin de rue on trouve des cadavres, et
le convoi du prince des peintres est arrêté dans
sa marche par le corps à peine froid d'un gon-
dolier, qui vient de tomber frappé de la fou-
dre de la contagion. La tristesse profonde qui
est dans les âmes se lit sur les visages; il y a
abattement, appréhension de la mort, et cependant dégoût d'une vie qu'il faut disputer
minute par minute aux attaques du fléau.
Pour honorer Titien chacun a mis ses habits
de fête, et ce luxe, qu'on a reproché à M. Hesse,
me semble contraster heureusement avec la
terreur. Et d'ailleurs, quand il eût été plus
dramatique de voir ici des vêtemens négligés au lieu de ces riches et éclatantes étoffes,
qu'importe? C'était Venise, Venise qui rappelle

des idées de grandeur, Venise coloriste, si je
puis dire, que le peintre voulait nous montrer
aux prises avec la mort; fallait-il qu'il la dé-
pouillât de ce caractère? Je ne le crois pas. On
pouvait faire un tableau d'un grand effet avec
la donnée opposée à celle de M. Hesse, j'en
conviens. Celle-ci a produit un fort bon ouvrage, voilà l'essentiel. Tout est étudié chez
M. Hesse, et largement rendu: les têtes sont
belles, fortement et finement modelées, d'un
beau ton, simple et loin de toute surcharge de
ce coloris noir et rouge qu'on fait pour imiter
les vieux maîtres, sans songer que sur ces
maîtres dix siècles ont laissé leurs teintes as-
sombrissantes. L'harmonie générale est riche,
elle marche largement par grandes masses; elle
est calme aussi, et quoique brillante, elle a de
l'austérité. Le moine qui meurt en suivant l'en-
terrement du pestiféré, est un bon détail de sentiment; il anime la demi-teinte du dernier plan.
L'insouciance des deux hommes qui se sont assis au faîte d'une maison pour voir passer le
convoi du peintre célèbre, est bien imaginée :
ce sont deux hommes du peuple qui assistent
à un spectacle, qui tomberont peut-être de là-

haut atteints par la flèche empoisonnée, mais qui ne s'en mettent point en peine, parce qu'ils sont familiarisés avec l'idée de la mort. Je pense que vous trouvez comme moi charmante cette femme à la robe de brocard, qui pleure en montrant son cou et ses épaules ; que vous aimez les deux jeunes hommes qui portent le brancard en avant ; que ce corps, étendu sur la voie de la procession, vous paraît d'un bon dessin et d'une pose énergique ; que tous ces costumes vous semblent bien peints ?

Lord G. — Je suis tout-à-fait de cette opinion.

— Que vous aimez moins les morts de gauche, et la femme aux mamelles rougies, qui se désespère près de son amant ou de son mari ? Que vous voudriez le ciel de Venise plus profond, et les murailles du palais rouge et jaune dans une plus heureuse perspective ?

Lord G. — Je suis encore de cette opinion ; et j'ajoute qu'il me semble que tant de talent acquis déjà promet un peintre remarquable pour l'avenir.

— Moi, milord, je l'espère et je le crois ; car

on m'a dit que M. Hesse est un homme modeste, prenant son succès avec joie, mais ne
s'en infatuant pas. A propos de ce tableau et de
la vogue très-méritée qu'il a et qu'il gardera
pendant le salon, on a rappelé *la Naissance
d'Henri IV*, d'Eugène Devéria, la fureur qu'il
fit au commencement de l'exposition de 1827,
et l'on a dit : « Devéria n'est pas allé plus loin ;
M. Hesse ne fera-t-il pas de même? » Je crois
qu'il y a toujours plus de mérite à arranger une
grande machine qu'un tableau d'une moindre
proportion ; je me souviens de toutes les bonnes
choses qu'il y avait dans l'ouvrage de M. Devéria ;
je puis faire la comparaison, autant que comparaison peut être faite entre deux ouvrages qui
ont à peine un point de commun ; toutes choses
balancées, il me paraît qu'il y a un talent plus
complet dans M. Hesse commençant, qu'il n'y
en avait dans Devéria ; et cependant il me semble
que M. Hesse n'en restera pas à son *Titien*. Il
a plus d'études sérieuses que n'en supposait
l'*Henri IV*, et l'avenir est toujours aux bonnes
études. M. E. Devéria avait commencé par un
pastiche ; il s'est ressenti depuis de sa première
vocation. M. Hesse a fait une chose de son crû ; ·

il ne s'est constitué de propos délibéré imitateur de Paul Véronèse ni de personne autre, et s'il y a du vénitien dans son tableau, c'est qu'il avait à peindre non pas le Béarn, mais Venise, la Venise du Titien. M. Hesse s'appartient donc encore; il peut grandir. M. Devéria s'était donné au démon de l'imitation, et le malin diable ne l'a pas lâché. Milord, j'ai à vous signaler un autre début; celui-là n'a pas fait encore d'éclat, peut-être n'en fera-t-il point, et tant pis, ma foi, car c'est celui d'un homme de mérite. Vous voyez ce vieillard couché dans un lit, et tenant les débris d'une verge qu'il a rompue sans efforts, pendant que son fils s'évertue à faire plier le faisceau de dards d'où La Fontaine tire une de ses plus sages moralités : point d'ostentation dans ce petit drame, point de recherche dans le coloris. Le demi-jour de la chambre d'un malade, les figures des deux jeunes hommes groupés à droite, qui cherchent à comprendre la raison de l'essai que leur père leur fait tenter; l'étonnement naïf du dernier des frères, robuste garçon, auquel le faisceau résiste cependant; l'harmonie grave du tableau, la largeur de la facture, la solidité du dessin : voilà ce que je loue dans l'ouvrage sérieusement conçu et exécuté par M. Amiel.

Lord G. — C'est un tableau qui me plaît aussi ; mais je conçois à merveille qu'il n'appelle pas vivement l'attention du public. Il est simple d'action, de ton et de costumes ; il est modeste et presque mélancolique : toutes ces qualités sont des défauts pour la masse des spectateurs, à qui il faut du tapage, de la tragédie ou de la comédie, du piquant comme dans une chanson, ou de l'effet comme dans un mélodrame. La plupart des tableaux qui attirent la foule ne sont pas les meilleurs, vous le savez bien ; j'oserais dire qu'ils ne font cercle autour d'eux que comme les physiciens des rues, qui ont une trompette et des tours de force pour fixer un moment les promeneurs, à qui ils veulent ensuite offrir des remèdes ou du savon à détacher. Les artistes imaginent quelque chose de saisissant, c'est la grande affaire ; quand cela est trouvé, le reste vient assez ; le reste est ce qu'il peut, ils ne s'en inquiètent guère. La parade d'abord ; l'essentiel à la grâce de Dieu ! Nos artistes sont là-dessus comme beaucoup des vôtres : aussi à Londres et à Paris on voit force

ébauches, force pochades. On s'adresse d'abord
à l'imagination en faisant à froid de la fougue ;
on parodie le génie avec de la vivacité de pinceau et de la séduction de palette, comme si le
génie n'était pas la raison sublime, en opposition constante avec ce dévergondage d'idées, de
formes et de couleur !

— *Une Vue de Savoie*, milord, par M. Watelet.

Lord G. — Je l'avais bien reconnu au brillant de la couleur. Il me semble que tout brille
un peu trop ; rien ne veut consentir à rester au
second plan : les eaux, les arbres, les maisons,
les terrains, ont une égale ambition : ce n'est
pas assez sage.

— Mais c'est d'une vive exécution. Le système admis, c'est la meilleure chose que
M. Watelet ait produite. Je partage toutefois
vos idées sur cette intempérance de lumières
éblouissantes qui appellent l'œil partout en
même temps et le fatiguent. J'ai vu, à peu près
dans le même sentiment, mais pourtant moins
exaltée, une belle aquarelle de M. Watelet ; elle
est au bout de la galerie à gauche. Vous vous

rappelez, milord, *le Maître d'école* de M. Beaume.

Lord G. — Oui, une fort jolie scène d'enfantillages malins, où votre compatriote luttait d'esprit avec notre Wilkie.

— Voilà du pathétique de sa façon. Un *Orage* vient de détruire la moisson d'un cultivateur ; le pauvre homme, debout au milieu de son champ ravagé, et entouré de sa famille, cherche, derrière les nuées épaisses qui noircissent encore le ciel, s'il n'est pas quelque ange consolateur. L'expression de toutes les têtes est juste ; la touche est large, mais il y a un peu de lourdeur dans l'ensemble et dans le ton local. Vous ne retrouverez pas ce défaut dans *la Main-chaude*, tableau plein d'une exquise vérité, que je vous recommande comme une fort jolie chose. La lumière joue bien au milieu des personnages villageois qui s'amusent innocemment à l'abri d'un buisson, sur un petit tertre. Le ciel est charmant ; les petites têtes sont finement touchées, les animaux sont très-gentils. *La Balançoire* que vous voyez tout près de vous, procède des bonnes qualités de ce tableau. Ces enfans qui montent et des cendent sur une planche, sont peut-être un peu rouges. La peinture de M. Beaume est grasse; elle serait encore plus naïve si elle n'affectait pas une certaine largeur systématique qui nuit quelquefois à la finesse du modelé et du dessin.

Lord G. — Ah! voilà notre matelot de tantôt. Que regarde-t-il donc là?

— Une *Pêche de la morue*, par M. A. Garneray.

Lord G. — Eh bien! monsieur le marin, que dites-vous de cela?

Le Matelot. — Dam'! monsieur l'Anglais, je le trouvons très-bien. Je suis là depuis une heure comme un imbécille devant ce petit sloop, et je me dis à moi-même : « Y ne doi» vent pas avoir trop chaud les anciens qui » pêchent sur le grand banc, quoiqu'y ayont » le bonnet de laine, le noroit par-dessus et » des gants aux mains. »

— La mer vous paraît-elle bonne ici, et plus naturelle que dans le tableau de M. Isabey?

Le Matelot. — Oh! que oui qu'elle l'est plus! Un petit brin grise, mais on y serait mouillé dedans. Y-z-ont du bonheur les vieux lascars avec leux lignes ; y vous attrapont des fameusement belles morues tout de même ; avec ça qu'y-z-attrapont aussi un fameux grain, sans ligne ! Y halent-bas la grand' voile qui les pourrait faire chavirer ; voyez-vous y rentront la toile en-dedans pour décharger le bateau qui donne une bande incommode à babord ? Le sloop va se redresser tout à l'heure ; y restera sur son foc et s'en ira tout doucement de l'avant, en traînant les hains garnis de bouhaittes. Quand le grain sera passé, y hisseront leur voile, et ce sera à recommencer au premier coup de temps. Ma foi, c'peintre-là sait son état ; c'est bien rendu, c'te pêche ! V'là bien la brume, le vent, la mer grosse qui fait danser la barque, les pêcheurs à leur poste tirant la morue à bord, ces goëlands, — c'est des fiers gourmands, ces coquins d'oiseaux-là — qui viennent piquer le poisson pour en avoir leur part avant les hommes ! ça me rappelle bien la chose. Car j'y ai z'été au grand banc, pas plus tard qu'il y a un an, où, sauf vot' respect, je me suis joliment embêté, parce que, voyez-vous, quand on a long-temps navigué au militaire, comme j'ai fait pendant la fin de la dernière guerre et encore de depuis la paix, c'est pas amusant d'être dans un petit bateau, mouillé du matin au soir, et tenant des lignes plus qu'on a de mains. (*Riant*) Dites donc, monsieur, y a-t-il dans c'te mer de la poésique, comme vous disiez pour l'autre?

— Non, mon ami, c'est dans un système qui diffère beaucoup de l'autre. M. Garneray cherche l'exactitude surtout; M. Isabey s'attache moins à la réalité.

Le Matelot. — Tiens, en v'là d'une autre! Quand on fait le portrait d'un navire et de la mer qui le supporte, est-ce qu'il ne faut pas faire comme lorsqu'on tire un homme en portrait sur terre? Si on me ferait, une supposition, et que je ne ressemblerais pas très-bien, je ne paierais pas le peintre, donc! ou bien s'y me tirait gentiment, et qu'y ferait mal le pavé de Brest, je diminuerais pour le pavé. C'est tout de même, voirement, pour la mer et les navires.

— A mon sens, cette marine de M. Garneray est la meilleure du salon. Vous avez connu ce peintre plus gris et plus froid; il s'est échauffé, élargi, éveillé. Je souhaite pourtant qu'il n'aille pas au-delà, parce qu'il tomberait dans une convention, moins puissante peut-être que celle de M. Isabey, mais non pas moins hors de la nature.

Lord G. — Est-ce que Gudin n'a rien exposé?

— Non, milord, il est en Italie, d'où il reviendra bientôt.

Lord G. — C'est pour moi le véritable peintre de marine. Il sait faire l'eau, il sait composer la mer, il a des *ciels* d'une finesse et d'une vérité merveilleuses; il est maître du soleil et en fait ce qu'il veut; je suis bien fâché de son absence. Et M. Tanneur a-t-il quelque chose ici? Va-t-il en avant?

— Je le trouve meilleur cette année que les années précédentes; cependant il me semble bien maniéré dans un effet de *Soleil couchant sur un lac*, où la peinture envahit le cadre. Il est plus sec mais plus vrai dans la représentation d'une rade, sur laquelle est un vaisseau à trois ponts en armement. La mer calme a l'air de glace, les formes des navires se dessinent avec une dureté désagréable sur les fonds; le ciel brumeux est bien. Jugez vous-même, voilà le tableau.

Lord G.—Oh! pas bon !

— Je vais vous montrer celui des ouvrages de M. Tanneur qui me paraît préférable aux autres. Venez de ce côté, milord; là. Une plage d'où la mer s'est retirée; quelques bâtimens à la voile, des falaises dans le fond ; un ciel nuageux.

Lord G. — Ceci est poli et transparent comme de l'agate ou du marbre.

— Un peu; mais c'est fin de ton, soigneusement peint et d'un dessin charmant : il y a volonté de faire mieux que des ébauches ou des surprises d'effet. Au reste, la marine n'est pas très-forte cette année. Nous sommes riches dans les autres genres; celui-là avait de la supériorité en 1827 et en 1831. Tenez, voici des *Bateaux qui remontent l'Escaut* pour arriver à Anvers; c'est de M. Louis Garneray. Je ne trouve à reprendre dans ce tableau que l'eau du fleuve qui n'est pas assez transparente, quoiqu'elle reçoive comme un miroir la forme et la couleur de tous les objets qu'elle porte; elle est un peu opaque et lourde. Les bateaux sont bien, malgré la confusion brillante où ils restent au premier coup d'œil. Les *barques dans le Texel* sont bien aussi, mais ne valent pas celles de l'Escaut. M. Gilbert est toujours remarquable par son exactitude dans la forme; mais vaisseaux, nuages, lames et fumées, tout cela manque d'animation et de force; tout cela attend la peinture. Cependant, à ne considérer là que l'art spécial et la représentation des navires, j'aime mieux ceci que les imaginations de M. Isabey; c'est bon comme les petits costumes militaires de M. Dubois-Drahonnet, que vous voyez dans cette embrasure de fenêtre, profilés sur un carton jaunâtre sans fond; peinture un peu sèche, sans pittoresque, mais fidèle comme l'ordonnance sur l'uniforme des troupes. Un élève de Gudin a débuté dans la carrière; il est encore fort timide, mais cependant il attaque les brillans effets du ciel. Voilà un *bassin du Havre à marée basse* qui vous donnera une idée de son talent. Ce bâtiment couché et dont on lave la carène, c'est *le Sully*, paquebot américain d'une belle forme. Le soleil qui se couche au large colore de ses rayons obliques les mille détails des mâtures de ces navires à sec. Cet effet est bien rendu ; tout est traité avec soin. La largeur de pinceau viendra avec la hardiesse : je ne suis pas en peine de cette qualité, elle ne manque guère à nos peintres ; ils la poussent quelquefois jusqu'à la témérité. Nous avons beaucoup de pinceaux crânes, nous n'en avons pas assez de raisonnables. Milord, vous avez toujours votre yacht pour vos promenades de la Manche ; si vous voulez avoir son portrait, adressez-vous à M. Gamain ; il a au Havre beaucoup de succès dans ce genre de peinture. M. Gamain rend très-juste les effets de mer ; j'ai de lui une petite marine représentant un chébec espagnol fuyant vent arrière devant un grain. C'est, je vous assure, une jolie chose ; la mer y est d'un ton et d'un dessin qui vous plairaient beaucoup. Le genre-marine a deux peintres du nom de Garneray ; le second, dont le nom diffère par une lettre seulement de l'autre, est moins fort que le premier. Voilà cependant de lui des *barques de pécheurs au mouillage* qui sont bien, assez largement faites ; les eaux verdâtres sont vraies. M. Henri Garnerey fait aussi du paysage : il en a au salon un sans arbres, sans plaines, sans terrains, et presque sans ciel.

Lord G. — Oh !

—C'est comme j'ai l'honneur de vous le dire, milord. Vous allez voir.

Lord G. — Parbleu ! c'est une rue !

— Oui, des *barraques* à Rouen. Cela est satisfaisant d'aspect ; mais c'est fait comme de la décoration ; il faut voir le tableau de loin pour l'aimer un peu. De près ce tatouage des couleurs qui courent l'une dans l'autre, cette vivacité de touche qui va jusqu'au mépris de la forme, cette largeur démesurée qui ne respecte ni les limites des objets, ni le sens de ces objets, cette affectation d'esquisse dans une grande chose, cette profusion de lazzis où il faudrait de la peinture sérieuse et ferme : tout cela fait de la peine à voir. On n'arrive pas à grand'chose avec un pareil système ; quand on a du mérite, il faut se garder de cette négligence systématique qu'on prend pour un laisser-aller de bon goût, mais qui, aux yeux de bien des gens, n'est qu'un manteau ample, drapé avec affectation, pour cacher un squelette de talent ou un talent percé à jour comme un habit râpé. Les ouvrages qui restent sont les morceaux faits avec conscience ; larges, mais bien dessinés ; colorés,

mais avec sagesse ; puissans, mais intelligibles.
M. Thierry, dont on a placé là-bas deux tableaux
d'un joli effet, est tombé dans le défaut que je
reproche à M. Garneray. Toutefois, il n'a pas
poussé si loin le mépris à une convenance qu'il
me semble indispensable de respecter : le rapport de la largeur du travail avec la grandeur
de l'ouvrage. Avec cette manie qu'on a de bros-
ser tout pour arriver aux masses d'ombres et de
lumière de la décoration, on fait des esquisses
et pas de tableaux ; on laisse croire qu'on ignore
l'art si difficile de finir à propos, et de donner
aux objets représentés leur valeur réelle de forme
et de couleur.

Lord G. — Je suis tout-à-fait des vôtres
sous ce rapport ; j'aime la peinture faite, non
pas léchée et refroidie par la touche patiente
d'un artiste qui voit tout au microscope, mais
large et précieuse tout à la fois, comme nous
l'ont léguée les Hollandais et les Flamands.

— Regardez, milord, cette *Valentine de
Milan* auprès du lit de Charles VI avec ses enfans. La couleur en est pleine de charme.

Lord G. — Mais les figures sont bien fai-

blement dessinées. Elles ont cependant une expression de mélancolie qui attache.

— M. de Triqueti a fait un autre tableau
dont l'expression et la couleur font aussi tout le
mérite ; il représente les *Enervés de Jumièges* :
c'est une élégie harmonieuse mais d'un intérêt
médiocre. Voici qui vous plaira : *Jeanne
d'Arc* répondant aux prélats qui l'interrogent
sur ses visions. Elle est devant le roi, parlant
avec confiance et modestie, annonçant sa mission, et la part qu'elle aura à la délivrance de
sa patrie. Cette figure simple et calme est d'une
charmante invention, n'est-ce pas, milord? Le
groupe du trône est fort bien aussi; mais la
foule des assistans est peu heureuse. La demi-
teinte qui la voile l'aplatit. La jolie harmonie
de M. Saint-Evre se retrouve dans ce tableau,
dont le dessin est d'un goût fin. Toutefois cette
qualité du dessin n'est pas portée aussi loin
dans la *Jeanne d'Arc* que dans les *Florentins*.
Venez voir. Regardez ces femmes assises et
celle qui danse, ce sont des choses délicieuses
de grâce sans affectation, de délicatesse et de
mouvement ; elles sont d'une couleur on ne
peut plus agréable.

Lord G. — Cependant je ne voudrais pas acheter le tableau si l'artiste ne me promettait pas de changer le paysage jaune et orangé qui nuit à l'effet de ses figures. Ce ton du paysage est systématique, et tout système me déplaît. Je reconnais les qualités estimables de l'ouvrage de M. Saint-Evre ; je désirerais de l'avoir dans mon cabinet : mais ce jaune me blesse quoiqu'il soit harmonieux.

— La *Jeanne d'Arc* de M. Saint-Evre me rappelle celle de madame Deherain.

Lord G. — Un petit tableau du genre de ceux que cette dame a déjà exposés?

— Point, milord ; un tableau qui a toute l'importance historique par les qualités et la dimension. La bergère de Vaucouleurs est assise ; elle écoute la voix d'un ange qui, se balançant en l'air derrière elle, lui inspire le courage patriotique qui manquait à Charles VII. Les paroles du messager céleste qu'elle ne voit pas, font en elle une révolution soudaine ; elle les recueille avec une joie profonde, mais timide ; elle voit l'avenir s'ouvrir devant elle ; elle rêve de combats et de libération ; elle fait couronner le roi triomphant au maître-autel de Reims, comme a dit Voltaire.

Lord G. — Oui, dans son poème si spirituel, si impudique, et surtout si peu patriote.

— La tête de Jeanne d'Arc est belle; elle commande bien son corps dont le mouvement est l'abnégation, à ce point, qu'en regardant le tableau, on l'oublie complétement pour ne s'occuper que de l'expression du visage. Le ton des vêtemens est dans une harmonie sourde qui favorise à merveille la pensée de l'artiste. L'ange, où l'on retrouve un souvenir du gracieux style des anges de Delacroix dans son *Jésus au jardin des Oliviers*, est peut-être trop placé à angle droit avec le corps de Jeanne; je crois qu'enveloppé d'un ton mystérieux, il jetterait dans la composition plus de poésie.

Lord G. — Et vous êtes sûr que cet ouvrage est d'une femme?

— Très-sûr, milord.

Lord G. — C'est que s'il y a de la femme dans la conception de cette fille pudique et forte, il y a de l'homme dans l'exécution.

— Le talent n'a pas manqué au besoin de

l'expression de la pensée. Et pourquoi ne voudriez-vous pas que madame Deherain fût devenue à peu près homme pour peindre Jeanne d'Arc, quand Jeanne d'Arc est devenue homme tout-à-fait pour sauver la France?

Lord G. — C'est juste; les miracles enfantent les miracles.

Le *Louis XIV* de madame Deherain est moins étonnant que la Jeanne d'Arc, mais non pas moins bien. Le jeune roi cède au conseil de sa mère; il consent à se séparer de mademoiselle de Mancini que le cardinal Mazarin emmène: mais cette séparation lui coûte des larmes; il regarde, avec des yeux humides de pleurs, la belle jeune fille qu'il aime tant, et qui se retire en lui disant : « Vous êtes roi et vous pleurez! je pars! » La passion, cette première passion d'un jeune cœur ardent qui se débat contre la raison avant de céder, est bien rendue. La figure de Louis XIV est très-jolie; elle fait une opposition heureuse avec celle de mademoiselle de Mancini, ferme et presque froide au milieu de cette scène, où la tendresse expressive est toute du côté de l'amant désolé. Le dessin et la couleur seront loués par vous sans doute, comme par tout le monde. Madame Deherain a pris de l'essor ; ce n'est plus un amateur qui s'essaie avec esprit, c'est une artiste qui produit avec talent.

Lord G. — Quel est cet assassinat? Encore une scène de vos guerres civiles ! Je vois la croix des ligueurs.

— C'est Brion, le gouverneur du jeune prince de Conti, assassiné dans la journée de la Saint-Barthélemi. Il donnait à son élève sa leçon quotidienne, quand les assassins croisés vinrent frapper à la porte de la chambre où le maître et l'écolier travaillaient à leur ordinaire. Brion alla ouvrir, et aussitôt un fanatique, armé de sa pertuisane, le renversa et lui fit de larges blessures. Conti se précipita pour défendre son ami; il fit de vains efforts pour arrêter les poignards des catholiques. Le respectable protestant expira sous les yeux de l'enfant, dont les cris et les supplications n'avaient pu prévenir ce meurtre. La scène, comme vous voyez, est fort claire.

Lord G.—L'ignoble moine, qui est là comme l'esprit infernal derrière les Lorrains, est une bonne idée bien rendue. La figure principale

est belle de résignation. Cet homme à la tête
rouge est terriblement actionné à ce qu'il fait.
Peut-être que la joie féroce de cet homme qui
rit en se tenant les côtés, est outrée.

— J'ai entendu faire la même objection, et
j'avoue que je n'y suis pas sensible. Que les assassins du duc d'Orléans, ceux que vous voyez
dans ce tableau tout noir et effrayant de
M. Louis Boulanger, exécutent froidement
l'ordre qui leur a été donné, cela se conçoit :
ce sont des ouvriers payés pour faire leur métier ; ils gagnent leur argent en conscience ,
comme de braves assassins qu'ils sont ; ils ne
sont pas plus Armagnacs que Bourguignons ;
ils sont tueurs, dépêcheurs d'hommes moyen-
nant salaire, expédiant ce soir-là le duc d'Orléans comme ils auraient expédié celui qui les
a gagés à l'instigation de ce même d'Orléans. Ici
c'est bien différent : ce sont des bourgeois fana-
tisés, des meurtriers qui travaillent pour leur
compte, avec foi, enthousiasme et plaisir : ils se
défont du protestant qu'ils ne connaissaient pas
avant d'être entré chez le prince de Conti, parce
que c'est un huguenot, uniquement pour cela, et
que tout huguenot, s'appelât-il Brion ou Marigny,

est leur ennemi personnel. Ils ne peuvent donc être de sang-froid en tuant; il faut qu'ils soient acharnés et joyeux. Cette barbarie a un caractère vrai. Vous ne savez pas combien de mots comiques, de quolibets sanglans ont été jetés au milieu de nos guerres intestines; la ligue et la révolution de 1793 ont grossi les recueils de facéties! On a reproché à M. Robert Fleury d'avoir fait ses assassins trop propres; il y a du vrai; tous les costumes sont un peu trop brillans, luisans, coquets: mais le défaut est de peu d'importance et ne nuit point aux qualités de dessin, de couleur et d'effet dramatique que vous remarquez dans ce tableau , le plus important et le plus élevé qui soit sorti du pinceau de M. Fleury.

Lord G. — Le prince de Conti est plein d'expression.

— Sa tête est un peu pesamment exécutée. M. Fleury a mis ici deux petits tableaux ; mais ils sont vendus, milord, et je ne vous les montrerai qu'en passant tout à l'heure. Quant aux beaux dessins, dont l'un représente un seigneur du seizième siècle, jouant avec son nain, vous vous y arrêterez. Ils sont fort re-

marquables ; celui que je vous désigne surtout. Je ne vous conseillerais pas d'acheter ces
Religieuses de M. Roger, quoique vous puissiez trouver belle l'expression de celle qui
veille sa sœur morte; mais la morte est de
marbre blanc et jette sur le tableau un froid
désagréable. C'est pour la même raison que je
ne vous recommanderais point la *Virginie*
de M. Signol, quoiqu'il y ait du mérite, du
soin, de jolis détails dans ce tableau; mais là
aussi tout est marmoré, tout est poli, frotté :
on dirait un bas-relief de marbre de couleurs,
copié, avec la conscience qu'y mettaient jadis
M. Revoil ou M. Richard, de Lyon, par, un
des peintres de l'école lyonnaise, M. Tierriat,
M. Genod ou un autre. *La Femme d'Ischia*,
qui regarde son enfant endormi et éloigne de sa
figure les insectes dont les piqûres pourraient
l'éveiller ou le blesser, vous plaira, j'en suis sûr.
C'est de la bonne, gracieuse et solide peinture,
c'est un dessin ferme et élevé. Voyez, milord,
ces pieds sortant des sandales, s'ils sont élégans et naturels! M. Roger a quelque chose
de plus capital que ces deux morceaux, un
épisode de la *Révolution de 1793 à Rome.*

Voici le tableau dont je vous parle. A gauche
les Transtévérins furieux, armés de pierres et
de torches, arrivent au quartier des juifs qui
se sont déclarés en faveur des Français. A
droite, ces malheureux juifs, assaillis par le
peuple et implorant l'assistance du sénateur
Rezonico, je crois, que Pie VI a envoyé sur le
lieu de la scène pour apaiser la sédition. Au
centre, sur un cheval, le sénateur suivi de
quelques-uns de ses collègues.

Lord G. — Diable! ceci est bien de caractère.

— Non pas le groupe de cavaliers, qui
manque d'ampleur et que dépare un cheval
faiblement dessiné et d'une forme peu noble;
mais la masse des Transtévérins, fermes, puissans, dans la demi-teinte où ils s'agitent ;
mais surtout les deux premiers plans du
groupe des juifs.

Lord. G. —Le beau dessin !

— Et la belle couleur! milord. Voilà comme
j'entends la couleur! voilà comme l'entendaient
les grands peintres italiens! Ce n'est pas un
vain lazzi; ce n'est pas une palette jetée au
hasard sur une toile pour obtenir un ton ori-

ginal, ou pour mieux dire, bizarre, comme font tant de nos coloristes; c'est une puissance de tons soutenus et adhérens à la forme qu'ils dessinent et modèlent dans le sens intime d'une nature forte et riche. Je sais peu de choses que j'aime plus que cette belle femme renversée avec son enfant sur le devant du tableau; tout-à-fait beau cela, milord. La femme aux mains jointes sur le second plan, qui a quelque chose de raphaélique sans qu'on y retrouve cependant une trace esclave d'imitation, et la jeune fille qui a peur et se cache sur son père, sont également bien. Le juif à la longue barbe me paraît sec, long et disgracieux.

Lord G. — De tout ce que vous m'avez montré jusqu'à présent, le tableau de Roger est la chose que je préfère. J'aime même mieux cela que le *Titien* de M. Hesse.

— C'est l'œuvre d'un homme sûr de lui, qui a déjà produit beaucoup et que l'expérience éclaire. M. Hesse commence.

Lord G. — Ce Roger est-il vendu?

— Je ne l'ai pas entendu dire encore.

Lord G. — J'irai ce soir faire visite au peintre.

— Aimez - vous cette scène familière de M. Henri Scheffer ? *La lecture de la Bible.*

Lord G. — Mais oui ; c'est une fort jolie chose. La jeune femme qui tient son enfant est charmante : le reste est très-bien. N'y a-t-il pas pourtant un peu de rondeur dans tout ce dessin ?

— Pas trop, milord. Il n'y a rien dans ce tableau qui frappe comme la *Charlotte Corday,* que vous vous rappelez sans doute ; mais l'ensemble me paraît préférable à celui de l'ouvrage qui réussit tant en 1831. Je trouve que M. Henri Scheffer fait des progrès. Je lui sais un gré infini de savoir être lui. Son frère avait tant de succès qu'il aurait pu être entraîné à faire dans sa manière : il s'est garanti de ce danger, et il a eu cent fois raison. M. Ary Scheffer cherche maintenant à se rapprocher de Ingres ; ce que vous remarquerez en voyant la *Marguerite à l'église* : il perdra de son originalité et ce sera dommage. Il est beau de chercher le mieux ; mais il ne faut pas le trouver dans l'imitation d'un maître. La nature seule est assez parfaite pour être imitée ; c'est elle qu'on doit interroger ; c'est à sa suite qu'il faut se mettre pour être élevé et original; elle ne trompe pas, parce qu'elle est sans manière; elle a toujours bien conseillé ceux qui ont voulu rester fidèles à ses directions. — Voilà des paysages à choisir; de toutes les couleurs, de toutes les grandeurs, de tous les styles, de tous les caractères; classiques, romantiques, imités du hollandais ou du vieil italien; jaunes, rouges, verts, bleus, gris, noirs; tranquilles, tapageurs, frais, léchés, composés, portraits d'après nature : choisissez, il y en a pour tous les goûts. Vous avez vu déjà M. Watelet, très-brillant, un peu trop brillant; voici M. Victor Bertin, le chef de l'école du paysage de style. Vous le trouverez aussi pur de forme, dans cette forêt où galope Angélique sur un cheval de bois, qu'il l'a toujours été; aussi soigneux dans les détails de plantes et de terrains des premiers plans, aussi simple dans sa composition, mais moins froid de beaucoup qu'à l'ordinaire.

Lord G. — Et par conséquent bien préférable.

— Maintenant, M. Regnier. Il y a toujours un sentiment de tristesse dans les compositions de cet artiste. Le tombeau y joue un des principaux rôles, et vous pourriez prendre ce paysagiste pour un élève de Grey ou de Young, votre mélancolique auteur des *Nuits ;* pour un homme qui a toujours le cœur gonflé d'amertume et les yeux bouffis de larmes. Non, milord, c'est un gai compagnon, non pas un de ces viveurs pourtant qui passent la vie au milieu des chaudes jouissances de l'épicuréisme : il rit, cause et plaisante comme tout le monde ; il n'est pas plus lugubre que nos plus sombres romantiques, les particuliers les plus frais, les plus calmes, les mieux portans, les mieux buvans qui soient dans notre société parisienne. La mélancolie est une couleur poétique pour M. Regnier, comme la neige un effet constant pour M. Mallebranche qui, soit dit en passant, est encore ce que vous l'avez connu, un chercheur de vérité qu'il rencontre quelquefois assez heureusement. L'*Old-mortality* de M. Regnier est un fort bon paysage, varié de touche et de ton, le meilleur de cet artiste, je crois ; vous y remarquerez surtout les plans éloignés, qui sont d'un effet très-agréable.

Lord G. — Je reconnais ici Jolivard, un de

vos paysagistes que j'affectionne le plus, parce qu'il est un des plus vrais. Il aime à copier la nature, sans y rien ajouter ; il est naïf, et c'est chose si rare que la naïveté !

— Il y a ici deux très-bons ouvrages de M. Jolivard, celui où il y a un torrent et que vous voyez un peu plus loin, et celui devant lequel vous êtes. Dans le paysage au torrent, il y a des plans de terrain et des eaux très-bien imités. La grande vue prise aux environs de Paris est, selon moi, une excellente chose. Ce chemin qui descend, ces lointains, ce ciel, tout est bien. Et puis il y a de l'air, de l'espace. Dans le *Soleil couché*, l'effet est vrai ; mais les arbres sont d'un style assez faible, le feuillis manque un peu de largeur. Toutes les *Etudes* de M. Jolivard me plaisent comme à vous : cependant il faut reconnaître que loin de se prémunir contre le ton gris-vert et la lourdeur, l'auteur y persiste d'une manière fâcheuse. Le peintre que j'ai cru le moins systématique aurait-il un système? la nature n'en a point. Je ne sais si vous vous rappelez M. Lapito !

Lord G. — Très-peu. Cependant ce nom

s'attache dans mes souvenirs à des ouvrages estimables.

— De tout ce que j'ai vu de M. Lapito, ce que je préfère est cette *Vue de la forêt de Fontainebleau* au soleil couchant. Les profils des montagnes ardoisées du fond, et toute la partie à droite que traversent les derniers rayons du soleil, sont charmans. Un nom nouveau que je vous signale avec plaisir, milord : M. Flers. Il est dans la voie du paysage naturel; il cherche à être vrai, ce qui est une bien louable volonté par la peinture qui court. Aussi a-t-il trouvé des amateurs pour ses tableaux. Celui-ci appartient à M. Fau; il représente un *Moulin sur la Marne*. C'est excellent de simplicité. Cette saulée est un peu uniformément jaune; mais la nature se présente quelquefois ainsi à l'automne. D'ailleurs, le jaune n'est pas une manie chez M. Flers; ses autres ouvrages vous le prouveront. Vous n'avez pas oublié M. Guindrand, de Lyon, quoiqu'il n'ait point paru au dernier salon? Le voilà avec un grand paysage, dont le sujet, emprunté à un des cantons du Dauphiné, est largement traité. Les devans, tout le terrain à droite et le ciel me semblent fort bien ; j'aime moins la maison.

Lord G. — Il y a beaucoup d'aspect dans ce paysage, et une pratique habile dans ceci aussi.

— Oh ! ceci est d'une main prodigieusement exercée. Je n'ai rien à dire contre les fonds et les seconds plans de ce paysage de M. Giroux, représentant une partie découverte des catacombes de Rome. Il y a de la grandeur dans les lignes et du soleil sur la plaine. Les devans, où la lumière repose sur de larges feuilles, me semblent un peu trop traités en décoration.

Lord G. — N'y a-t-il pas un peu de jaune dans cette lumière ?

— Sans doute ; mais enfin il y a vraiment de la lumière. Le *Chemin de la Fontaine-au-Roi à Franconville*, ouvrage moins capital, est tout-à-fait nature ; il monte bien, et tourne bien là-haut ; les accidens de terrain sont fort scrupuleusement reproduits. Ce morceau est très-bon : on ne peut lui reprocher qu'un peu de lourdeur de touche, défaut que M. Giroux partage avec tout ce qui procède dans le paysage de l'école de Michalon. Encore un nouveau paysagiste : M. André, dont les *études* ont un accent de vérité qui charme ; vérité un peu grise cependant, et qui rappelle M. Jolivard. Son *Entrée de Forêt* dans la Côte-d'Or doit vous satisfaire.

Lord G. — Oui, mais il me semble qu'il y a, sur la nature bien exprimée, quelque chose qui ressemble à une couche de Ruisdaël, et peut-être aussi de Van der Neer.

— Un peintre qui a fait des portraits, dont un surtout, celui d'un vieillard, est remarquable, est auteur de ce paysage, représentant une vue de Dinan sur la Rance. Le soleil se couche derrière la montagne, et éclaire le haut des édifices et des arbres. Cet effet est très-bien rendu. Le chemin qui va du cadre au fond à droite n'est pas très-agréable de lignes ; mais il est vrai de ton, et on ne songe guère à redire à une chose qui est vraie à ce point. M. Faure a fait aussi cette jolie *vue* des environs de Paris, où vous voyez un paysan à la tête d'un champ de blé. Le ciel est d'un joli ton ; il y a du soleil sur le blé. Vous admirez probablement les Études de M. Léon Fleury, qui a fait aussi des figures, et entre autres cette femme d'Ischia, sur le bord de la mer.

Lord G. — C'est un peu loin de Roger !

— Oui, milord, mais c'est mieux que pas mal. Vous avez acheté, je crois, en 1827, un tableau de M. Coignet; voilà de ce paysagiste des *Études de chênes*, dont les devans surtout sont fort bien; il y a beaucoup d'exécution dans cet ouvrage. Une chose de M. Coignet que j'aime fort, c'est la vue de l'*Intérieur de la forêt de Fontainebleau*, où il y a des faisans : elle est d'un ton très-agréable. Je ne sais quelle est votre opinion sur M. Aligny; il a partagé vivement les amateurs au salon dernier. Les uns louèrent cette manière large, simple et sans détails, de faire le paysage; les autres soutinrent que l'imitation de la nature par abstraction convient moins au paysage encore qu'au genre historique; qu'il faut des détails et de la variété dans la touche, parce que la nature est détaillée, et que chaque objet a son accent et sa forme particuliers. M. Aligny est resté dans sa route qui a de la grandeur, mais qui a le défaut de tout alourdir, en confondant tout dans une facture unique, large et grise. Les carrières de grès du mont Saint-Péré, à Fontainebleau, ont été traduites par l'artiste dans un beau style italique, qui, il faut le dire, est presque un contre-sens, car la forêt de Fontainebleau a des magnificences à elle propres, mais fort peu analogues à celles de l'Italie. Toutefois, on n'a pas le courage de faire ce reproche à M. Aligny, parce qu'il étonne et plaît. Ses seconds plans sont superbes; le premier n'a pas autant de mérite.

Lord G. — Cela ressemble prodigieusement au paysage que M. Ed. Bertin exposa en 1831, si j'ai bonne mémoire.

— Vous vous souvenez bien, milord : c'est le même site et le même système d'imitation de la nature.

Lord G. — Il me semble qu'il y avait un troisième paysagiste dans les mêmes idées que MM. Bertin et Aligny.

. — M. Corot. Voilà encore du Fontainebleau par cet artiste. Les devans, grandement écrits, sont d'un peintre de style; les eaux sont belles et transparentes; le chemin que va prendre la charrette qui sort de l'eau est parfait de contour, de perspective et de profondeur; les arbres ressemblent plus à la nature que ceux de M. Aligny. Voilà les qualités; voici les défauts : M. Corot est gris comme M. Aligny, mais moins puissant et moins lumineux; il est lourd dans les fonds, le feuillis des arbres et tous les détails de plantes ; son ciel manque d'air ; ce n'est pas un espace, c'est un corps opaque. Chez M. Aligny, au contraire, le ciel est parfaitement vrai de ton, d'aspect, et même de légèreté. M. Corot est un artiste fort distingué ; il est de l'école remarquable, mais un peu maniérée, qui veut faire pour le paysage ce que M. Ingres tente dans l'histoire. Le public le comprend peu ; mais vous, milord, vous devez l'entendre.

Lord G. — Je l'admire ; mais je lui préfère ceux qui cherchent à rendre le paysage naïvement, avec ses détails, ses accidens. M. Corot est plus grand artiste que la plupart de ceux que je veux dire ; il est plus éloquent, sa phrase peinte est plus magnifique ; j'aime mieux les plus simples.

— Fermez un œil, milord, et faites-vous une lorgnette avec votre main pour voir ce paysage de M. Rousseau.

Lord G. — Oh ! c'est l'illusion de la nature.

— Passez vite, et n'en cherchez pas davantage ; je vous ai donné ce que vous vouliez avoir. Avec plus d'attention, vous verriez

comme les devans sont heurtés; vous recon-
naîtriez dans toute cette représentation d'une
localité des *Côtes de Granville*, un ton puissant et fort, mais qui tombe dans la convention; une facture large, mais qui cherche les
maîtres anciens et un peu votre Constable; de
la vérité d'un certain accent dans les fonds,
dans cette mare, dans la partie gauche du tableau, mais peu de charme. M. Rousseau se
dégagera sans doute d'une partie de cette manière où il emprisonne son talent, et il sera
un de nos premiers paysagistes; il est plein de
sentiment et de chaleur; il n'a pas encore assez d'étude. Je trouve M. Cabat; — encore un
début! milord, — bien plus près de la vérité
que M. Rousseau. Malheureusement il n'a rien
à vous vendre cette année. Son *Cabaret à
Monsouris*, devant lequel vous êtes, est à madame Hulin. Mon ami, M. Étienne Arago,
jeune amateur de peinture qui se compose une
charmante collection, est l'heureux possesseur
de la *Vue des bords de la Bouzanne*, département de l'Indre; et M. Susse, le marchand
de la place de la Bourse, a acheté le *Moulin
de Dompierre*, qu'il a probablement revendu

depuis que la lumière du salon a fait briller les délicieuses peintures de M. Cabat. Je ne vous donne pas M. Cabat comme s'appartenant tout entier, mais comme étant charmant à voir. Il y a chez lui un peu du souvenir de Constable, devenu fin d'ailleurs sous le pinceau français; il y a de l'imitation de Descamps pour la recherche de l'harmonie vigoureuse ; il y a du hollandais Ostade pour la touche précieuse et ferme. Voyez la jolie lumière, la transparence heureuse sous ce berceau, les bons terrains, les figures bien indiquées dans ce cabaret! Ceci est un morceau complet, qui ne déparerait aucune vente des maîtres anciens. Si c'était original, nous serions trop heureux; nous aurions un paysagiste à désoler la vieille Hollande! Cette prairie vaste et semée d'herbes si bien comptées, cette eau où se jouent des canards, cette porte de bois et ces arbres qui couronnent le fond, dans le tableau que je vous ai dit appartenir à M. Arago, tout cela ne vous semble-t-il pas excellent?

Lord G.—Cela m'amuse beaucoup, et je passerais là, devant, une heure, très-volontiers. Voyez-vous, mon cher, manière pour manière, j'aime mieux celle-ci que celle de MM. Aligny et Corot.

— Le *Moulin de Dompierre* n'est peut-être pas aussi complétement bien que les deux autres ouvrages de M. Cabat. Ne le trouvez-vous pas comme moi?

Lord G.—Une chose me frappe. Dans aucun de ses tableaux je n'ai vu le soleil du matin, ni celui du midi; c'est du crépuscule. Est-ce qu'il est voué aux effets de la nuit tombante?

— Jusqu'alors il n'en est pas sorti. M. Delaberge préfère le petit jour du matin. Vous l'avez vu, l'année dernière, faire partir une diligence à ces froides clartés de la nuit, que suit bientôt l'aurore; le voilà qui remet à cheval le docteur du village, venu à trois heures du matin visiter un malade. Ici, comme dans l'autre tableau, dont vous avez gardé probablement le souvenir, parce qu'il obtint un immense succès à la fin du salon; ici, dis-je, le même ensemble, qui paraît procéder du miroir noir; mais la même perfection de tous les détails, la même imitation scrupuleuse, minutieuse de chaque objet: tuiles , bois , feuilles d'arbres, terre , brins d'herbes ou coquilles d'huîtres. Le ton de cet ouvrage, dont le sujet est emprunté aux maisons rustiques de la Basse-Normandie, est frappant de vérité. Le ciel bleu, fouetté de quelques traînées rouges qui annoncent la présence future du soleil, est ce que j'ai vu de plus limpide en *ciels*. Les arbres un peu mesquinement touchés, quant aux masses, présentent cependant des parties de feuillage très-estimables ; les buissons de droite, les ornières, sont on ne peut mieux faits. M. Delaberge est plus dégagé de réminiscence des maîtres que MM. Rousseau et Cabat ; sa manière de voir la nature quelquefois un peu petite, est cependant préférable de beaucoup à celle de la plupart de nos paysagistes ; c'est un artiste qui sait allier des choses difficiles à réunir : le vrai et le réel. Le réel est chez lui dans chaque partie, le vrai dans le tout. Il est fâcheux qu'il ne soit pas plus adroit qu'il n'est pour le dessin des figures ; elles sont communes et laides.

Lord G. — C'est à M. Delaberge et à M. Cabat qu'il faut renvoyer ces peintres, à qui vous reprochiez tantôt l'affectation de la largeur.

— Ah! oui, MM. Garneray et Thierry. Certes, ils pourraient apprendre de l'auteur de ce ravissant paysage comme on est coloriste sans jeter la couleur à pleines pelles sur un toit, comment on est vrai d'aspect en respectant la forme de chaque objet, sa couleur particulière et sa valeur relative. Tenez, milord, voici un petit *Intérieur d'une maison au mont Saint-Michel*, par M. Delaberge. Il y a de jolies choses; mais l'absence de lumière s'y fait trop sentir. Cela veut ressembler un peu à Rembrandt, mais n'y ressemble guère pour la transparence et la vivacité de l'effet.

Lord G. — Vous ne m'avez encore rien montré de M. Huet.

— Nous y arrivons, milord. Voyez cette *Vue générale de Rouen*; c'est du peintre dont vous désiriez de voir les ouvrages.

Lord G. — Cela est grand, bien développé; le ciel se meut, le terrain est largement découpé, le ton général a de la finesse, les monumens ont de la fermeté et annoncent la grande ville. C'est très-bien, plus vrai, beaucoup plus naturel que ce que je connaissais de cet artiste.

— C'est plein de bonnes qualités. La raison est venue en aide à l'école coloriste qui se dévergondait si fort les années précédentes ; on a compris que c'était trop peu d'harmoniser systématiquement des tons prestigieux et d'en revêtir des formes fantastiques ; on étudie sérieusement, on cherche le dessin, et vous voyez que cet effort profite au paysage. MM. Bertin, Aligny et Corot ont été pour leur genre ce qu'a été M. Ingres pour la grande peinture, ils ont fait rougir la révolution pittoresque de ses écarts, et lui ont appris qu'on n'était rien avec des effets sans la forme. M. Huet a ouvert les yeux, et je le trouve dix fois meilleur que lorsqu'on lui criait de tous côtés qu'il était admirable et sublime. Je ne sais quand M. Jadin se laissera persuader ; j'attends. Sa *Route de Rambouillet* est, au dire de ses amis, une fort belle chose : j'avoue qu'il y a de la grandeur, un effet de nuit bien senti ; mais je ne comprends pas cette exécution brutale : c'est probablement ma faute.

Lord G. — Je ne suis pas organisé non plus

pour comprendre cela, qui me semble plein d'affectation. De qui est ce *Taureau?*

— De M. Brascassat, et c'est une belle étude. Le paysage dans lequel est cet animal est très-bien traité. Il y a ici plusieurs ouvrages de ce paysagiste distingué; tous sont remarquables par de bonnes qualités d'étude. Celui que voilà, où vous voyez un bouvier avec sa charrette, est une fort bonne chose. J'ai aperçu une petite vue d'Italie charmante, sans fracas, naturelle. Ici est un *Château dans la Lozère*, auquel je ne reproche que sa fatuité qui se mire beaucoup trop dans l'eau coulant à ses pieds. M. Van-Os ne ressemble guère à M. Brascassat qui est maître d'un pinceau large; il pignoche.

— Entendez-vous, milord, ce que ce mauvais mot veut dire?

Lord G. — Oui, il fait petitement, maladroitement, mesquinement le feuillis.

— C'est cela. Mais les devans de ses tableaux sont bien faits. Il y a du charme, de la naïveté, un aspect vrai dans cette vue intérieure de la forêt de Compiègne, où le soleil s'ébat en rayons si jaunes sur la chevelure milliaire des arbres. Voilà des fleurs et du gibier par M. Van-Os ; vous devez les trouver bien.

Lord G. — Très-bien. Je vois le nom de M. Dagnan sur deux cadres qui renferment de jolies vues de Paris, prises sur vos quais animés du côté de la Grève.

— J'aime mieux cela que ses foréts, et surtout que cette marine du côté de Marseille, où la mer est si peu semblable aux eaux bleues de la grasse Méditerranée. M. Dagnan travaille avec conscience, et il monte. Voilà d'un peintre d'histoire, M. Perrin, de petits paysages d'une rare finesse de touche. Ils représentent l'Italie, ce que vous reconnaissez aux lignes et aux monumens, mais ce que vous ne devineriez pas au ton gris et froid du soleil. Le soleil est une qualité précieuse en peinture. Madame de Laferrière le possède assez bien, comme vous pouvez le voir dans cette *Vue de l'île de Puteaux*, qui vaut bien mieux que la Seine de *Neuilly*, où l'artiste a représenté le *Yacht de la Reine*. Madame la marquise de Vins-Peysac est autrement habile que madame de Laferrière. Voyez plutôt ce grand paysage à la Watelet ; les fonds en sont jolis, l'eau a un mouvement agréable; il y a de la lumière sur les terrains à droite; l'arbre principal n'est pas d'une forme qui me plaise beaucoup. Deux jolies choses d'une très-jeune personne, mademoiselle Moudrux : la Suisse et l'Italie assez bien caractérisées; un talent d'exécution déjà remarquable.

Lord G. — Oh! voilà qui a bien envie de ressembler à Claude Lorrain.

— C'est *la Lanterne de Gênes*, par M. Storelli. Cet artiste a eu plus de réputation qu'il n'en a maintenant, et il en mérite peut-être aujourd'hui plus qu'autrefois. Regardez cette étude de M. Féréol, la seule chose de lui que j'aie trouvée encore au Louvre. Elle est jolie et simple; elle représente d'un ton vrai, bien qu'un peu gris peut-être, le *Moulin des Bois,* en Sologne. La touche est vive, facile. Cela doit vous rappeler un peu le Xavier Leprince.

Lord G. — Voilà un bon *Clair de lune.*

— C'est d'un jeune homme dont le nom nous arrive pour la première fois, M. Dussance, qui promet un paysagiste de plus à l'école. Cette vue du *Mont Saint-Michel* par M. Danvin est lourde; j'aime mieux une *petite Vue de*

Normandie où est un bateau échoué ; c'est bien. M. Curty n'est pas très-fort : je ne vous arrêterai pas long-temps devant sa *Halle au Poisson*, qui vaut mieux cependant qu'un certain *Serment de l'Odéon*, dont les amateurs furent très-peu contens en 1831. Puisqu'il est en progrès, nous pouvons espérer qu'il finira par dessiner convenablement les figures, et à bien composer les groupes qu'il met en action. Cette *Vue du Pont-Royal*, prise du pont des Arts, n'est pas mal. Les figures de femmes assises sur le banc sont molles de formes.

Lord G. — Voici une jolie petite marine, là, n° 1110.

— Elle est d'un homme qui a du mérite, M. Goureau, dont voici un tableau représentant *la Moisson*. La charrette chargée de blé est fort bien faite. Dans la *Vue de la forêt de Gabas*, que vous voyez plus loin, il y a du soleil, de la largeur, des tons fins, aux derniers plans surtout. Le ton de ce *Paysage au Soleil couchant*, n° 1106, est exagéré; c'est celui d'un incendie. Je sais bien que quelquefois il y a de cette extrême rougeur dans le ciel certains soirs ardens d'été, mais cette rou-

geur n'est pas sans transparence ; il y a toujours de l'air entre le ciel embrasé et notre
œil. Ici, pas de traces de ces vapeurs pris-
matiques qui brisent les rayons rouges et les
adoucissent.

Lord G. — Est-ce que ces *Moutons* dans
une écurie sont de Brascassat?

— Non, milord ; ils sont de M. Paris. C'est
une étude bien faite, mais qui manque de la
force que Brascassat y aurait mise sans doute.
Je ne veux pas que votre opinion sur M. Paris
soit affaiblie par la vue d'ouvrages très-infé-
rieurs à celui-ci ; aussi je ne vous montrerai ni
son *Loup devenu Berger*, ni ses *Animaux ma-
lades de la Peste*. M. Paris ferait bien d'apprendre de M. Barye comment on dessine les
bêtes fauves. M. Decamps avait fait un *Ane*,
devenu très-célèbre au dernier salon. M. Fouquet avait fait le même *Ane ;* cette année
M. Dessain a voulu faire aussi son âne. Le
voilà, sellé et attaché dans une écurie ; il n'est
pas mal, et il n'a de commun avec celui de
M. Decamps que son poil gris, ses longues
oreilles et son nom. Passons à travers d'une
Grande route, renouvelée de Demarne par

M. Demay, pour arriver à M. Decamps. Je sais, milord, que vous êtes aussi ardent admirateur de cet artiste que je le suis moi-même; ainsi regardez; je n'ai pas besoin de vous détailler des mérites qui vous sautent aux yeux.

Lord G. — Ces *Turcs à la Fontaine* sont une merveilleuse chose. Quelle force de couleur! quelle richesse de ton!

— Les mêmes qualités dans ce paysage turc. Mais, milord, vous qui avez vu l'Orient mieux que moi, qui ne l'ai aperçu qu'à Alger, cette teinte sombre est-elle vraie? le soleil est-il jamais abstrait comme Decamps l'a fait ici?

Lord G. — Je n'ai jamais rien vu qui ressemblât à cela. Mais ce n'est pas d'une vérité absolue que Decamps me paraît avoir été préoccupé dans cet ouvrage; il me semble avoir tout voulu subordonner à ce grand mur blanc qui se reflète dans l'eau. Le reste est un cadre découpé en maisons à coupoles, comme tous les cadres de ces tableaux sont découpés en rinceaux gothiques.

— Dans la *Chasse au héron*, qui est d'ailleurs une perle, je regrette que les premiers plans soient privés de lumière. Venez voir le meilleur Decamps de cette année : c'est un singe qui peint. Goûtez cet excellent morceau, si riche de ton, si bien de forme, si fin d'expression. On dit que c'est une caricature faite contre un artiste qui a inventé le Decamps tout de suite, après que Decamps lui-même l'avait popularisé. Quoi qu'il en soit, c'est une admirable chose. Decamps est un peintre bien complet, bien original, qui a un avenir sûr dans les collections des plus riches. Je vous recommande, quand vous irez voir les dessins, un *Concert* donné par des singes ; c'est une composition pleine d'esprit et d'une forte exécution. Le *Charivari*, où d'autres singes cassent tout ce qu'ils trouvent, est une espèce d'orgie populacière qui me semble bien inférieure au *Concert*. Tel qu'il est pourtant, M. Fouquet en ferait bien ses choux gras, comme nous disons dans notre langage familier de France. M. Fouquet...

Lord G. — Je le connais ; c'est un faiseur de pastiches decampesques ; je ne veux rien de lui. J'ai un Decamps, où mettrais-je un Fouquet ?

— Ses *Singes savans*, et son *Savoyard* qui fait danser des marionnettes, seraient d'assez

bonnes choses si Decamps n'existait pas. Il faut
tuer ceux qu'on vole, a-t-on dit avec raison,
ou l'on est tué par eux. M. Fouquet se débat sous
M. Decamps, qui le larde à plaisir à petits coups
de pinceaux, dont chacun fait une large plaie à
la réputation du pauvre imitateur. M. Jeanron
est aussi un imitateur de Decamps ; mais il a
quelque indépendance, et puis il est autre que
M. Fouquet! J'ai entendu des enthousiastes placer M. Jeanron au premier rang des artistes
français : affaire de goût, sur laquelle il ne faut
pas disputer. Je reconnais à ce peintre du talent,
une force réelle dans l'art d'exprimer, un sentiment énergique, et la faculté du coloriste ;
mais je le vois engagé dans un système qui donne
un masque à la nature, qui l'exagère et la fait
grimacer. M. Jeanron voit en noir après Decamps ; il n'a pas inventé son harmonie terrible
et sauvage, il l'a empruntée à Decamps, qui a
l'avantage d'être transparent, même dans les
vigueurs les plus grandes. Il outre un principe
que je crois bon, la fermeté et la solidité du
ton, et il arrive à faire des figures dont la moins
noire est d'un bistre très-coloré. Voyez cette
Scène de Paris ; il y a de l'expression, une ex-

pression triste. Un malheureux sans pain est couché sur la dalle du quai des Tuileries ; ses enfans l'entourent et attendent comme lui un secours de la pitié publique. Des promeneurs passent à pied, à cheval, en voiture, et rien ne tombe aux mains du pauvre. Cette élégie est poignante.

Lord G. — Je voudrais les fonds moins lourds et les devans un peu moins durs. *La Halte de contrebandiers* me paraît plus riche de qualités que la *Scène de Paris ;* il y a bien encore de la convention, un peu de lourdeur de ton, des types d'hommes d'une laideur recherchée ; mais il y a de la force et de la lumière, une large harmonie, des choses assez finement touchées. Je crois que, peintre de mouvement, M. Jeanron pourrait sans manquer aux conditions de sa pensée, élever son dessin : son talent serait bien plus complet alors. *La petite Piémontaise,* à genoux d'un air affligé, est une figure joliment entendue ; mais il y a de la dureté contraire à la grâce de la pose et au mérite de la couleur. Voilà un grand portrait d'homme qui semble peu digne de M. Jeanron. M. Lessore est à M. Jean-

ron comme M. Fouquet est à M. Decamps;
c'est un coloriste, un dramatiste à la suite,
exagérant, comme il arrive d'ordinaire, les
défauts de son modèle, et lui restant bien
inférieur quant aux qualités. Voyez; ce *Bene-
dicite* est une chose commune; c'est la représentation très-vulgaire d'une nature triviale.
Mauvais choix de forme, faible exécution.
M. Mouchy imite aussi; il imite M. Jeanron
dans ses *Chantres* noirs et rouges qui crient au
lutrin; Delacroix dans ses *Tigres attaquant
un Cheval;* Géricault dans sa *Mort de Saint-
Pacôme;* tous les trois dans cette *Mère regardant son Enfant endormi.* De tout cela, milord, il n'y a rien qui vous convienne : ce
qui vous irait le mieux serait cette femme, au
visage taché de gros rouge et à la robe verte :
il y a de l'esprit dans cette peinture; mais sous
cette apparence qui attire, que trouvez-vous?
un dessin très-faible et une couleur factice.
Regardez ces mains, c'est un double système
de salsifis pointus qui n'a rien que de très-
peu agréable. Dans le Saint-Pacôme, je ne
blâme point l'uniformité cadavéreuse du ton
des têtes, mais celle des types; toutes les têtes

se ressemblent. Les *Chantres* sont la meilleure chose de M. Mouchy, mais c'est le blanc sur noir, qui est le fond de l'école de Decamps, poussé à l'extrême. M. Bertier est un imitateur de M. Jeanron; il vaut peut-être mieux dans ses *Musiciens ambulans* que M. Lessore. M. Badin est à peu près de la même force dans ses *Pauvres enfans*. Ces messieurs se dégageront sans doute de la routinière imitation qui les appauvrit; ils chercheront à être eux; ils ne courront plus pour réussir après ce qui a réussi, et leur talent bien appliqué sera peut-être compté dans l'école.

Lord G. — La jolie vue de Venise! Les eaux du canal sont bien rendues; le mouvement des gondoles est parfait. Cela est largement peint, lumineux, vrai. Ce n'est peut-être pas aussi beau que la Venise de Bonnington; mais....

— Mais cela vaut mieux que celle de M. Turpin de Crissé. M. de Crissé est fin pourtant, élégant, bien dessiné, distingué; il n'est pas si complet que M. Justin Ouvrié. M. Guiaud qui a fait aussi sa Venise, car tout le monde fait Venise — et la forêt de Fontainebleau, — est inférieur aux deux autres canalestistes. M. Justin Ouvrié débute avec succès dans la carrière du paysage; vous verrez ici plusieurs ouvrages qui attestent ses heureuses dispositions et son talent déjà acquis. M. Léopold Leprince et son frère M. G. Leprince continuent la tradition de feu Xavier Leprince, le chef et le plus habile de cette famille de paysagistes : ils ont ici de fort gentils petits tableaux que vous reconnaîtrez à la touche.

Lord G. — Encore une marine qui nous avait échappé; elle est grande pourtant et passablement tapageuse.

— Elle n'est pas bonne. Ce drame d'un *Naufrage nocturne*, où il faut rendre avec énergie et précision la rage du vent, la fureur de la mer, la clarté de la lune, la lueur des flambeaux des habitans de la côte accourus pour porter secours aux naufragés, était trop fort pour M. Ulrich. A lui la mer calme et les petits incidens de la navigation; la haute poésie des grands malheurs à Gudin ou à Isabey. Si vous n'êtes pas content de la couleur, du mouvement et de l'effet de cette marine qui n'est pas sans mérite pourtant, vous le

serez, je pense, de ce paysage, dont le site a
été emprunté par l'artiste à votre pays. Il y a
beaucoup de vérité dans cette peinture, quoique la teinte générale des troncs d'arbres soit
un peu grise. L'arbre coupé par le pied, et
couché sur le premier plan, est un très-bon
détail. La section faite par la hache est surtout
très-joliment rendue. M. Ulrich me rappelle
M. Mozin; ils ont presque toujours marché
parallèlement dans l'estime des amateurs. Cette
année, comme peintre de marine, M. Mozin
est bien supérieur à M. Ulrich, témoin ce tableau représentant le naufrage du chasse-marée
le François-Auguste. Le mouvement du navire qui commence à couler bas, et celui du
bateau-pilote qui va recueillir les matelots en
perdition, sont très-bien rendus; la mer est
composée avec une intelligence qui prouve
l'observation de la nature. Je n'aime pas que
le ciel se confonde ainsi avec les lames; il y a
de l'exagération dans cet effet. Si les choses
en étaient là, le bateau-pilote périrait comme
le chasse-marée. Cette marine de M. Mozin est
une des meilleures du salon. L'éloge serait

assez mince si je ne me hâtais d'ajouter que je la trouve réellement bien.

Lord G. — Elle est bien en effet, et je l'acheterais volontiers. Mais c'est probablement un tableau historique fait pour la ville où est né le pilote Nicolas Devismer, dont je lis le nom sur le livret. Où sont ces *Vues d'Anvers* et de *Bruxelles*, que je vois portées ici sous les numéros 1776 et 1777?

— Je vais vous les montrer. Venez de ce côté de la galerie; les voici.

Lord G. — D'un joli ton, plus simple qu'Isabey, moins affecté, mais un peu lavé. Je trouve que le défaut capital de ces deux ouvrages, c'est d'être trop grands pour l'intérêt du sujet. Plus petits et d'une exécution plus serrée ils me plairaient bien davantage.

— Voici, milord, quelque chose qui ressemble un peu à ces vues de M. Mozin : c'est un paysage d'un amateur de Metz, M. Menessier. Voyez ces maisons, ce petit pont, cette fenêtre ombragée par des fleurs : tout cela est d'un ton blond qui charme. On voit que l'auteur s'est inspiré de M. Isabey ; mais il n'a pas poussé l'imitation bien loin; il est resté dans une gamme claire qui le rapproche plus de M. Mozin que de l'autre artiste. Cette vue de l'*Entrée d'un Parc* est très-jolie aussi. Vous verrez là-bas de bons dessins à la sépia de M. Menessier. Aimez-vous cette petite marine de M. F. Perrot? Elle représente le petit port du Conquet, en-dehors de la rade de Brest. La mer est assez bien ; le soleil aussi. M. Perrot est un imitateur de Gudin, qui s'efforce peut-être trop de ressembler au maître. Voilà de la peinture d'un homme de lettres, qui s'est acquis depuis quelques années une réputation, bien méritée selon moi, comme auteur de romans maritimes, M. Eugène Sue, mon ami, écrivain plein de talent, coloriste habile, conteur spirituel, facile et remarquable par sa vivacité.

Lord G.—D'après l'éloge que vous en faites, je vois qu'il occupe dans les lettres un rang plus distingué que dans la peinture.

— Il peint sans prétention, mais pas mal, comme vous voyez dans cette petite *Vue de Croisic;* il pratique en amateur, et il a l'immense avantage sur les peintres qui ne sont pas écri-

vains, et sur les écrivains qui ne sont pas peintres le pinceau à la main, de pouvoir fixer complètement sa pensée; ce que la plume lui refuse,
le pinceau le lui donne. Il est bien heureux! Le
succès a éveillé autour de M. Sue une malveil-
lance incroyable; des gens qui n'ont jamais rien
fait se sont crus en droit de juger cet artiste,
qu'une critique plus sérieuse a pu avertir de
quelques défauts, mais en qui elle a reconnu
un mérite réel. M. Sue est un homme très-bien
dans le monde; il est fashionable, il a des chevaux, un joli équipage, du velours de la tête
aux pieds, et c'est là ce qu'on poursuit dans ses
ouvrages. Moi, milord, je vais à pied, et je ne
suis point jaloux de l'heureuse fortune de M. Sue;
je porte envie à son talent, à ses succès, mais
je les constate avec un plaisir infini.

Lord G. — Ses tableaux ne lui feront peut-
être pas d'envieux autant que ses livres, quoiqu'ils soient fort gentils, comme vous dites,
vous autres Français, dans votre langue si féconde en diminutifs agréables et polis.

— On trouvera encore moyen de se moquer
de ce doux et innocent emploi des loisirs de
l'homme du monde et de l'écrivain. Près l'un de

l'autre, voilà deux peintres à peu près de même force, deux artistes fort bien placés au premier rang des peintres de genre du second ordre, MM. Vigneron et Auguste Desmoulins. M. Vigneron a d'heureuses idées, c'est le peintre des petites moralités; il ne ressort jamais rien de bien puissant de ses pensées, naïvement ou spirituellement exprimées; mais enfin ses sujets ne sont jamais vides. Il avait représenté le *Convoi du Pauvre*, élégie populaire, dont la peinture était le dernier mérite; le voilà qui arrive avec son *Orpheline*, où il nous montre l'enfance insouciante ou plutôt ignorante des maux qui suivent pour elle la perte des parens. Cette petite fille joue avec son chat, sur le lit à peine refroidi de sa mère qu'on emporte en terre. Dans les *Héritiers*, nous voyons l'avidité des jeunes parens qui font l'inventaire de la demeure de leur oncle mort tout à l'heure, comptent les piles d'or et d'argent, regardent dans les armoires, volent la succession, et dépouillent déjà le défunt qui n'est pas encore enseveli. Cette scène est un peu vulgaire de conception; l'idée en est dans tous les vaudevilles; mais elle est ingénieusement présentée. Le drame est double : ici, triste, pathétique ; là, jovial, presque indécent, paré comme pour le bal. D'où revient cette jeune femme du troisième tableau de M. Vigneron? Elle rentre, le bougeoir à la main, sur la pointe du pied, dans la crainte d'éveiller l'enfant qu'elle a laissé aux soins de sa nourrice ; elle écoute pour épier le souffle de la petite créature ; elle entend des ronflemens, ce sont ceux de la paysanne qui dort ; ceux de l'enfant, elle ne les entendra plus : il est mort! Ce fatal événement va lui être révélé tout à l'heure, quand elle aura fait le tour du lit, quand elle aura vu la nourrice, les seins gonflés et nus, paisiblement endormie, un bras étendu sur l'oreiller qui a étouffé son pauvre nourrisson. Deux petits pieds déjà froids et livides seront le premier témoignage qui déposera de son malheur. Que de pleurs vont couler! *Avis aux Mères,* crie M. Vigneron, avis aux mères qui n'ont pas le courage de nourrir, et qui, pour se livrer aux plaisirs du monde, jouent la vie de leurs enfans. La mort est le fond des trois ouvrages de M. Vigneron ; elle est en perspective dans celui de

M. Desmoulins. La pauvre *Jeune malade* qui a une étable pour logement est poitrinaire! L'exécution de M. Desmoulins est plus forte que celle de M. Vigneron ; celle-ci est satisfaisante sous bien des rapports. Un coup d'œil en passant à cet assez joli petit portrait de M. Chasselat, par son fils, jeune homme qui ne débute pas mal.

Lord G. — Voilà le troisième ou quatrième tableau de ce ton, de cet aspect, et à peu près de ce sujet, que j'aperçois depuis ce matin. Qu'est-ce, s'il vous plaît, que cela?

— Ce sont des *Sujets arabes* par M. Lehoux. Il fait chaud dans ces paysages! Les mouvemens de terrain sont fort bien indiqués dans celui qui représente une *Emigration dans la Thébaïde ;* les figures ne sont pas irréprochables ; mais je les trouve bien. M. Lehoux est plus habile qu'il n'était en 1831 ; il me semble que sa couleur est plus harmonieuse et sa touche plus fine et plus ferme. J'aime son talent moins simple peut-être que celui de M. Biard, dont voici un *Semoun* et une *Prédication d'un Santon,* qui doivent avoir vos suffrages, parce que ce sont des ouvrages très - estimables. Je passe rapidement d'un tableau à un autre, d'un peintre à un autre; nous avons peu de temps. D'ailleurs, vous reverrez tout à votre aise, je ne suis qu'un indicateur pour vous. Voici une *Halte de Gitanos* par M. Jollivet. Le dessin du torse de la femme qui se peigne est répréhensible; mais, à cela près, cette figure est aussi bien que les autres, où vous remarquerez une forme assez bonne et une couleur solide. Toutes les qualités de M. Jollivet sont à leur aise dans son *Intérieur de Forges*. Les figures des forgerons qui battent le fer me paraissent très-bien: l'effet général est observé et rendu avec fidélité. C'est une bonne chose que cet ouvrage. Je ne vous arrêterai pas aux autres tableaux de M. Jollivet que vous ferez bien d'examiner pourtant, car ils méritent qu'on les analyse de près. Je ne reproche qu'un peu de lourdeur à cet artiste. Milord, trois jolies têtes dans ce tableau, où M. Bourdet a représenté l'*Assassinat d'Henri III*. Elles sont dans le fond, derrière le trône ou à côté. Celle qui est en profil à droite, celle dont une main tient son menton, enfin celle qui est à gauche de cette dernière. Les petits pages sur le devant font de la mauvaise tragédie classique. Henri III et Jacques Clément sont faibles ; mais l'artiste qui a fait ces trois têtes, bonnes d'expression, de forme et de ton n'est pas sans talent. Vous voyez que je regarde avec attention et que je ne néglige rien.

Lord G. — Oh ! vous êtes un cicérone consciencieux, et je vous en remercie.

— Encore un paysagiste, M. Brune. Les montagnes, les eaux et le ciel, c'est-à-dire, la presque totalité de sa *Vue de Suisse*, sont fort bien à mon avis. C'est plus grand et plus fort que M. Jugelet, dont voici une *Procession bretonne*, qui a le mérite d'une réalité assez simplement rendue. Si les figures étaient plus adroitement faites, ce tableau gagnerait beaucoup en originalité ; on remarquerait alors ces paysans, coiffés de bonnets de coton enrubanés et recouverts de chemises blanches, toilette étrange qu'ils font pour porter les reliques les jours de pardon. Le *Pardon*, milord, c'est la fête du village en Bretagne : on fait ce jour-là la procession, et tous les fidèles passent sous les châsses aux reliques, en recevant d'un

maître des cérémonies, en chemise et en bonnet de coton, un coup de baguette sur les
épaules. Cette fête, représentée par un artiste
comme Grenier, Duval-le-Camus, Beaume ou
Bellangé, serait une chose charmante : il faut
être naïf et assez fin dessinateur. Les petites
marines de M. Jugelet sont jolies, pas encore
bien fortes, mais agréables. Son *Port du Conquet* est un peu gris, mais assez joli de ton. Je
ne vous fais stationner une minute devant les
deux tableaux de M. Kuvassec, que pour vous
faire voir les ciels étrangers, et étrangement
rendus, de Valparaiso et des Cordilières. Cette
vérité, si c'en est une, n'a rien qui plaise; elle
étonne, et voilà tout. L'exécution de M. Kuvassec n'est pas mauvaise : je n'ai rien de mieux
à en dire. Arrêtez-vous ici, milord, et voyez
Marie Stuart cédant à la violence qu'a exercée
sur elle le comte Murray pour lui faire signer
son abdication. Elle montre son bras meurtri
par le gantelet du déloyal agent d'Elisabeth.
La tête de la reine déchue est d'une expression
heureuse; j'aime aussi pour le caractère et la
touche celle de la plus âgée des compagnes de
Marie. En général, l'exécution de ce tableau

de M. Lavauden, qui ne se ressent presque plus de l'ancienne manière lyonnaise, est louable. La figure de Murray est bien conçue. Je ne sais pourquoi l'auteur n'a pas fait jouer davantage la lumière dans cette chambre. Est-ce pour lui donner un peu plus le caractère de prison? le motif serait léger. Les effets larges valent mieux que ces étroites combinaisons de l'ombre et de la lumière. M. Hautier, dont le tableau est à quelques pas d'ici, est tombé dans le même défaut en représentant la même scène. Lock-Leven, comme tous les vieux châteaux, avait de larges fenêtres, et Marie Stuart n'était pas au cachot. Chez M. Hautier, Murray tient le bras de la reine qu'il étreint avec force; un jeune gentilhomme témoin de ce traitement indigne, veut tirer son épée contre lord Lindsay. On arrête ce mouvement imprudent qui a donné à l'artiste l'occasion de bien poser et de dessiner avec soin une figure un peu trop théâtrale seulement. Le tableau de M. Hautier est d'un dessinateur; il ne manque pas d'harmonie, mais de cette harmonie froide et grise qui caractérise l'école de M. Ingres à laquelle appartient ce peintre. Vous aurez à choisir dans les tableaux de M. A. Colin qui sont nombreux. Voici *une Danse d'Ischia*, qui au premier coup d'œil ressemble assez à du Robert; voilà des *Pécheuses de Dunkerque* qui ressemblent à du Scheffer, aussi bien que cette *Famille de Paysans surpris par l'orage*, et cette femme pleurant sur son enfant tué par un taureau; plus loin, un *Cromwell retournant le portrait de Charles Ier*, qui ressemble à du Boulanger; de l'autre côté, une *Plage*, qui rappelle celles de Gassies; enfin, un *Don Juan auprès d'Haïdée*, jolie petite chose où il y a du Scheffer et de l'Horace Vernet; moins pourtant de ce dernier qu'il n'y en a dans le *Don Juan* de madame Beaudin, vu à distance. Ce don Juan a l'air d'un enfant sans caractère; mais Haïdée est bien. Le ton est celui d'Horace vers 1824.

Lord G. — Une assez jolie marine qui nous avait échappé, je crois.

— C'est le *Passage d'Honfleur* par M. Casati. La lame est bien composée et bien rendue; le ciel est trop largement indiqué : il est pesant, et n'est pas en rapport de touche et de facture avec le reste du tableau. La barque est vraie.

Dans une autre *Marine*, n° 357, où vous voyez un brick et deux barques, la houle est un peu trop uniforme. Cette peinture de M. Casati ressemble un peu à celle de M. Lepoitevin. Ceci, milord, est d'une demoiselle : vous ne le diriez pas à la sûreté et à la vigueur de la touche. Au reste, ce *Physicien* est plus noir que vigoureux, et je lui préfère le *Tambour de la Garde nationale*, ou ce *Tableau de nature morte*. Mademoiselle Cogniet n'est pas la seule femme artiste qui ait de la force et de la largeur dans la touche; je vous en ai déjà signalé quelques-unes. Voyez ce paysage de madame Clerget, et reconnaissez les mêmes qualités manifestes au premier plan, dont le grand arbre à droite est bravement attaqué par le pinceau. Vous choisirez entre les tableaux de mademoiselle Pagès, qui a réellement du talent cette année. Le portrait de ces deux *Petites filles* dans un encadrement rond, ne vous rappelle-t-il pas un peu certaine femme aux doigts de salsifis que nous avons vue tantôt parmi les ouvrages de M. Mouchy? Au reste, M. Harlé vaut mieux que M. Mouchy : il a aussi fait une mère qui regarde son enfant endormi ; cela est simple, naïf et un peu faible en général, mais sans manière. L'enfant, le berceau, les langes, sont d'un ton charmant. Nous regardions, pour le louer, le tableau de nature morte où mademoiselle Cogniet a mis de la pâtisserie. En voilà un de mademoiselle Journet autrement bien encore de facture, d'effet, de couleur et de ton. M. A. Leblanc est une de nos anciennes connaissances ; vous le reconnaissez à ces devans dessinés avec soin et peut-être un peu durement accusés par le ton. M. Leblanc est un paysagiste distingué que je n'ai pas besoin de vous recommander. Si vous avez un chien dont vous vouliez avoir le portrait, milord, adressez-vous à madame Dalton.

Lord G. — Nous avons dans ce genre à Londres des artistes très-habiles ; et j'ai déjà toute ma meute à l'huile, à l'aquarelle ou au crayon. Cependant, voyons : Oui, très-bien.

— Ce qui me plaît plus que les chiens, c'est cette *Etude de bécasse ;* c'est d'un ton riche et vrai. Le ciel et le terrain sont dans une harmonie qui rappelle beaucoup la couleur de Delacroix. La bécasse me convient autant que *le Vautour* me convient peu. Tenez, une chose qui n'est pas très-forte, mais qui a bien l'accent de la nature, c'est cette *Vue des bords de la Durance* par M. Polydore de Bec. M. Jules Dupré paraît destiné à un bel avenir dans la peinture du paysage; il touche juste et finement; il dessine bien les terrains qu'il dispose avec largeur; il a l'art de répandre la lumière et de la ménager : voyez si j'exagère; cette *Vue d'un des environs de Paris* n'a-t-elle pas les qualités que je vous dis? Comme peintre dans le genre familier, M. J. Dupré est coloriste : cette esquisse où sont représentées des paysannes à *l'Heure de la Soupe* est vivement, librement peinte et d'un ton qui plaît. Ce qui n'est qu'indiqué dans *l'Heure de la Soupe* est traité avec finesse et fermeté dans cette *Vue d'une cour couverte* où vous remarquez une paysanne près d'un puits, entourée de légumes, de vases, etc. C'est vraiment une jolie chose que ce tableau, dont l'intérêt appartient tout entier à l'exécution fidèle de ces objets rustiques, dont les flamands semaient une petite toile ou un panneau.

Lord G. — Et dont chacun vaut aujourd'hui une guinée.

— M. Durupt n'est pas coloriste, lui; il sait assez bien arranger un tableau anecdotique. Il est dommage que son exécution soit rarement très-bonne; et puis elle est d'une incroyable inégalité: satisfaisante dans *la Marquise de Noirmoutiers* et *le duc de Guise*, quoique la marquise soit d'un dessin lourd et débraillée, sans autre motif que de montrer son épaule et sa gorge; plus sèche dans l'*Assassinat du duc de Guise*, tableau plein d'intentions dramatiques ou spirituelles, que M. Durupt aurait dû laisser peindre à un autre, après l'avoir si bien composé; lourde et vulgaire dans *les Derniers momens d'E-douard III,* ouvrage qui n'est pourtant pas sans détails agréables; médiocre dans *la Croix du Chemin,* etc. : M. Durupt travaille beaucoup, et, on le voit, avec conscience, il lui arrivera certainement de faire de bons tableaux. Je vous les signalerai, milord.

Lord G. — Autre forge. De qui celle-là, je vous prie?

— De M. Francis; je pense que vous lui préférez celle de M. Jollivet?

Lord G. — Sans aucun doute. Il y a quelque chose cependant dans cet effet et ce ton.

— Je ne dis pas le contraire, mais c'est affecté. Je n'ai vu de M. Francs qu'un ouvrage où je louerai volontiers une figure : c'est un petit portrait d'enfant avec un chien. Le chien est bien. Vous souvenez-vous d'un tableau représentant une rue de Paris par un temps de pluie, qui eut beaucoup de succès en 1831 ?

Lord G. — Oui ; j'ai gardé aussi le nom de l'auteur par un moyen de mnémonique tiré de son tableau. Il y pleuvait si bien, ou il y avait si bien plu, que, pour traverser d'un côté de la rue à l'autre, il aurait fallu un pont ; le pont me donne tout naturellement : *arche,* et arche : Darche.

— Voilà de ce peintre qu'on a appelé assez plaisamment un peintre pluvial.

Lord G. — Mais, c'est votre grande église de Saint-Denis. L'effet est encore brumeux ; il ne pleut pas, mais il a plu sans doute, car tout a l'air mouillé.

— Les maisons à gauche sont fort bien. Peut-être y a-t-il un peu de convention dans cet ouvrage, qui ne produit pas l'impression de son aîné. MM. Marchand et Roger — non pas celui des Juifs romains que nous avons admiré tantôt, — se sont rencontrés dans le choix de leur sujet ; ils ont représenté *Annette Lyle* chantant pour calmer la mélancolie d'Allan-Mac-Aulay. Les deux traductions de cette scène de l'*Officier de fortune* sont fort différentes : l'une est parfaitement amusante, c'est celle où Annette, longue, raide et habillée de blanc, joue de la claïrshach. Les nombreuses cordes de cette harpe écossaise ont dû coûter bien de la peine à M. Marchand. Dans l'autre, d'un style généralement un peu lourd, et d'une couleur qu'on ne doit ni louer ni blâmer, est une figure d'une bonne expression : celle de Allan-Mac-Aulay. Ce tableau n'est pas assez distingué pour figurer dans une collection comme la vôtre ; mais il irait au cabinet d'un amateur moins délicat. Vous avez du apprendre que Gassies est mort ; il a laissé plusieurs ouvrages tous achetés à sa vente. Le plus joli le voilà : ce sont des enfans qui péchent à la ligne. Le ton de cela n'est pas bien fin, mais il y a de l'harmonie. Ce n'est pas, au surplus, pour cette qualité que j'aime ce petit tableau, mais pour la naïveté des poses et des mouvemens de ces *Pécheurs* si attentifs à leur affaire. M. Gué a un neveu qui est son élève : il a déjà un talent assez remarquable ; jugez-le sur cette maison curiale de Bordeaux, et plus encore sur une grande aquarelle, où il a représenté l'abside de l'église cathédrale de Saint-André de Bordeaux. Maintenant que M. Oscar Gué tient de son oncle tout ce qui s'apprend, il travaillera sans doute à ne ressembler ni à son oncle ni à personne. L'originalité est la condition de la vie dans les arts. Lorsque tout le monde s'est jeté dans la bouteille au noir, M. Gué est resté clair, lumineux, simple, naïf ; il n'a pas recherché la poésie dont on badigeonnait par couches rouges, vertes, jaunes et bleues, tous les paysages, toutes les peintures de villes ou d'églises, tous les intérieurs ; il s'est contenté de copier la nature, et il a bien fait. Que M. Oscar cherche aussi une route indépendante ; M. Dauzatz y a déjà réussi. Un joli paysage de M. Ricois, milord. Tout le groupe de petites maisons à droite est d'une exécution qui me plaît beaucoup. Ceci est de mademoiselle Martin : un vieillard donne une galette à un enfant ; sujet tout familier, pas mal arrangé. Mademoiselle Martin, en voulant monter jusqu'à M. Beaume, est arrivé jusqu'à M. Franquelin.

Lord G. — Voilà qui ressemble à Robert.

— Ces *Calabrais* de M. Sanson! Passez, milord, et n'approfondissez pas la chose. Il y a de l'aspect en effet, mais que de mollesse dessous! Ce n'est cependant pas un de ces tableaux qui font dire : Holà! Mais il suffit que cela rappelle Robert, et en soit à cent lieues pour qu'on soit fâché contre le peintre qui nous allèche et nous donne si peu. J'aime mieux ces *Jeunes filles offrant des fleurs à Saint-Nicolas,* quoique ce ne soit pas un ouvrage bien notable. M. Alaux, le peintre d'histoire, a deux frères : un qui a peint le *Néorama*; l'autre qui demeure à Bordeaux, où il fait de la peinture. Ce dernier a exposé le grand paysage devant lequel vous êtes : c'est une *Vue de Bordeaux,* prise du côté de Floirac. L'effet est simple; il y a de la finesse dans le ton des fonds; les devans sont traités avec une largeur de pinceau et une facilité de touche remarquables. M. Alaux, de Bordeaux, a une fille qui s'occupe de peinture : elle peint des oiseaux, mais point comme on les fait d'ordinaire : elle n'a pas dans sa manière tout le charme de couleur de Fielding ; mais elle est plus précieuse d'exécution et de dessin. Venez voir ses dessins à l'aquarelle ; je suis sûr que vous allez en être émerveillé.

Lord G. — C'est, en effet, prodigieux. Quelle finesse de touche ! quelle patience ! et cela ne sent point la peine. Cette basse-cour est vraiment une très-belle chose dans son genre. Il n'est pas possible de faire mieux les pintades, les coqs et les canards.

— Et comme cela se compose bien, sans efforts, avec goût ! Voyez ce cadre d'oiseaux morts ! En vérité, mademoiselle Alaux devrait être attachée au muséum d'histoire naturelle ; elle fait mieux que personne, et cette perfection n'est pas froide.

Lord G. — J'aurai des canards de cette jeune artiste. La connaissez-vous ?

— Non, milord ; mais je connais son père, et je vous conduirai chez lui. Je n'aime pas M. Monvoisin cette année ; cette *La Vallière*, plâtrée et laide ; ce Louis XIV, vulgaire ; cet Hyacinthe Rigaud, aussi faible que le reste, me font peine à voir. Il y a du blanc au lieu de lumière, de la dureté au lieu de force, puis une exécution que je ne comprends pas. *Viendra-t-il?* est un tableau coquet comme celui de La Vallière; mais il ne vaut pas mieux. *Blanche de Beaulieu*: elle est lourde, pâteuse, commune; elle a outre ce défaut-là, celui d'avoir la taille historique. Quant à *Ali-Pacha et Vasiliki*, c'est un mélodrame qui ferait peutêtre honneur à M. Dubufe, et qui pour être bon, avec un effet moins recherché, aurait besoin d'être bien exécuté. M. Monvoisin m'avait fait espérer un peintre distingué; il a bien changé. M. Naigeon a changé aussi, mais à son avantage. Sa *jeune Femme du royaume de Naples, implorant la Vierge pour son enfant malade*, sujet dix fois répété au salon dans tous les styles, dans tous les costumes, est un ouvrage agréable où il y a de bonnes qualités. Voilà du Decamps mêlé d'Ingres, alliance singulière, qui produira dans l'avenir je ne sais quoi, mais qui n'a produit jusqu'à présent qu'une chose bizarre, non pas sans mérite toutefois : la *Fuite en Égypte*, de M. Célestin Nanteuil. C'est remarquable par des têtes assez fines et par un ton décidé, mais peu naturel, quoiqu'il s'agisse d'un effet de nuit. Nous verrons ce que M. Nanteuil aura fait l'année prochaine: s'il s'obstine dans cette originalité composée, j'ai peur qu'il n'aille pas au-delà de la peinture que nous examinons.

Ce tableau bleu gris représentant *l'Armement de la batterie de brèche devant la citadelle d'Anvers*, est de M. Eugène Lami: ce que je pourrais me dispenser de vous dire, car vous avez reconnu la manière d'Horace Vernet, à laquelle M. Lami est resté fidèle. Cet ouvrage, plein de mouvement et d'observation, est le seul qui rappelle la campagne de 1832. Nous en verrons d'autres en 1834. Horace en a promis un ; puisse-t-il se rappeler le beau temps de ses batailles ! Souvenez-vous milord d'aller voir une grande aquarelle soigneusement faite, représentant un *Bal aux Tuileries*. L'effet de lumière dans la salle des maréchaux était difficile à rendre. M. Lami s'est tiré de la difficulté en homme qui connaît toutes les ressources de l'art. Il y a de fort jolies figures dans cette vaste composition, qui dans un siècle aura un grand mérite historique. Le ton local est très-agréable. Puisque vous avez levé la tête tout à l'heure pour regarder l'honnête chancelier Voisin de M. Goyet, vous la leverez bien encore pour regarder ce *Dragon blessé* de M. Odier.

Lord G. — Très-expressif, très-dramatique. Cela ne veut-il pas ressembler à Géricault ?

— Je crois que le sujet plus que l'exécution vous fait faire ce rapprochement. Géricault était plus large , plus puissant, plus profond. Ceci ne manque pas de bonnes qualités ; il y a du sentiment, de la douleur, mais point de cette chaleur d'âme dont Géricault aurait enrichi cet épisode militaire. Je ne vous engage pas à regarder le *Roland à Roncevaux* de M. Odier ; vous seriez long à débrouiller le cavalier du cheval, et il ne vous reste que peu de temps. Je n'ai rien à vous dire de M. Bellangé ; vous le connaissez ; il est toujours le même, toujours spirituel dans ses compositions et dans leurs détails ; modelant avec soin, cherchant la vérité, la naïveté , les trouvant quelquefois, et les enveloppant d'une couleur grise qui nuit un peu à l'effet de sa peinture. Le *Retour de la pêche* , où l'on voit des pêcheurs halant leurs barques sur le rivage, est le même sujet qu'a traité M. Lepoitevin dans ce grand tableau que vous voyez là-bas, nº 1567 ; M. Lepoitevin est plus large, mais de cette largeur factice qui ne plaît guère ni à vous ni à moi. M. Bellangé est plus près de la vérité. Ce que j'aime dans l'exposition de M. Bellangé, c'est le *Marchand de plâtres ambulant* qui vend une vierge à une paysanne, mère de petits enfans qui ont été élevés dans les croyances religieuses des villages normands, et une statuette de Napoléon au maréchal-ferrant, vieux soldat de l'empire qui a gardé son admiration, sa foi anciennes, et qui croit peut-être encore à Napoléon vivant dans les îles, comme disent les gens du peuple. La tête du soldat-maréchal est pleine d'expression ; il y a de la pensée, de la méditation, du souvenir, du regret. Les enfans sont gentils, la paysanne est jolie, le marchand est naturel : tout cela est bien touché ; avec un peu plus de ressort de ton ce serait un fort bon tableau.

Lord G. — Je le marchanderai, malgré ce défaut que j'y reconnais comme vous. De qui est ce *Charles I*er faisant ses adieux à ses enfans? Il est bien mélancolique, s'il n'est pas très-bien dessiné. Le tableau est estimable, et si j'aimais Charles Ier... mais je ne l'aime pas plus que Cromwell.

— Cet ouvrage est de madame Rude, la femme, je crois, du sculpteur qui a fait la plus délicieuse statue que j'aie vue depuis long-temps. M. Rude a beaucoup de talent; madame Rude a un talent agréable. Je ne sais, milord, si vous trouvez des charmes à la peinture des monumens d'architecture.

Lord G. — Oui, certes, quand elle est bonne.

— Regardez donc cette *Vue du château des Tuileries* et cette *Eglise de la Spina à Pise*, par M. Perrot, ce sont des chefs-d'œuvre de précision sans sécheresse, de réalité sans froideur, de finesse de touche sans sacrifice d'effet. Le dernier de ses ouvrages appartient à un amateur distingué, de Paris, M. Casimir Leconte, qui sait faire un excellent usage d'une belle fortune. L'autre n'est pas encore vendu, je crois, et je vous conseille de l'acheter.

Lord G. — Je n'y manquerai pas. Qu'est-ce

que cette jeune fille malade à qui une autre jeune fille donne à boire ?

— *La jeune Sœur*, de M. Schaal.

Lord G. — Pas mal.

— Oui; M. Schaal est à peu près de la force de mademoiselle Martin, dont vous avez vu un enfant à la galette. Je me reprocherais de ne vous avoir pas fait voir ce paysage de M. J.-L. Petit, que je trouve bien. L'effet du soleil couchant ne vous semble-t-il pas rendu avec tout plein d'intelligence? Ce n'est pas une chose commune; il y a de l'originalité dans ce tableau dont l'arrangement est simple; toute la partie gauche me semble fort bien; les eaux de la Haute-Vienne, — je les nomme ainsi pour vous faire savoir dans quelle province française l'auteur a pris son sujet, — les eaux sont bien faites. La caricature peinte peut être une belle chose, et ce n'est pas à vous qui connaissez Hogarts que j'aurais de la peine à le persuader. Mais il lui faut deux grandes qualités, une certaine hauteur dans la pensée, et une bonne exécution: sans cela, elle est bien au-dessous de la caricature dessinée, parce qu'elle est prétentieuse.

L'autre, quand elle est commune, échappe à la critique par son peu d'importance; elle ne trouve pas de censeurs plus rigoureux que la saillie, le jeu de mots, ou la plaisanterie improvisée dans la conversation. Il est bien malheureux que Charlet n'ait pas voulu peindre, ou n'ait pas su bien peindre; il a la profondeur, le génie et la finesse qui font le caricaturiste élevé; il aurait laissé des ouvrages bien remarquables, des moralités comiques aussi précieuses que celles de votre célèbre compatriote. Ses dessins resteront; mais, le pinceau à la main, il aurait abordé des sujets plus puissans. M. Pigal n'a pas assez de finesse; sa pensée est vulgaire, plus plaisante que comique; il ne peint pas plus mal que tant d'autres, mais il ne peint pas assez bien pour que le talent fasse passer sur le vide des idées. Sa *Première prise* et son *Nouveau Directeur* font rire le public; mais il n'y a rien là-dessus pour les amateurs de peinture un peu délicats, rien là-dessous pour vous qui cherchez l'observation dans un sujet dont la prétention railleuse est de dénoncer un vice ou un ridicule.

Lord G. — C'est de la charge sans comédie, de la peinture sans qualités.

— Arrêtez-vous un moment devant cette *Revue générale de Châlons-sur-Saône*, par M. Raffort.

— *Lord G.* — Est-ce le faiseur de caricature qui imite si servilement votre admirable Charlet, qu'on s'y trompe au premier coup d'œil, sauf à comprendre bien vite après la différence entre l'original et le copiste?

—Non, milord. Le caricaturier dont vous parlez, et qui a le tort d'appliquer un talent assez réel à l'imitation d'un autre, s'appelle Raffet. Le paysagiste s'appelle Raffort. Le tableau que voilà me plaît beaucoup; c'est un portrait de ville bien fait; c'est la nature de Châlons, de la Saône jaune et paisible, rendue très-convenablement. Il y a de l'espace, du jour, de l'air; c'est d'une jolie exécution, et c'est simple.

Lord G. —Voilà, dans un autre genre, que j'approuve beaucoup. — C'est *la Récolte des foins*, par M. Prieur. Toute la partie droite du tableau est traitée avec finesse et vérité. Les devans sont remarquables par quelques bons détails de plantes et d'arbres. Dans le tableau que voici maintenant, et qui est de M. G. Postelle : *une vue de Pally, près Melun*, il y a de la solidité, de la conscience; un joli fond, mais un peu de lourdeur. Les qualités de M. Rémond, dans son *Chemin de Borghetto*, d'où l'on voit le Tibre et les montagnes de Forli, sont une incroyable facilité, un sentiment juste du jeu de la lumière , surtout aux lointains; une touche large et abondante ; il y a absence de finesse, par exemple. M. Rémond est un des paysagistes français les plus habiles dans le genre contre lequel se liguent les deux écoles nouvelles qui cherchent la vérité: l'une par sa grandeur et sa simplicité; l'autre, par sa perfection et l'abondance des détails. M. Wachsmut n'est paysagiste que par complément, si je puis dire ainsi. Le paysage l'occupe, et il y est vrai, comme vous le prouve son tableau où vous voyez des Bédouins qui vont décapiter un officier français, et la vue prise près de *Stahoueli;* mais ce qui l'occupe surtout, ce sont les sujets de figures. Voici un tableau demi-historique, par la manière dont il est traité, qui vous donne la portée de son talent : il représente Ziegler, bourgmestre de

Mulhausen, entouré de femmes qui sollicitent la grâce de leurs maris, coupables de révolte contre son autorité. La scène se passe en juin 1587. Il y a de fort bons détails dans cet ouvrage, assez largement traité. La figure du guerrier à cheval a de la tournure. Le style de M. Wachsmut qui procède de l'école de M. Gros n'est pas très-élégant; il est solide et un peu lourd. Sa couleur est sans affectation, cherchant la vérité et le naturel. M. Regny s'est fait une couleur brillante; elle tient, du blanc et du bleu clair qu'il emploie beaucoup, son charme qui serait plus grand si la lumière qu'elle représente n'était pas nacrée. Sa *Rencontre de barques dans la baie de Sorento* est fort gentille. Le soleil n'excluant pas la solidité, M. Regny ferait bien d'allier l'un et l'autre. M. Renoux est peintre d'intérieur et de paysage; dans ses paysages, il y a une brillante exécution et de la largeur, comme vous le prouve sa *Forêt de Compiègne* que voici. Venez voir à présent son *Intérieur d'une église de Normandie*, et vous verrez qu'il applique ces qualités à la peinture des voûtes et des dalles, à la production de l'effet qu'il veut avoir. Cet intérieur est fort bien; la lumière, qui joue dans la chapelle du fond est d'un joli ton. Vous devez être fatigué, milord? Je vous avoue, pour moi, que je succombe. Cette promenade dure depuis six heures. Nous sommes allés vite; mais enfin nous avons vu près de deux cents tableaux ; sur chacun nous avons émis une opinion, formulée en peu de mots, il est vrai, mais enfin nous avons parlé autant que marché ; s'il avait fallu entrer dans de plus longs détails, nous serions morts à la peine. D'ailleurs, entre gens qui se comprennent et savent voir, les paroles n'ont pas besoin d'être nombreuses et longues. Ce qui importerait, c'est que vous vissiez bien, et que rien ne vous échappât. Je crois vous avoir montré tout ce qui, dans le genre, est de premier et de second ordre ; je ne vous ai pas montré tout ce qui est au dessous, mais vous avez vu plus d'un de ces tableaux médiocres où il y a des parties estimables. Vous reverrez tout cela à votre aise, si je me suis trompé en blâmant, rectifiez mes opinions, et achetez, milord, achetez tant que vous pourrez, vous rendrez service à nos artistes qui ont grand besoin de trouver des acheteurs. Vous savez bien que ce n'est point pour leur

nuire que je vous ai montré leurs imperfections.
Si j'ai péché par indulgence, défaut que me reprochent beaucoup de mes amis, qui se sont
fait, dans leurs devoirs de critiques, une conscience terriblement sévère, ne rectifiez rien,
milord. Nous allons nous quitter pour aujour-
d'hui; mais avant de nous séparer il faut que je
vous parle d'un de nos artistes qui donne les
plus hautes espérances. Cette belle tête de *cardinal* me le rappelle. Voyez, milord, que cela
est grand et fort ! le beau caractère, le bon dessin ! Il y a de la profondeur, de la pensée, dans
cet homme qui réfléchit; ces yeux voilés par
l'ombre sont puissans ; cette main qui soulève
la joue est ferme et grande; la barbe rousse est
d'une large et simple facture. Tout cet ensemble est harmonieux, grassement peint ; je n'y
regrette que la marche un peu grise de la couleur et l'absence de la lumière. Cette harmonie
grise, la voilà aussi dans le tableau de *la mort
de Foscari* que vous voyez là haut, et c'est
dommage : ce mystère nuit à l'effet ; plus de
franchise de lumière donnerait plus de saillie et
ajouterait au mouvement.

Lord G. — Cette figure d'évêque, à droite,

est belle, riche d'accessoires et de couleur; j'aime beaucoup aussi l'expression de celle du jeune homme qui vole au secours du doge expirant. Quant à ce vieillard, c'est la partie faible de l'ouvrage très-remarquable assurément, Monsieur...

— Ziegler, milord. Une chose ravissante de ce peintre, c'est le tableau que vous voyez là-haut.

Lord G. — Cela ressemble à un ancien tableau oublié dans la galerie.

— Oui, un ancien tableau, mais sans cette affectation d'ancienneté qui est le caractère de quelques peintures que vous verrez ici. Le petit *Giotto* s'est introduit dans l'atelier du Cimabuée; il feuillette un manuscrit dont les miniatures absorbent toute son attention; il regarde, il comprend que pour lui va commencer une vie nouvelle, avec la révélation d'art qui lui est faite en ce moment. N'êtes-vous pas enchanté de la manière dont cette pensée est comprise?

Lord G. — Elle est supérieurement rendue, aussi Giotto est plein de naïveté; ses jambes surtout sont d'un charmant dessin. La couleur est dans le système des deux morceaux que nous venons de voir. Cependant elle ne manque pas de charme, parce qu'elle est harmonieuse.

M. Ziegler est un élève apostat de M. Ingres. Il a brisé les lisières par lesquelles le menait son maître ; il marche seul et ne l'imite pas, comme vous voyez. Il cherche la couleur en se défendant contre les premières habitudes de son éducation, sous ce rapport, et en gardant soigneusement les traditions du style et du dessin qu'il a puisées à l'école de l'auteur de l'*Apothéose d'Homère*. Il a un avenir, et déjà le présent est riche pour lui d'éloges et de succès. Allons, adieu milord, à bientôt; nous nous retrouverons ici, j'y viens presque tous les jours.

Lord G. — Adieu, mon cher guide, mais encore un mot : De qui est cette parodie sérieuse du genre classique?

— De M. Ansiaux. Je vous ai parlé des peintres enrégimentés, je ne vous ai rien dit de deux compagnies respectables qui complètent l'armée de la peinture : la compagnie des invalides et celle des vétérans. M. Ansiaux est dans les invalides avec MM. Delorme, Thevenin, Broc, Misbach, Murat, Libour, Quecq, Lordon, Lesage et quelques autres qui sont nous redisant sans cesse, en les défigurant, bien entendu, les maximes de David ; qui nous font de la mythologie, de l'histoire antique, des Pâris, des Sapho, des Sarpedon, des Circé, des Britannicus, des Erigone, que sais-je encore ? Classiques renforcés, non pas forts classiques mais encroûtés, qui en sont encore à leur siége de Berg-op-Zoom comme les habitans de l'hôtel des Invalides. Aux invalides de la peinture l'âge ne fait rien ; il y en a de vieux et d'ingambes ; mais les jeunes sont plus vieux que les vieux. Quant aux vétérans, la compagnie en est nombreuse : elle est commandée par M. Abel de Pujol, qui a pour lieutenans MM. Rouget et Caminade ; pour sous-lieutenant, M. Latil ; pour porte-drapeau, M. Forestier. Je ne ferai pas l'appel des soldats, cela nous mènerait trop loin. Je vous avertis seulement que MM. Drolling et Léon Cogniet n'en font pas partie.

Statuaire. — M. Rude. — M. Jaquot. — M. Duret. — M. Dan-
tan jeune. — M. David d'Angers. — M. Jaley. — M. Therasse.
— M. Desprez. — M. Allier. — M. Préault. — Sculpture sans
conséquence. — M. Jehan du Seigneur. — Jehan! pourquoi pas Jean? — M. Guersant. — M. Etex. — M. Barye. —
M. Gechter. — M. Grandfils. — M. Caudron. — M. Moine. —
M. Lescorné. — M. Bougron. — M. Pradier. — M. Gatteaux.
— M. Bra. — Le costume. — M. Desbœufs. — M. Foyatier.
— M. Gayrard. — M. Gayrard fils. — M. Guillot. — M. Laitié. — M. Brion. — M. Chaponnière. — M. Droz. — M. Dan-
tan aîné. — M. Debay père. — M. Debay fils. — Les monu-
mens ; quelle foi il faut y avoir. — M. Garnier. — M. Dieu-
donné. — M. Orlandi. — M. Desprets. — MM. Brun, Flatters,
Daumas, Desprez, Elschoecht, Ambuchi, Lescorné, Thomas,
Molchnet, Lange et Grass.

———

Croisons nos manteaux ; il fait un froid horrible dans cette carrière de marbres taillés.

dans l'atmosphère humide de ces plâtres tout frais. Je souffre, je tousse, je puis parler à peine; je vous serai donc un mauvais compagnon pour votre visite ici. Regardez, regardons ensemble; parlez, je parlerai peu, quant à moi. Je vous avertis que mes jugemens seront brefs; au coin de votre feu je les motiverais plus convenablement pour l'artiste, plus respectueusement pour l'ouvrage; mais, au Louvre, avec un gros rhume, les pieds froids et la nécessité de rester debout, par le temps de pluie qui tient perclus mes membres et ma langue, je ne saurais me livrer à la discussion qui me plaît tant d'ordinaire quand j'ai un partner comme vous. Commençons notre visite, et allons tout de suite voir la plus jolie statue de cette exposition.

— Celle de M. Duret?

— Non, celle de M. Rude.

— C'est que j'ai vu des amateurs se prononcer pour M. Duret.

— J'aime beaucoup sa statue, mais je préfère celle de M. Rude. Affaire de sentiment. Je n'empêche pas que vous soyez d'un goût tout différent; ce que j'empêcherais, si j'avais

de l'autorité sur vous, c'est que vous donnas-
siez sur les ouvrages de M. Duret et M. Rude la
préférence à *l'Odalisque* de M. Jaquot. Mais,
voyons. Tenez, voilà le petit *Pêcheur napolitain* de M. Rude. Il a bridé une tortue avec
un brin de jonc ; elle fait effort pour s'échapper ; le bonhomme la retient, et rit de cette
petite tête qui se retire, et de ces pattes qui
poussent en avant la maison d'écaille de sa
captive.

— Comme il rit bien ! comme il rit de tout
son cœur ! Ses yeux, sa bouche, grandement
ouverte pour nous montrer de si jolies dents,
ses joues, son front : tout rit à merveille. Oh !
la ravissante, la joyeuse face de gamin ! On
ne peut la quitter tant elle amuse, tant elle est
vraie et naïve !

— Je n'y vois, pour moi, qu'une chose à
reprendre : la chevelure bien massée, mais
faite dans ce système de mêches rondes, tor-
tillées, qui, suivant qu'elles sont minces ou
grosses, ressemblent à des sangsues ou à des
serpens.

— L'exemple de la statuaire antique auto-

rise pourtant cette manière d'exprimer la coiffure humaine.

— Cet exemple est certainement très-véné-
rable ; mais les cheveux serpentés ne me plaisent pas. Tenez, voyez comme M. Barye a
traité ceux du duc d'Orléans ; c'est gras, large,
bien composé ; et si la matière le permettait on passerait les doigts dans cette toison
fine. Ce que je dis pour M. Rude, je le dis au
surplus pour tous les sculpteurs. Descendez
maintenant de la tête au corps. La forme et
le modelé en sont pleins de grâce, de finesse
et de bon goût.

— Comme c'est bien enfant !

— Et fort tout à la fois. L'origine et l'avenir
du Napolitain sont très-convenablement rendus :
il y a de la race, si je puis parler de cet enfant
comme d'un jeune cheval. Examinez le travail
de la poitrine, du dos, des bras, des cuisses, des
pieds et des mains ; c'est une chose délicieuse.
Du fini sans mesquinerie et sans minutie, de
la fermeté sans roideur. Ce marbre, malgré sa
blancheur et sa transparence qui nous le dé-
noncent, nous trompe pourtant : c'est de la
chair, de la peau ; c'est de la vie, du mouve-

ment; c'est de l'imitation parfaite, car chaque partie a son faire, son sens particulier. La laine du bonnet est une chose qui ne ressemble en rien au reste, et ce n'est pas ce qui m'étonne: tout le monde sait toucher le marbre assez pour bien établir ces différences; mais ce que tout le monde ne sait pas, c'est faire la peau fine aux lèvres, lisse sur le visage, unie sur les muscles en action, auxquels elle adhère, molle au-dessous de l'estomac, presque rugueuse sous les pieds, où elle se plisse par le mouvement des articulations; c'est cette vérité complète de chaque partie et de toutes qui constitue le chef-d'œuvre; car, voyez-vous, ceci est un chef-d'œuvre. Je regarde ce petit *Pêcheur* de M. Rude, et *l'Innocence* de M. Desprez, que nous avons vue en 1831, comme les deux plus jolies choses de la sculpture française, sous le rapport du charme, de la grâce et de l'imitation.

— Dieu! comme il rit bien, le brideur de tortues!

— Et quand je vous disais que je ne vous pardonnerais pas, si vous préfériez l'odalisque de M. Jaquot à ce ravissant espiègle, avais-je tort? Voilà tout à côté de M. Rude la femme orientale : voyez et jugez.

— Mais c'est assez agréable à voir ! Il y a de la coquetterie, un embonpoint satisfaisant, des formes provocatrices.

— Oui, mais tout cela c'est du marbre. La peau de cette houri est douce comme le tissu qui couvre son matelas de fin coton, et ses membres ronds, soufflés, sont bourrés de coton comme son matelas, et tout est matelas dans ce groupe d'un matelas et d'une femme. Du reste, M. Jaquot est un peu plus heureux dans une composition que vous allez voir là-bas : Un *jeune Faune* caressant une *Bacchante*.

— Oh ! mais ceci est très-bien, n'est-ce pas ?

— Le mouvement des deux figures n'est pas mal entendu. La bacchante est assez voluptueuse ; le faune est ardent. La pose de la tête de la jeune femme, et cette tête elle-même, sont assez jolies. Le corps est agréable de détail; celui du faune est encore mieux. Il faut dire toutefois que l'ensemble du groupe, dans lequel vous loueriez une foule de jolies choses que je ne vous montre pas du doigt est un peu petit. M. Jaquot n'a peut-être pas vu assez

largement la jeune nature qu'il avait à rendre.
On a traité ce groupe de modèle de pendule;
c'est dur et peu juste. Venez au *danseur napolitain* de M. Duret.

— Oui, allons. Je suis impatient de voir
cette figure qu'on a tant vantée ! Elle est en
marbre ?

— Non, en bronze, en bronze d'une nuance
très-agréable. Regardez comme le ton brillant et
vigoureux de cette fonte simule bien la nature
des hommes bruns de l'Italie ! Un peu de su-
percherie ajoute d'ailleurs à l'imitation : le
caleçon est teinté; les prunelles le sont aussi et
animent vivement les yeux; les dents, plus
claires, ont à peu près la couleur de celles des
hommes habitués à fumer ou à mâcher du
tabac. Cela est très-bien, et là doit s'arrêter le
coloriage permis à la statuaire. Quand il va plus
loin, quand il est mal choisi, il est tout-à-fait
antipathique à l'art. Voyez là-bas ce *Buste de
Paganini*, de M. Dantan jeune, avec la teinte
verdâtre qu'y a appliquée le sculpteur; il a l'air
d'un de ces vieux débris de muraille plâtrée
que l'humidité attaque, et qui porte cette vé-
gétation de mousse microscopique, dont on se

défend avec soin quand on est un peu propre. M. Dantan a voulu faire de l'esprit. Je n'en doute point, parce que c'est un homme appliqué à compléter ses idées par des accessoires qui vont à la charge ; il a voulu donner le teint du diable vert à Paganini, dont la figure cahotée a quelque chose de démoniaque ; c'est une pensée vulgaire, une pensée de caricaturiste. Le buste, au surplus, est médiocre, comme presque tous les ouvrages sérieux du même auteur. Son lot est la *charge;* il y excelle. Sa collection est charmante et lui a fait une réputation, qu'il n'aurait certainement acquise ni avec ses bustes-portraits, tous passablement bien traités, mais sans élévation de style, et sans grande finesse de modelé ; ni avec ses petites statuettes, portraits en pied, qui sont à la sculpture ce que sont à la peinture les petits portraits de MM. Régny, Duval-le-Camus, Dubois Drahonnet, Pingret et autres. Revenons à M. Duret.

— Cette figure de danseur est bien composée; il y a un heureux balancement des masses musculaires qui s'agitent : les lignes se dessinent à merveille ; de quelque côté qu'on la regarde, le contour est pur et gracieux. La tête baissée sous le bras droit, par un des mouvemens agaçans de la tarantelle, est jolie, jeune, riante, mais un peu petite et féminine, si vous aimez mieux; la jambe gauche qui se croise devant l'autre est naïve, sans affectation de grâce; la droite supporte le corps avec énergie et sans effort. Tout cela est très-bien; c'est un morceau délicieux: aussi je conçois qu'on hésite à se prononcer entre ce pécheur et celui de M. Rude.

— Il y a d'excellens détails d'exécution dans cette statue; mais ne pourrait-on pas la trouver généralement un peu grêle? ce danseur est un jeune garçon de 20 ans au moins; il devrait être plus vigoureusement bâti.

— C'est que l'artiste aura craint d'être lourd, et un danseur lourd est insupportable; voyez non pas Mérante ni Montjoie, mais Paul qui a perdu de sa jeune élasticité, Coulon, qui a les jambes épaisses, et comparez-les à Perrot, la souplesse, la légèreté, la grâce elles-mêmes!

— *Le Molière* de M. Duret, est une statue très-agréable, mais qui me semble manquer d'ampleur et de gravité, quoiqu'elle repose paisiblement sur son socle, et que le poète soit enfermé dans les vastes plis de son vêtement. Mais cette tête penchée — on a remarqué, je crois, que M. Duret aime cette pose de la tête — qui réfléchit en souriant à l'intérieur, est petite. C'est là que l'artiste ne devait pas craindre d'entrer dans le système de M. David qui exagère presque toujours les capacités de la tête pour donner puissance et génie aux gens qu'il portrait. Voyez son buste de *M. Boulay, de la Meurthe*. M. Boulay était un homme d'esprit, un homme d'affaires, un homme politique, assez remarquable, mais point un homme de génie que je sache; eh bien! regardez cette grosse tête, mesurez ce front, étudiez les dessous des chairs! Quand on vous dirait que cet homme est un Cuvier, un Goëthe, un Byron, un Corneille, vous le croiriez. Le ciseau de M. David est puissant, large, il sait ennoblir la laideur, il sait agrandir la beauté.

— Ce marbre ne saurait-il être plus caressé? les détails y sont un peu rudement écrits.

— M. David voit la nature dans ses plans les plus larges; son modelé est savant, mais point doux; il tient à la force et très-peu aux transitions fines qui complètent l'imitation. Sa sculpture est toute monumentale ; il faut la voir à l'effet. Celle de M. Jaley soutient l'examen d'un œil plus investigateur ; la figure de sa *Prière* que voilà près de la fenêtre est très jolie, indépendamment du caractère de ferveur qui est empreint sur le visage de cette jeune fille agenouillée, les mains croisées sur sa poitrine, il y a de la naïveté, de l'innocence, de la gentillesse ; la poitrine au sein naissant est bien jeune aussi ; les bras et le dos sont tout-à-fait en harmonie avec la tête ; les cuisses et les jambes seules me paraissent un peu grosses. La *Prière* fait honneur à l'artiste.

— J'aime aussi son buste en marbre de M. de Saint-Aulaire, quoique la finesse et l'esprit de notre ambassadeur à Vienne ne soient pas complétement rendus dans ce buste d'ailleurs bien senti. Voilà deux bustes qui me satisfont : *Pierre Perrot* par M. Dantan jeune.

— Oui, c'est assez simple et grave.

— *Claude Perrot* par M. Thérasse.

— Le masque en est bien. Quant à la perruque, renvoyez M. Thérasse à Caffieri. Caffieri n'était pas un bien grand sculpteur, mais c'était un homme de talent dans un temps trop

décrié et trop vanté, où il y avait beaucoup
d'hommes de mérite. Promenez-vous dans le
foyer de la Comédie Française et vous verrez
de lui des bustes très-bons : les grandes perruques des dix-septième et dix-huitième siècles
sont traitées d'une manière remarquable; c'est
gras et point tortillé, large et non pas mesquin
de masses. Nos statuaires feraient bien d'étudier
les perruques de Caffieri qu'ils appellent peut-
être perruque lui-même, mais qui mérite, à mon
sens, plus d'estime et de considération. Puisque nous parlons de bustes-portraits, venez que
je vous en montre un que je trouve d'une grande vérité et d'un goût d'exécution très-distin-
gué. Tenez.

— Ah ! *madame Cinti-Damoreau* de l'Opéra !
Parfaitement ressemblant.

— Et bien vu ! sans convention, sans manière. M. Desprez n'a rien dissimulé et rien
exagéré. Juste embonpoint , large développement du cou qui appartient aux chanteurs,
épaisseur des muscles allant du nez aux joues,
— un des caractères de la figure de madame
Damoreau — largeur des mâchoires : tout est
bien, c'est une ressemblance intime. Sous ce

sourire fin et gracieux vous lisez l'esprit et la bonté. Il est fâcheux que les yeux du buste ne puissent avoir l'expression douce et aimable du ravissant modèle qu'a si bien copié M. Desprez. Voyez donc le joli profil! et le modelé, comme il est délicat, comme il donne bien la chair et la peau! Regardez la poitrine grasse, sans mollesse; la bouche fine, bien dessinée; les oreilles individuelles, c'est-à-dire ne se ressemblant point, et chacune d'elles imitation vraie de celle qu'elle a l'intention de reproduire. Ce buste est un morceau excellent qui vivra plus que tant de choses bizarres, outrées, à qui j'ai entendu prédire l'éternité de la gloire, sous je ne sais quel prétexte d'originalité. Ce qui reste, c'est ce qui est vrai, ce que tout le monde peut comprendre, ce qui représente la nature dans son ensemble et dans ses détails, avec force ou avec grâce.

— Voilà un buste bien modelé.

— C'est la bonne reproduction en marbre du buste de feu Labbey de Pompières, que M. Allier exposa en 1831. M. Allier est un sculpteur très-estimable; il a fait des statues qui lui ont mérité des éloges; mais son véritable talent est le portrait : il a dans ce genre un mérite notable. Son *Labbey de Pompières* est très-bien ; pour qui a vu à la chambre ce patriote si spirituel, M. Allier est d'une vérité incroyable. Voyez maintenant le buste d'un général, la tête haute, en action, parlant ; c'est plein d'âme et de vie ; le marbre s'est fait chair, et la pensée lui est incarnée. Il faut que je vous fasse voir un tour de force de M. Allier. Venez dans la troisième allée de ce Musée. Reconnaissez-vous ce masque? Ne regardez pas le livret....

— Cela ressemble à Bonaparte premier consul ; cependant c'est plus fort, plus développé.

— C'est que c'est Bonaparte Napoléon, mort à Sainte-Hélène.

— Napoléon! Un masque moulé sur nature par M. Allier! Je ne savais pas que cet artiste, dont je n'ignore point l'ancienne existence comme officier de cavalerie, se fût exilé avec l'empereur, ou se fût trouvé fortuitement à Sainte-Hélène au moment de la mort de l'empereur.

— Ecoutez. M. Allier n'a point quitté Paris, depuis qu'il a pendu à un clou à crochet son sabre de dragon, et qu'il l'a remplacé par l'ébauchoir du statuaire. Il n'a donc pas été à Sainte-Hélène; mais de Sainte-Hélène est venu à Paris le masque moulé par le docteur Antommarchi sur la face éteinte de Napoléon. Beaucoup de gens allèrent visiter le docteur et voir cette magnifique empreinte, où se retrouvent le dernier sentiment de la douleur, et la dernière trace de la pensée. Chacun rapporta de cette visite un souvenir, qui plus fort, qui moins poétique, tous profondément mélancoliques. M. Allier, — il avait conservé une grande vénération pour le héros populaire, pour le tyran sublime, — M. Allier rentra chez lui vivement pénétré de ce que cette image a de noble et de triste, de calme et de douloureux, de réfléchi dans la mort et d'imposant dans le sommeil qu'elle dénonce; il avait entendu dire à M. Antommarchi que le masque de Napoléon ne serait pas moulé; il frémit en pensant que cette épreuve unique, si précieuse, ce monument si intéressant pour l'histoire, pouvait périr en un instant par la maladresse d'un domestique, par un incendie, par un vol. Il se dit à lui-

même : « Il ne faut pas qu'il périsse tout entier; je l'ai aussi ce masque, je suis sûr que
je le possède bien ; il est dans ma mémoire
comme s'il était en effet dans un reliquaire,
dont je pourrais le tirer au besoin. Tirons-l'en,
et que M. Antommarchi ne soit pas le maître
de briser au gré de son caprice, d'enfermer
comme un avare un trésor dont tant de Français
voudraient jouir ! » Et il courut à son baquet,
et dans quelques quarts d'heure sa terre glaise
et mouillée dormit, souffrit, mourut, sous sa
main. Préoccupé seulement de la grandeur
morale de l'homme et des développemens
osseux qu'il avait remarqués dans le masque
d'Antommarchi, il fit sa copie plus grande
que nature ; puis, il la réduisit aux propor-
tions où vous la voyez. L'artiste me montra
alors son double travail, et j'en demeurai stu-
péfait. Je ne concevais pas que ces paupières si
flexibles, cet enchâssement des yeux si fermes,
ces joues qui céderaient à la pression du doigt,
parce qu'elles sont à peine mortes; je ne
concevais pas, dis-je, que tout cela fût une
invention de sculpteur, et que la nature ne
fût pour rien là-dedans. C'était la vérité pour-

tant. Si je ne vous disais pas cela, croiriez-vous qu'une chose faite de sentiment et de réminiscence pût avoir un tel caractère de réalité ?

— C'est extraordinaire.

— C'est beau. Vous examinerez cela à loisir ; pour moi, je le vois tous les jours ; car depuis 1829 que j'ai ce masque dans mon cabinet, devant mon bureau, je ne passe pas d'heure sans y jeter un coup d'œil, sans étudier cette tête prodigieuse. C'est pour la première fois que M. Allier rend public son travail ; jusqu'alors il n'avait tiré qu'un très-petit nombre d'épreuves dont il avait gratifié quelques personnes. Il m'a fait la grâce de m'en donner une qui a été l'objet de l'admiration de tous mes amis. Je pense que cette effigie va être multipliée par l'artiste, à moins que M. Antommarchi ne prétende que la face de Napoléon mort est sa propriété exclusive. Au reste, une exécrable contrefaçon de la tête modelée par M. Allier existe : je ne sais quel poêlier s'est osé mesurer avec cette tête de géant ; mais c'est lui qu'il faudrait poursuivre par respect pour Napoléon. Si je ne me trompe, les possesseurs du masque de M. Allier n'étaient, en 1829, qu'au nombre de cinq ou six, parmi lesquels Charlet, Labbey de Pompières, Odilon-Barrot et moi. Continuons notre examen.

— Bon Dieu! qu'est-ce que cette collection de têtes sans formes, maniérées, affectant la hideur, et qui ont l'air d'empreintes de monnaies barbares?

— Chut, mon cher ami! si l'on vous entendait, si quelque adepte venait à passer par ici, et vous voyait rendre à ces figures de réprouvés la grimace qu'elles vous font, nous serions perdus. Ce n'est pas seulement de la qualification terrible d'*épicier* que vous seriez apostrophé; on s'informerait qui vous êtes, on marquerait de rouge votre maison, et le jour venu où chacun rendra ses comptes, selon l'énergique expression de ces messieurs, on vous forcerait de confesser que M. Préault est un homme de génie, le grand sculpteur de l'époque, comme M. Jeanron en est le grand peintre. Prenez donc vos précautions, et parlons bas, bien bas, tout bas. Il est établi, non pas partout, mais quelque part, qu'il n'y a de grande, de profonde, de haute, de merveilleuse sculpture que celle de MM. Préault et Jéhan Duseigneur. Toutefois, on met, et moi aussi je mets une grande différence entre ces deux artistes. On trouve M. Préault immense; moi, je regarde M. Duseigneur comme plus près du raisonnable, et par conséquent du bien. Je pense même que M. Duseigneur a du talent. Quant à M. Préault, j'en doute fort. Qu'il ait du génie, c'est possible. On entend le génie de tant de façons! j'ai tant vu d'hommes de génie sur la rive gauche de la Seine, qui passaient pour des fous sur la rive droite, que je ne sais plus ce qu'il faut que je pense d'un artiste dont on me dit qu'il a du génie. Va donc pour le génie; mais le talent, je le conteste, et je n'y croirai point avant d'avoir vu autre chose que ces ébauches repoussantes, d'une laideur si recherchée, sous lesquelles M. Préault a caché la *Mendicité*, les *Deux pauvres femmes* et *Gilbert mourant*, que vous voyez là-haut sous les traits et le vêtement d'une vieille femme échevelée. Oh non! il n'y a pas là de talent! du mouvement, de la fougue, du caractère; — un caractère de convention, par exemple, — mais du talent, point. Le talent est dans l'exécution, dans l'imitation fine ou élevée de la nature. Ici, y a-t-il apparence d'imitation? Voyez ces têtes horribles, parodies sérieusement grotesques des malheureux qui gémissent dans les hôpitaux! Voyez ces bras, ces mains! Sont-ce des mains, des bras, des têtes?

— Mais ce ne sont que des esquisses.

— Quand M. Préault fera mieux que des esquisses, nous verrons. Des esquisses, des ébauches, c'est fort commode; cela n'engage à rien : on jette au vent quelques idées revêtues de formes telles quelles; et, sans études préliminaires, on se fait une certaine renommée, parce qu'on a livré son nom à la discussion. Mais ces essais ont un terme bien prompt. Le public n'aime pas les esquisses qui succèdent aux esquisses; il lui faut à la fin du positif. Il arrivera du dévergondage en sculpture ce qui arrive de tout dévergondage. Après l'anarchie des idées, le bon sens a sa réaction; et le jour de la réaction, on dit, en rentrant dans les voies de cette sage originalité qui ne repousse pas la raison : « Jugez-moi maintenant, mais non par les essais que j'ai soumis d'abord à votre examen; je croyais alors à des systèmes dont je suis désabusé; rendez-moi seulement la justice de dire que je n'y croyais pas bien profondément, car je n'ai fait alors que des maquettes. J'ai voulu mettre en lumière l'indépendance de mes opinions artistiques; maintenant je veux prouver que je sais. » Quand M. Préault dira cela par ses ouvrages, nous nous occuperons sérieusement de lui. Ce qu'il a fait avec le plus de soin, c'est un portrait de M. Gabriel Laviron, artiste-critique. Vous le voyez sur ce rayon, avec cette casquette à poils, dont les oreilles sont étrangement relevées ; il est revêtu de l'habit qui précéda immédiatement, en 1792, la *Carmagnole* des révolutionnaires classiques. Il a une barbe touffue, comme celle d'un guichetier du Temple. Ne prenez pas tout ceci pour un travestissement : c'est une chose grave, je vous assure ; on joue au costume aujourd'hui, sans rire, sans se douter qu'on est étrange. En sculpture, ce costume est parfaitement ridicule, et si l'on était dans un temps où l'on pût s'étonner de quelque chose, on s'étonnerait qu'un statuaire ait pu se tromper au point de lui donner les honneurs du modelé. Encore si cette hardiesse était rachetée par une étude soignée, par une imitation parfaite, vous plaindriez le

génie qui s'est trompé; vous lui pardonneriez
la présomption qu'il a eue de croire pouvoir
imposer, par son autorité, des idées antipathi-
ques aux idées reçues; mais vous admireriez
le travail de l'artiste! Point; une imitation
grossière, une face lourdement ébauchée, des
saillies, des cavités, la montagne et la plaine,
afin d'obtenir de grands noirs à côté de lumières vives. C'est l'art qui taillait des rochers;
ou faisait les monstres égyptiens. Les sculpteurs
qui veulent imiter les peintres coloristes, vous
entendez desquels je veux parler, me semblent
dans la plns mauvaise voie du monde ; ils sont
condamnés à une exagération à laquelle ils ne
trouveront d'excuse ni dans l'antique, ni dans
le bon moyen âge.

—Mais pensez-vous que la statuaire doive re-
pousser absolument l'effet et le costume moderne ?

— Quant au costume, je vous en dirai ma
pensée à propos de cette *statue de Benjamin
Constant*, par M. Bra, que j'aperçois plus loin.
Quant à l'effet, je crois qu'il ne faut jamais
l'obtenir en sculpture que par la finesse et l'é-
tude. Je crois que M. David a poussé l'effet aussi

loin qu'il peut aller, dans le sens de la saillie ;
je crois que M. Foyatier est beaucoup plus expressif que M. Préault, sans effort de grimace ;
je crois que l'expression est chez MM. Rude,
Duret, Desprez et Jaley beaucoup plus louable
que chez les sculpteurs coloristes, parce qu'ils
ont parfaitement bien rendu le rire gracieux,
l'innocence, la naïveté ; ce qui est autrement
difficile à reproduire que les convulsions de la
fureur, les imprécations de la misère, et le râle
de la mort. Molière est plus expressif que tous
les faiseurs d'émotions dramatiques ou lyri-
ques ; Molière est le plus grand artiste français,
et ce n'est jamais au charnier des Innocens qu'il
a demandé son intérêt.

— Oh ! ma foi, ce buste de M. Laviron est
bien drôle ! c'est plus plaisant que les figurines
de Dantan.

— Mais moins fin et moins spirituel. M. Jehan Duseigneur — autrefois on s'appelait Jean
tout bonnement ; vous vous appelez Jean, tout
tout le monde s'appelle Jean ; *Jehan* est moyen
âge ; et quand on se fait artiste du moyen âge
on s'appelle Jehan, — M. Jehan Duseigneur est
plus avancé que M. Préault, dans le sens du

bien, comme je l'entends ; il a encore de l'exagération, mais beaucoup moins que le sculpteur dont nous venons de nous occuper. Je ne
parlerai point de ses médaillons ; l'étiquette du
cadre , *camaraderie*, nous dit que ceci est affaire entre camarade et amis, et que la critique
n'a rien à y voir. Passons donc. Voilà deux
bustes : Victor Hugo, et le spirituel et érudit
M. Paul Lacroix, si connu sous le nom du *Bi-*
bliophile Jacob. Hugo est outré ; il fait la moue,
peut-être d'avoir le visage si machuré, lui qui
au naturel est frais, gras, bien portant, comme
un enfant à la mamelle. Hugo tel que je le
connais, tel que vous le connaissez, a une belle
et jolie tête, large, capable, ouverte, gracieuse,
expressive, soit qu'il parle ou qu'il réfléchisse :
ici tout est exagéré. M. Duseigneur a voulu faire
quelque chose de monumental, et il a fait du
rocailleux, du martelé. Je ne nie pas qu'il y ait
dans ce buste un sentiment fort de la nature ;
mais ce sentiment est au-delà du vrai. L'artiste
a fait le poète dans des conventions poétiques,
que je ne saurais trouver flatteuses , quant à
moi, parce que Hugo est plus beau et surtout
plus simple ; par cette simplicité toute bour-

geoise, il est à merveille dans le monde et dans le cercle de ses amis. C'est vouloir donner à la postérité une fausse idée de notre bon Victor Hugo, que de le représenter ainsi grognon, refrogné, posant en homme de mauvaise humeur. Personne ne s'est encore avisé de donner au vieux Corneille ces airs mauvais, dont on surcharge maintenant les figures de nos contemporains, qui ont de la célébrité dans les arts ou dans la politique : Corneille n'en est pas moins grand homme.

— Si le buste de Victor Hugo était traité plus délicatement; s'il n'avait pas cette couche brutale de fâcherie qui est à la mode, comme vous le remarquez fort bien, il serait digne d'éloges. Il me semble que celui de Jacob est mieux sous tous les rapports.

—Un peu grand peut-être, mais ressemblant. L'ouvrage principal de M. Jean Duseigneur est un groupe de trois figures représentant Quasimodo au pilori, pleurant pour obtenir une goutte d'eau, et la Esmeralda montée sur l'échafaud lui présentant sa gourde. Djali est près de sa maîtresse. Elle pourrait très-bien n'y être point, car elle n'ajoute rien à l'intérêt;

elle n'est là que pour montrer ses cornes et ses sabots dorés.

— Il n'y a pas qu'elle dont le costume soit rehaussé d'or. La robe et la coiffure de la bohé-mienne sont aussi dorées par filets ou par fleurs.

— Enfantillage que cela, auquel l'art ne gagne rien.

— La tête de la Esmeralda est plus fine avec cette coiffure.

— Elle est jolie cette tête, mais un peu sèche peut-être. Au reste, j'aime mieux cela que la prétendue largeur de M. Préault. Les bras et les mains sont précieusement faits. Voilà tout ce que je puis louer dans ce morceau, car le Quasimodo est d'un laid... comment vous dirai-je? d'un laid repoussant, quelque sentiment de pitié qu'on ait au cœur. Celui de Victor Hugo est laid, difforme, et il intéresse.

— Il y a de la force dans la création de cette figure trop laide sans doute.

— De la force ! venez voir de la force véritable. Suivez-moi au pied du grand escalier.

— Quoi ! ce Louis-Philippe à cheval ! ce bas-relief qui a l'air de sortir d'un moule à gaufres ou à pains de beurre, tant il est plat et commun!

— Fi donc! Qui vous parle de ce détestable platras de M. Guersant! C'est de M. Etex et de son *Caïn* qu'il s'agit. Mettez-vous entre ces deux petits bas-reliefs de M. Fuchère, l'un représentant, je crois, un jeune homme suppliant des moines de le recevoir dans leur ordre ; composition agréable, et qui me paraît préférable au gentil médaillon de la *Pêche*. L'autre....

— Oh! vous avez bien raison ; cela est véritablement grand, large et original! Quelle sauvagerie dans la tête de Caïn ! quelle douleur et quel repentir ! Et cette femme si bien jetée à côté de lui, comme elle pleure ! Caïn a près de son cœur tout ce qui pourrait le consoler, sa femme et ses deux enfans, et la mémoire de son crime prévaut sur les caresses de sa famille, et il n'ose lever les yeux au ciel ! Cela est fort bien entendu, fortement pensé et d'une grande exécution ; la femme est surtout très-belle.

— Les lignes de cette grande pyramide sont d'une combinaison et d'un mouvement bien

heureux. Suivez-les dans chaque figure et
dans l'agencement du groupe si puissamment
lié ; voyez , elles sont fermes pour indiquer la
pose et les formes de cet homme de la première race ; souples , gracieuses et soutenues
pour profiler le corps de la femme et des enfans de Caïn ; simples et savantes pour dessiner les masses et indiquer les mouvemens des
quatre individus. Tout cela est hardiment attaqué ; il n'y a pas un pouce de ses surfaces
qui annonce l'hésitation ou la timidité ; un
peu d'empâtement par-ci, par-là , mais en général la forme est pure autant que grande. Je
voudrais voir ce groupe traduit en bronze ou
marbre. L'idée de M. Etex gagnerait beaucoup à se revêtir d'une matière moins molle
que le plâtre. Ce morceau serait certainement
un des plus beaux qui soient jamais sortis
du ciseau d'un sculpteur français ; alors seulement on jugerait bien si M. Etex a eu raison
de préférer la force épatée de la Germanie,
à la beauté mâle et noblement élégante du
midi et de l'orient ; alors il purifierait l'expression de sa pensée , ainsi qu'il a fait dans son
petit *Hyacinthe mourant,* figure jolie et pleine

de sentiment, que vous avez admirée à ce concours où M. Etex n'eut pas le prix de Rome,
parce qu'il l'avait mérité.

— Cet Hyacinthe est souple, élégant; sa
douleur ne grimace point, il tombe bien naturellement : et puis, ce n'est pas un homme en
petit, c'est un jeune homme.

— Après M. Etex, chez qui vous pouvez étudier la véritable force, la véritable largeur,
voyez M. Barye. Il est fort et large, celui-là !
Mais chez lui, force, c'est sentiment juste du
mouvement et du caractère de l'individu représenté, enfermé dans une forme précise et pure;
c'est une vue grande de la nature, mais fidèle
jusqu'au scrupule. Il imite tout, depuis la donnée générale de la pose, jusqu'aux détails d'une
masse de poils qui tournoient sur le dos du
lion ou que la colère redresse. Mais cette imitation n'est pas étroite, mesquine ou follement
outrée; elle est sentie, naïve et judicieuse.
Ce lion qui combat un serpent, croyez-vous
qu'il ressemble en rien à ces lions qu'on nous
fait classiquement depuis une trentaine d'années, et qui, sous leurs lourdes crinières, ont
le malheur de ressembler à des baillis d'opéra-

comique? Il tient sous une de ses griffes son ennemi, qu'il regarde de côté, en poussant un cri terrible. Il est bien sûr que le serpent ne pourra le blesser, car il mourra dans cette étreinte; mais sa vue lui fait mal, elle l'irrite, comme si ce n'était pas un adversaire digne de lui. Ce mépris, cette colère, ce je ne sais quel effet électrique que vous éprouvez à l'aspect d'une vipère, le lion de M. Barye le ressent, quoiqu'il ait triomphé déjà. Ses griffes sortent de leurs fourreaux, tout son corps frémit, sa robe de poils se hérisse; il voudrait broyer sous ses dents la tête de l'imprudent qui l'est venu attaquer; mais il n'ose. Oh! s'il avait affaire à un animal de sa force et de sa constitution, vous ne le verriez pas en garde, en défiance, assis sur son derrière et menaçant de l'œil. Il se déploierait, lutterait et montrerait sa puissance. Ce lion m'a fait peur, tant il est vrai! je passe en riant auprès de ceux qu'on a plantés en faction au bout des Tuileries; je ne regarde celui-ci que de loin, parce que je ne sais pas les paroles magiques dont M. Martin se sert pour calmer les bêtes féroces. L'immense talent que M. Barye a déployé dans ce lion qui serait une admirable décoration pour un jardin public, vous le retrouverez dans ce petit éléphant, dans cette gazelle morte, si fine, si délicate, dans ce pauvre cerf terrassé par deux chiens si acharnés sur la pauvre bête, dans ces deux ours qui font la parade, dans ceux qui se battent; vous le trouverez partout; vous reconnaîtrez cette étude profonde qui est allée de l'instinct de chaque bête à sa forme, du mouvement aux détails du dessin et même de la couleur; car M. Barye est un coloriste; et sa couleur est vraie. Si après le peintre d'animaux vous voulez connaître l'artiste imitant la nature humaine, voyez le *buste du duc d'Orléans*, gravement traité et élégant sans manière. Voyez ce *chevalier du 15e siècle*, délicieuse petite statue équestre, dont la pose est d'un si joli goût, dont la tête est si finement touchée; voyez enfin l'étonnement, l'effroi de *Charles VI* arrêté *dans la forêt du Mans*.

— Vous oubliez, je crois, ce combat de deux chevaliers, dont l'un est à pied, parce que son cheval a été blessé à mort. C'est une charmante chose: la tête du cheval abattu et le chevalier sur son dos sont surtout très-bien.

— Très-bien, en effet, mais assez loin encore de M. Barye. M. Gechter, dans ce *Combat de Charles-Martel et d'Abdérame*, s'est montré homme d'un talent distingué assurément ; mais regardez bien les attaches des jambes des chevaux, et tous les détails qui sont si beaux chez M. Barye, vous ne les trouverez ni si fermes ni si fins. Toutefois, je préfère ce groupe plein de mérite à toute la sculpture de M. Préault et de M. Duseigneur, au moyen âge de M. Feuchère, et à presque toutes les imitations plus ou moins bonnes de MM. Barye et Moine, et de Mlle de Fauveau. M. Barye est un homme de génie, d'un génie que l'on comprend, qui se manifeste aux yeux de tous ; c'est aussi un homme d'un talent complet ; il a donc toutes les conditions qui font le grand artiste. Attendons pour lui comparer M. Préault ou d'autres, qu'ils aient produit quelque chose d'intelligible, d'étudié, et non pas des fragmens de mélodrames en plâtre. M. Barye a la parole haute, sûre et puissante ; ceux qu'on veut mettre à côté de lui, sinon au-dessus, crient et n'ont pas de poumons ; ils toussent tout de suite. Vous entendez bien que parmi les faiseurs de bas-reliefs du moyen âge, qui se sont mis à la suite de Mlle de Fauveau, je ne compte pas M. Grandfils, l'auteur du *Songe de Marmion* ; ceci m'a tout l'air d'une plaisanterie : c'est le *point sur un i* de M. Alfred de Musset. M. Caudron, avec son inintelligible *Arêne d'Arles*, et sa Cour de Childebert, portée sur les épaules des combattans, vaut cent fois mieux. Il y a trop de confusion, trop de personnages, mais quelques parties d'études sérieuses, et qui annoncent du talent.

—Je comprends mieux cela que ce bas-relief noir de M. de Triqueti.

—Vue d'ici, cette ébauche a du caractère. Mais assez d'ébauches ! Aussi passons devant cette tête de *la Reine* par M. Moine; il n'y a de fait que des rubans de satin et un chapeau ; le reste est à finir. Les plumes et les cheveux sont d'un lourd écrasant; le masque n'est que dégrossi. M. Lescorné a fini, lui, des perles, des pierreries, des plumes. Du Louis XVI, bien ; mais du temps de Louis XVI, une tête de femme, même fardée, était de chair ; et ici, pas de chair ; quelque chose d'inflexible qui ne rirait pas, ne pleurerait pas, et ne pourrait dire : « Chevalier, relevez-vous donc; si l'on vous voyait, vous me compromettriez ! »

—Qu'est-ce que ce groupe d'un roi qui donne un petit soufflet à une femme occupée de sa toilette?

—C'est Chilpéric surprenant Frédégonde; c'est Frédégonde se croyant surprise par Landry son amant, et se dénonçant, par une exclamation tendre, à un époux trahi; c'est tout ce que vous voudrez. Frédégonde est assez gentille; mais voilà tout. Quant à Chilpéric, il n'exprime rien; on ne sait pas ce qu'il vient faire là; il a l'air de faire une agacerie conjugale à sa femme, et il est coiffé de sa couronne! C'était un bonnet de nuit qui lui convenait, et non le grave bandeau royal. M. Bougron a mis la couronne pour expliquer un peu le sujet; et puis il a imprimé dans le livret de longues phrases pour raconter Landry, Frédégonde et Chilpéric assassiné après l'aventure représentée. Ce groupe est une chose médiocre. Venons à du plus sérieux. Arrêtez-vous au *Cyparisse* de M. Pradier. Voilà une jolie figure! Je ne sais pas trop pourquoi Cyparisse fait tant d'efforts; pourquoi l'artiste, au lieu de lui donner à ployer une branche mince d'aulne ou de cytise, dont les feuilles tendres seraient une pâture délicate pour le cerf, lui a imposé l'obligation de lutter contre un vigoureux branchage.

—C'est apparemment pour se ménager les moyens d'allier la force à la grâce juvénile.

—Tel est en effet le caractère du Cyparisse qui présente de charmantes parties d'études. J'aimerais beaucoup moins, si je devais choisir, cette *chasseresse* couchée, et tenant un lapin en l'air, parce qu'il y a là peu de mérite. Je vous parlais tout à l'heure de notre costume moderne dans ses rapports avec la statuaire; voici deux monumens à l'occasion desquels je vais vous dire ma pensée à cet égard : *Bisson* par M. Gatteaux, *Benjamin Constant* par M. Bra. Je crois que notre costume, tout disgracieux, tout ignoble qu'il est, ne doit point faire reculer l'artiste; je crois d'ailleurs qu'il y a moyen d'en tirer parti, et de le faire moins laid en l'étoffant un peu, ou en ne lui empruntant que des vêtemens larges. Qu'il faille ensuite, de propos délibéré, sans nulle raison absolue, représenter un contemporain dans son habit étriqué, dans ses patalons qui ont toute l'apparence de tuyaux de poéle, c'est ce que je ne pense pas. La statuaire est essentiellement l'expression de la forme; lui ôter celle de ses facultés, celui de ses avantages auxquels elle doit tenir le plus, c'est lui rendre un mauvais service. Mais le désagrément, la difficulté, il faut les accepter quand il est nécessaire. M. Gatteaux avait à représenter Bisson sur son navire, se faisant sauter. Il ne pouvait le faire nu; il l'a revêtu de son uniforme, et il a eu raison; il l'a fait rond, lourd, et il a eu tort. M. Bra avait à représenter Benjamin Constant, triste, souffrant, amaigri, à demi mort, faisant entendre pour la dernière fois sa voix avertissante à la tribune; il l'a recouvert d'une redingote mise par-dessus un habit; mais peut-être n'y a-t-il pas là assez d'ampleur. Le monument serait trop grêle s'il était exécuté ainsi; il ne saurait être plus expressif. L'expression, la pensée, sont les hautes qualités de M. Bra. Il les possède en artiste profond qui médite, étudie, et donne à chaque sujet sa physionomie. Voyez la tête de Benjamin Constant qui gémit sur des malheurs qu'il croit voir dans l'avenir; voyez *Ulysse exilé*, cherchant des yeux Ithaque à l'horizon de la mer qui lui cache sa patrie, demandant au vent un souffle bienfaisant qui lui apporte la fumée des maisons d'Ithaque; tout entier à cette pensée d'amour et de regret, de tristesse et d'abattement. Et tout le beau corps d'Ulysse participe de cette douleur! Vous voyez que M. Bra, contraint un jour de faire de la sculpture habillée, se réfugie tout de suite après, en poète, en véritable statuaire, dans la sculpture nue qui peut donner toute satisfaction à l'artiste si elle lui impose des conditions d'exécution plus grandes. M. Desbœufs a habillé son *Ange-Gardien* de la robe dont le moyen âge a revêtu toutes ses figures. L'étude de ce vêtement est très-bien faite. La tête a le caractère voulu par la donnée de pastiche à laquelle s'est assujetti le sculpteur; elle est assez jolie; mais elle aurait pu l'être davantage, étant moins près de la manière. L'enfant endormi dans un panier, trop court pour un berceau, dort bien. Son corps est d'un modelé gras, auquel un peu plus de finesse ne siérait pas mal. L'idée de l'aile gauche de l'ange, qui vient servir de rempart à l'enfant contre les tentatives d'un serpent, est ingénieuse.

— J'aime assez ce groupe, quant à moi ; il est candide et religieux.

— C'est un essai qui ne doit pas avoir de suite ; car, pourquoi imiter le moyen âge dans son caractère et dans ses ajustemens ? ne peut-on être naïf en imitant la nature ? ne peut-on être homme de goût sans copier les cheveux plats et frisottés, les tuniques à manches à gigot du treizième siècle ?

— Comment nommez-vous cet homme enlevant une femme évanouie et un enfant qui rit ?

— *Astydamas*. Il sauve Lucilia qu'il aimait, et l'enfant de celle-ci, au moment de l'incendie d'Herculanum.

— C'est bien cela. Cette étude d'homme est puissante et pourvue de l'élégance forte qui distingue le talent élevé de M. Foyatier.

— Je regrette que Lucilia soit groupée avec Astydamas, de manière à être comprimée au-dessous de la gorge. Toutefois, acceptons cette donnée qui nous vaut un dos de femme d'une charmante forme, et des jambes pendantes pleines d'un naturel gracieux. Le petit enfant dans le bras droit de l'athlète est charmant.

Il y a loin de la grâce, de la puissance et du modelé de M. Foyatier aux qualités de M. Gayrard. Sa *Madeleine*, où vous distinguez des pieds, une draperie, et des bras bien traités, est laide, grêle. Ce n'est pas la femme voluptueuse de l'orient, l'ardente pécheresse de Judée. Si M. Gayrard a voulu la montrer amaigrie par le repentir et l'abstinence, il n'a pas bien réussi, car rien n'indique la beauté déchue. La *Diane* surprise au bain, manque aussi d'élévation de style; la *Lucrèce* qui se perce le sein n'a pas d'expression. Ce sont des études de corps féminin estimables sous quelques rapports : je ne saurais pousser l'éloge plus loin. M. Gayrard fils a ici beaucoup de bustes; le meilleur est celui de *Beauvallet*, cet artiste de la Comédie-Française, dont le talent a toujours l'air de la rage concentrée ou de la mauvaise humeur; il y a de ce caractère. Les autres, Adolphe Nourrit, Philippe, Dormeuil, Bernard-Léon et Ligier, sont faibles, vulgaires, et inférieurs à ceux de M. Dantan jeune. Un buste bien traité, quoique la ressemblance pût être plus grande, c'est celui de *Benjamin Constant* par M. Guillot. Cet artiste n'a pas exposé que ce marbre; nous avons de lui cette grande figure de *Tyrtée* qui atteste la conscience de l'auteur dans ses études. Le masque outre un peu l'expression de l'indignation et de l'enthousiasme. Il y a du mouvement dans la pose et de l'énergie dans les jambes. M. Guillot, que nous n'avions pas vu au Louvre depuis plusieurs années, a fait des progrès très-sensibles.

— Voilà le portrait de quelque homme de génie. Il porte la tête haute, les cheveux singulièrement arrangés, une demi-barbe et des moustaches. Je vois sur le socle une coupe, un poignard et un masque tragique : c'est quelque grand poète dramatique étranger peut-être.

— Non, c'est M. Guyon, élève du Conservatoire, dit le livret. M. Lévêque pourrait bien avoir fait tort à ce jeune homme en lui donnant un front pyramidal. Gall et Spurzheim ne veulent pas que l'intelligence se loge dans un cerveau conformé ainsi, et s'il faut que nous ayons encore un déclamateur tragique sans intelligence!.. nous n'en avons eu que de reste au théâtre français!... Cette vierge, par M. Laitié, est bien drapée.

— Je la trouve jolie; mais elle n'a rien du haut caractère que Raphael a si bien trouvé pour expliquer l'honneur fait par Christ à Marie. Le divin manque. Je voudrais avoir une maîtresse qui ressemblât à cette jeune femme; mais si j'étais curé d'une paroisse, je voudrais, pour mon église, une vierge qui, en présentant son fils à l'adoration de mes fidèles, leur fît comprendre par la nature de sa beauté, toute l'élévation de sa mission céleste.

— C'est que c'est fort difficile.

— C'est qu'il ne faut pas faire de vierges.

— Quand elles sont commandées par le ministre, il faut bien en faire. Quand on a besoin des encouragemens du gouvernement, on ne choisit plus ses sujets; il faut travailler pour les églises, faire des bustes du roi, de souvenir, sans pouvoir obtenir de séances, parce que le roi gouverne, et n'a pas le temps de poser pour les sculpteurs et les peintres. Aussi, voyez comme il est arrangé dans tous ses bustes!

— Ou bien composer des statues de femmes,

représentant la ville de Montpellier, la ville de Marseille , la ville de Mâcon, la ville de Tours, la ville de Limoges, et je ne sais pas quelles autres villes encore, pour l'arc de triomphe de l'Étoile, et pour d'autres destinations. Quant à ces *villes*, quelque mérite qu'y aient mis leurs auteurs, je ne m'y arrête pas; c'est froid, et je suis gelé déjà. Tenez, voilà un buste en marbre très-ressemblant de M. Zédé, ingénieur de la marine, par M. Brion, qui a fait un Lamothe - Piquet bien lourd. Cette *Captive de Missolonghi*, par M. Chaponnière, n'est guère grecque; faible, et d'un petit caractère. Il y a de la sauvagerie et de l'originalité dans *Le Génie du mal* de M. Droz; la tête est d'un caractère remarquable; la pose de cette figure assise est bien trouvée. C'est le mouvement et la chaleur, plus que le style , qui distingue le *Mazaniello*, de M. Dantan l'aîné, figure que vous préférez, j'en suis sûr, à ce Périclès si inanimé de M. Debay père.

— Oh! certes.

—Et vous aurez ce *Périclès* au jardin des Tuileries. Il couronnera, de l'air le plus triste du monde, les belles promeneuses qui auront inventé le plus joli chapeau, la coupe de robe la plus favorable à la taille. M. Debay fils a fait un petit amour dans une coquille, avec une ancre et une voile, et il a appelé cela le *Génie de la marine*. A ne considérer cette statue que sous le rapport de l'exécution, c'est une assez jolie chose. L'enfant est bien étudié; mais si vous l'examinez sous le rapport de la pensée, on est moins satisfait. Le Génie de la marine doit être grave et fort, parce que la marine est une profession sérieuse et pénible, à moins qu'on ne veuille faire entendre que la première navigation fut faite par un amant qui allait visiter sa maîtresse : mais, dans ce cas, pas d'ancre, point de cette coquille qui ne peut servir de navire; une rame, et non un gouvernail; un tronc d'arbre creusé ou un radeau. Le reste est faux, conventionnel, impossible. Il y a ici un détail qui me choque, et ne vous touche guère, vous; c'est cette voile percée d'œillets tout autour près de ces ralingues. Jamais rien de semblable n'a existé, et si, dans quelques mille ans, les hommes qui s'occuperont de recherches sur la marine au dix-neuvième siècle trouvent cette statue, ils croiront que nous étions assez maladroits pour disposer ainsi nos bandes de ris; ils concluront que l'art naval était dans l'enfance encore en 1832.

— Mais ils auront des livres pour redresser leur croyance.

— Et s'ils ne trouvent pas ces livres! si les bibliothèques sont aussi pauvres en 3032 qu'elles le sont aujourd'hui, il faudra qu'ils se fient aux monumens, comme nous nous fions à ceux des Grecs qui nous donnent de fabuleuses trirèmes auxquelles notre raison de marins se refuse. Oh! les monumens! rien n'est faux comme un monument, si ce n'est un signalement dans un passeport. En voilà beaucoup ici : eh bien! je ne crois pas qu'il y en ait trois de passablement exacts. L'art a des raisons particulières qui ne s'accordent pas toujours avec l'exactitude. Il ne faut pas lui en faire un crime; mais il faut savoir se défier de lui quand on consulte ses produits sous le point de vue de la critique. L'Académie des Inscriptions perd son temps. Cuvier prenait un os, et reconstruisait à coup sûr un individu dont l'organisation était possible; nos académiciens prennent un morceau de marbre, et dissertent pour tirer des conséquences ingénieusement absurdes. On a beau le leur dire, ils continuent, commentent, commentent, vieillissent en commentant, et sans avoir pu rien éclaircir. Lisez tous les livres qu'ils ont faits sur la marine des anciens.

— Non pas, s'il vous plaît.

— Sans aucune connaissance des conditions que doit remplir un navire pour marcher, ils ont discuté des formes des navires sur la foi des monumens, vrais comme celui de M. Debay. Tout cela est à refaire, et la vie est si courte ! et les matériaux sont si rares en France ! Adieu, mon cher ami, je m'en vais. Restez, si vous voulez, pour voir les bustes de femmes si amusans de M. Garnier : madame F......, avec ses bandeaux, ses cheveux frisés, ses hauts rubans ; madame Élisabeth Taylor, encore plus étonnante ; restez, pour voir le bas-relief de M. Dieudonné sur le *Mariage de Louis-Philippe à Palerme*, ouvrage où le chapeau comique du suisse de la cathédrale est ce qu'il y a de moins plaisant ; restez, pour examiner sous le globe où elle est placée la petite *Statue équestre du Roi*, par M. Orlandi, ou le buste de mademoiselle Taglioni ; admirez, si le cœur vous en dit, le *Napoléon à Montereau*, de M. Despretz; vous en êtes bien le maître. Pour moi, je pars, transi, fatigué, ne pouvant plus parler ni me tenir debout. J'ai cependant une recommandation à vous faire : voyez le *Daphnis endormi*, de M. Brun ; le *Réveil*, par M. Flatters, jeune fille qui a la mâchoire bien lourde; l'*Ève*, par le même, petite statue dont le mouvement semble vouloir indiquer que notre mère éprouve les premiers maux de cœur de la grossesse ; le *Gladiateur*, assez bonne figure par M. Daumas; la *Force*, de M. Desprez; la *Nausica*, de M. Elschoecht, qui vaut bien mieux que son buste de madame Léontine Fay-Volnys; le *Narcisse*, de M. Ambuchi; l'*Agar*, de M. Lescorné ; le *Caïn*, de M. Thomas, et l'*Adonis*, de M. Molcnet. Dans tous ces morceaux vous trouverez des choses louables. Je ne vous engage pas à vous arrêter devant le *Philopœmen*, de M. Lange, et le *Centaure Nessus*, de M. Grass : ce sont de fort médiocres ouvrages. Vous serez peut-être plus favorable que moi aux auteurs, et je le souhaite pour eux. Il m'en coûte toujours d'être sévère quand je remplis les devoirs de critique : mais, j'en ai la conscience, depuis que nous causons ensemble, ce n'est point la sévérité qui l'a emporté.

NOTE

JE ne sais quel est l'avenir de ce livre, et si, comme ses aînés, il aura le bonheur de plaire un peu aux artistes et aux amateurs; mais jusqu'ici il a été malheureux.

Le manuscrit était prêt le 10 avril, et j'avais l'espérance que, huit jours après, il serait publié. Il n'en a point été ainsi. Des difficultés matérielles sont survenues, auxquelles j'étais loin de m'attendre; elles ont retardé l'impression, et puis quand le moment est venu de faire sortir ce pauvre ouvrage des limbes où on l'avait emprisonné depuis un grand mois, il m'a fallu trouver un autre éditeur.

M. Denain, qui a publié mes *Ébauches critiques* en 1831, comme son prédécesseur M. A. Dupont avait édité mes *Esquisses, croquis, pochades* en 1827, m'a averti, le 11 avril seulement, qu'il ne pouvait plus se charger des *Causeries du*

Louvre. J'ai eu recours à M. Ch. Gosselin, dont l'obligeance m'a tiré tout de suite de l'embarras où je me trouvais. L'éditeur de mes *Scènes de la vie maritime* est devenu celui de mon *Salon de* 1833. Je regrette beaucoup de ne m'être pas adressé d'abord à lui ; son activité aurait fait pour ce volume ce qu'il avait besoin qu'on fît afin qu'il arrivât à temps.

Arriver à temps est un point qui importe fort quand il s'agit d'un ouvrage de la nature de celui-ci ; c'est sous la protection de la circonstance qu'un travail de ce genre doit paraître ; il faut que le lecteur puisse contrôler le critique, en présence même des objets d'art dont il a fait l'analyse. Ce contrôle me manquera cette fois, et j'en suis fâché ; la contradiction est une chose excellente ; je l'ai toujours appelée, et bien souvent elle m'a été très-profitable. Ce n'est donc pas pour la fuir que j'ai livré si tard mon ouvrage au public ; je tenais à faire cette déclaration. J'espère au reste que la mémoire du salon ne sera pas si fugitive que les visiteurs du Louvre, ceux au moins qui ont pris un véritable intérêt aux produits exposés de l'école française, ne se rappellent très-bien les œuvres et ne soient encore parfaitement à même de confirmer ou de réformer mes jugemens sur elles.

Je n'ai point la prétention d'être infaillible ; j'ai le désir d'être vrai et, si je puis aussi, utile. Mes opinions sont sincères ; aucun esprit de parti, aucun sentiment d'école ne les sauraient influencer. Je tiens que le critique ne doit voir dans l'art que l'art, et qu'il a pour condition essentielle de sa mission la nécessité de n'être absolu en aucune chose, et de ne se pas laisser préoccuper par les systèmes exclusifs qui partagent la peinture.

Une chose me console dans le retard qu'aura éprouvé la publication de ces *Causeries*, c'est que les artistes qui croient avoir à se plaindre des procédés de l'administration à leur égard ne pourront pas m'accuser d'avoir contribué à leur désappointement. Les récompenses sont distribuées, les achats finis, les travaux commandés ; mon livre sera donc complétement innocent du tort que dans la pensée de certaines personnes il aurait pu faire. Je serais bien affligé si j'avais pu empêcher MM. Dubuffe et Court d'être mentionnés honorablement pour leurs ouvrages que j'ai le mauvais goût de ne pas estimer autant que les estime sans doute M. l'intendant de la liste civile ; si j'avais eu toute l'influence qu'il faut pour paralyser la bonne volonté du distributeur des médailles qui en a donné une à M. Fouquet , une autre à M. Maricot, comme il donnait la croix à M. Boilly père et à M. Lagrenée. Mais, bien probablement , je n'aurais rien empêché ; déjà depuis long-temps je dis que M. Fragonard n'a plus le talent qui fait le peintre des grandes décorations ; cette opinion , tout individuelle , a-t-elle nui à M. Fragonard ? Point du tout. De 1826 à 1833 , il a fait deux plafonds au musée grec-égyptien , et il a encore de la peinture monumentale à faire au Louvre ! Cet exemple et dix autres que je pourrais choisir mettraient mon esprit parfaitement en repos , s'il avait pu être troublé par l'apparition de mon livre quinze jours avant la clôture du salon. Quelques artistes m'ont dit que je leur avais été utile les années précédentes auprès du public et de l'autorité ; peut-être ont-ils voulu me flatter ; s'ils ont dit vrai, je suis bien heureux ! je n'étais pas assez fat pour me croire tant de crédit.

Pour en finir avec l'impression de ce volume , j'ai été obligé de couper dans quelques chapitres, d'en supprimer d'autres , et notamment celui qui traitait des *plafonds* du Louvre ; je regrette surtout celui-là. Les artistes qui ont pris tant de soin à faire de bons ouvrages , MM. Alaux, Picot, Drolling et Deveria méritaient bien qu'on examinât de près ces grands travaux ; je l'avais fait pour rendre justice aux efforts de chacun d'eux ; il a fallu me condamner au silence à leur sujet. Je serais désolé qu'ils pussent croire que je n'ai pas cru dignes d'une longue analyse des morceaux aussi capitaux par leur grandeur , la place qu'ils occupent et leur mérite réel. MM. Gros , Heim, Schnetz et Fragonard ont beaucoup moins bien réussi que leurs quatre camarades, et il m'en a coûté peu de retenir ce que je devais imprimer sur leurs plafonds.

Quelques critiques, non pas au moins parmi les gens du monde, m'avaient reproché à propos de mes précédens ouvrages sur les salons de donner trop à la recherche d'une forme piquante qui alléchât le lecteur ; quoique je pense qu'on ne saurait faire trop d'efforts pour se faire lire, quoique j'aie éprouvé que la forme vive , amusante et légère n'est pas à dédaigner dans l'expression d'une opinion raisonnable sur des matières sérieuses, j'ai essayé de me dégager presque absolument de mes idées anciennes à cet égard. J'ai pris le cadre tout simple de *causeries* entre un certain nombre d'individus qui représentent des opinions diverses. Je n'ai pas couru après la gaîté, mais j'ai évité autant que je l'ai pu la gravité dogmatique et l'ennui du développement des théories ; j'ai évité soigneusement tout ce qui devait me donner matière à des chapitres plaisans, du genre de quelques-uns de ceux qui avaient bien réussi pourtant dans mes *Ébauches critiques* et dans les *Pochades;* ainsi on ne trouvera rien sur les *trois Grâces* de M. Bourdet ; rien sur cet enfant à la tête de vieillard qui écrit : *maman* sur le sable, ingénieux produit de l'imagination de M. Montaut ; rien sur un mot précieux de M. Ingres qui voyant un ouvrage d'un de ses élèves le critiqua, en disant : « cela ne porte pas ma *livrée;* » rien sur vingt autres morceaux qui autrefois m'auraient tant amusé à décrire, à tourner, à retourner dans tous les sens.

Ainsi, une forme très-simple, une critique courant la poste et vagabondant comme une causerie au coin du feu, aucune prétention au style ou à l'effet, voilà ce que le lecteur trouvera dans ce livre qui lui arrive tout mutilé, et pour lequel je demande grâce.

A. JAL.

Paris, 15 avril 1833.

TABLE DES MATIÈRES.

———

I

II

III

IV

V

VI

X

XI

XII